G. J. Whitrow

Die Erfindung der Zeit

G. J. Whitrow

....

Die Erfindung
der Zeit

Aus dem Englischen von
Doris Gerstner

16. Mai 91

JUNIUS

Junius Verlag GmbH
Stresemannstraße 375
2000 Hamburg 50

Copyright der deutschen Ausgabe
1991 by Junius Verlag GmbH
Die englische Originalausgabe erschien bei
Oxford University Press
unter dem Titel
Time in History, © G. J. Whitrow 1988
Aus dem Englischen von
Doris Gerstner
Einbandgestaltung: Ulrich Klaus, Hamburg
Umschlagfoto: Bildarchiv Preußischer Kulturbesitz

Satz: Junius Verlag, Hamburg
Lithografie: Repro Studio Kroke · Leppien, Hamburg
Druck: SOAK Druck GmbH, Hannover
Bindung: Großbuchbinderei Langelüddecke, Braunschweig
Printed in Germany 1991
ISBN 3-88506-183-X
Erste Auflage März 1991

CIP-Titelaufnahme der Deutschen Bibliothek

Whitrow, Gerald J.:
Die Erfindung der Zeit/G. J. Whitrow. [Aus dem Engl. von
Doris Gerstner]. — Hamburg: Junius Verl., 1991
Einheitssacht.: Time in history ‹dt.›
ISBN 3-88506-183-X

Inhalt

Kurzum, der Mensch hat nicht Natur; er hat ... Geschichte.

J. Ortega y Gasset

Viel gelehrter Unsinn in der Welt verdankt seine Entstehung geistreichen Versuchen, mit Hülfe der Vernunft Dinge zu erklären, deren Bedeutung man nur mit Hülfe der Geschichte erkennen kann.

Edward B. Tylor

Die Kultur des städtischen Bürgertums verbreitete sich vielleicht am wirksamsten durch die Revolution, die sie in den geistigen Kategorien des mittelalterlichen Menschen auslöste. Die herausragendste dieser Revolutionen betraf zweifellos den Zeitbegriff und die Zeitmessung.

Jacques Le Goff

Und wer nicht neue Heilmittel anwenden will, muß sich auf neue Krankheiten gefaßt machen, denn die Zeit bringt eine Neuerung nach der andern.

Francis Bacon

Der wesentliche Punkt ist in diesem Zusammenhang, daß früher die Zeitspanne, die eine schwerwiegende Veränderung in Anspruch nahm, wesentlich länger gedauert hat als ein Menschenleben. Das hat die Menschheit dazu gebracht, sich auf unveränderliche Lebensbedingungen einzurichten.
Heute ist diese Zeitspanne wesentlich kürzer als ein Menschenleben; und deshalb müssen wir das Individuum so erziehen, daß es sich auf neuartige Umstände einstellen kann.

Alfred N. Whitehead

··

Vorwort

Die Vorstellungen von Zeit, Geschichte und Evolution sind uns in der Regel so vertraut, daß wir gerne vergessen, daß ihnen nicht immer die Bedeutung zukam, die wir ihnen heute beimessen. Wenn wir jedoch verstehen wollen, warum die Zeit unser Leben und Denken beherrscht, müssen wir etwas über die Hintergründe erfahren, wie es hierzu kam. Mit anderen Worten, wir müssen die Zeit selbst in eine zeitliche Perspektive rücken. Das Ziel dieses Buches ist es, die wesentlichen Merkmale der Entwicklung unseres allgemeinen Zeitbewußtseins und seiner Bedeutung in einer Form aufzuzeigen, die jedem, der sich für dieses Thema interessiert, verständlich ist.

Der vorliegende Band kann als eine Ergänzung zu meinem Buch *The Natural Philosophy of Time*[1] betrachtet werden, das 1980 in zweiter Auflage bei Clarendon Press erschienen ist. Die Veröffentlichung der ersten Auflage im Jahre 1961 hatte eine beträchtliche Zunahme des allgemeinwissenschaftlichen Interesses an der Zeit zur Folge (die spezielleren Gebiete der temporalen Logik auf der einen und der Horologie auf der anderen Seite deckte mein Buch nicht ab) und führte, auf Anregung von J.T. Fraser, zur Bildung der »International Society for the Study of Time«. Die erste Konferenz dieser Gesellschaft fand 1969 unter meiner Präsidentschaft, mit Dr. Fraser als ehrenamtlichem Sekretär, in Oberwolfach im Schwarzwald statt. Trotzdem beschäftigen sich bislang erst zwei Bücher mit der *Geschichte* unseres Zeitbewußtseins und seiner Bedeutung. Diese sind: *Entdeckung der Zeit* von Stephen Toulmin und June Goodfield[2] und *Zeit und Kultur: Geschichte des Zeitbewußtseins in Europa* von Rudolf Wendorff.[3] Auch der Beitrag von Howard Trivers sollte hier nicht unerwähnt bleiben.[4] Diese Bücher, die allesamt hervorragend sind, behandeln das Thema jedoch unter dem Blickwinkel der allgemeinen Geistesgeschichte, während ich vor allem die Entwicklungen in der Chronologie und Chronometrie sowie ihre gesellschaftlichen und ideologischen Auswirkungen berücksichtigt habe.

Meine Aufmerksamkeit galt neben dem allgemeinen Einfluß, den die Zeit auf die Weltanschauung und die Lebensweise in verschiedenen Epochen und Zivilisationen ausübte, in besonderem Maße der Geschichte der Zeitmessung. Das entscheidende Stadium in dieser Entwicklung war die Erfindung der mechanischen Uhr in Westeuropa gegen Ende des 13. Jahrhunderts. Obschon dieses Ereignis noch immer von einem Schleier des Geheimnisvollen umgeben ist, waren seine Auswirkungen von großer Tragweite; die beherrschende Rolle, die die Zeit in unserer Zivilisation spielt, ist letztendlich ein Ergebnis dieser Erfindung.

Ich danke Thames & Hudson, London, und Plenum Press, New York, für ihre freundliche Genehmigung, in dem vorliegenden Buch einige Passagen aus meinem 1972 erschienenen Buch *What is Time?* (dt.: *Von nun an bis in Ewigkeit*) bzw. aus meinem Kapitel »The Role of Time in Cosmology« in dem von W. Yourgrau und A.D. Breck herausgegebenen Band *Cosmology, History und Theology* (1977) wiederzugeben.

Ferner gilt mein Dank dem Imperial College, London, das mir nach meiner Emeritierung großzügig ein Forschungsstipendium gewährte, wodurch ich in der Lage war, weiterhin alle Einrichtungen des College zu nutzen. Besonders danke ich Jagna Pindelska, Bibliothekarin der Mathematischen Fakultät des Imperial College, für die

Mühe, die sie auf sich nahm, um jedes von mir benötigte Werk auf-
zuspüren. Großen Dank schulde ich auch meiner Frau, Magda Whitrow, die nicht nur das ganze Manuskript gelesen hat, sondern auch
mit gewohnter Umsicht das Typoskript und das Register erstellte.

Januar 1988   G.J.W.

Teil I
Einführung

1

Das Bewußtsein von Zeit

Die Zeit im alltäglichen Leben

Die meisten von uns sind intuitiv der Ansicht, daß die Zeit stetig und völlig unabhängig von äußeren Einflüssen verstreicht. Kämen also plötzlich alle Handlungen und Vorgänge zu einem Stillstand, so würde dies den Gang der Zeit nicht unterbrechen. Viele Menschen betrachten die Art, in der wir Zeit mit Hilfe von Uhren und Kalendern messen, als etwas Absolutes. Daran zu rühren, bedeutet für manche gar, großes Unheil heraufzubeschwören. So gab es im Jahre 1916, als in Großbritannien erstmals die Sommerzeit eingeführt und die Uhr eine Stunde vorgestellt wurde, viele Leute, die dagegen protestierten, »Gottes Zeit« zu manipulieren, ein Ausdruck, den die bekannte Romanschriftstellerin Marie Corelli prägte. Eine ähnliche Stimmung herrschte auch im Jahre 1752, als die britische Regierung beschloß, den Kalender an den bereits in den meisten anderen westeuropäischen Ländern geltenden anzugleichen. Zu diesem Zweck wurde verfügt, daß der auf den 2. September folgende Tag der 14. September sein solle. Viele Menschen glaubten, daß sich dadurch ihr Leben verkürzen würde und manche Arbeiter nahmen sogar an, daß ihnen der Lohn für elf Tage verlorenginge. Sie begannen deshalb zu streiken und forderten ihre elf Tage zurück! (Das vom Parlament verabschiedete Gesetz war in Wirklichkeit sehr sorgfältig formuliert worden, um jede Ungerechtigkeit bei der Zahlung von Mieten, Zinsen etc. auszuschließen.) Die größten Unruhen gab es in der damals zweitgrößten Stadt Englands, Bristol, wo mehrere Menschen ums Leben kamen.

Heutzutage ist der Gedanke, die Uhrzeit aus pragmatischen Erwägungen umzustellen, jedermann vertraut. Trotzdem trifft es manche wie ein Schock, wenn sie zum ersten Mal erkennen, daß zum Beispiel zwischen London und New York ein Zeitunterschied von fünf Stunden besteht. Und auch die Erfahrenen und Weitgereisten unter uns können sich bei langen Flügen in westlicher oder östlicher Richtung den eigentümlichen und oft unangenehmen Folgen der Zeitverschiebung, des sogenannten Jet-lag, nicht entziehen. Kaum weniger merkwürdig, allerdings ohne besondere körperliche Symptome, stellt sich die Überschreitung der Internationalen Datumsgrenze dar, die zickzackförmig durch den Pazifik vom Nord- zum Südpol verläuft. Wenn wir zum Beispiel mit einem Schiff oder Flugzeug auf dem Weg von San Francisco nach Hongkong diese Grenze überqueren, so verlieren wir aufgrund des Zeitunterschieds von 24 Stunden diesseits und jenseits der Grenze einen ganzen Kalendertag. Zwar ist es in diesem Fall nicht nötig, die Uhr umzustellen, doch müssen wir in der betreffenden Woche auf einen Tag verzichten. Wenn wir dagegen die Grenze in umgekehrter Richtung überschreiten, scheint die Woche acht Tage zu besitzen. Überqueren wir zum Beispiel die Datumsgrenze an einem Freitag genau um Mitternacht, so durchleben wir zwei Freitage hintereinander. Bei einer Reise um die Welt in östlicher Richtung ist also für den Reisenden ein Tag mehr vergangen als für die Menschen, die am Ausgangs- bzw. Endpunkt der Reise geblieben sind. Jeder Tag der Reise ist dabei etwas kürzer als 24 Stunden. Wird die Reise dagegen in westlicher Richtung unternommen, so ist für die Reisenden ein Tag weniger vergangen als für die Daheimgebliebenen, wobei jeder Tag der Reise länger als 24 Stunden dauert. Auf diesem Phänomen beruht der bekannte Roman von Jules Verne, *Reise um die Erde in achtzig Tagen*. Der Held reist dabei in östlicher Richtung um die Welt und ist am Ende der Reise zunächst der Ansicht, daß er die gesetzte Frist von 80 Tagen überschritten habe. Da er jedoch bei der Überquerung der Datumsgrenze vergessen hatte, den Kalender zurückzustellen, erkennt er bei seiner Ankunft, daß er dem Kalender einen Tag voraus ist und folglich das Ziel doch in der vorgeschriebenen Zeit erreicht hat.

All diese Erfahrungen muten merkwürdig an, da sie unserer intuitiven Vorstellung von Zeit als etwas Universellem und Absolutem zu widersprechen scheinen. Der Ursprung dieser Phänomene liegt darin, wie wir Zeit messen und sie zu unserem Leben in Beziehung setzen. Die Zeit, nach der wir uns im täglichen Leben richten, beruht auf der Erdrotation, die unseren Tag definiert. Unser Jahr wiederum wird durch die Bewegung der Erde um die Sonne definiert. Wenn wir dagegen auf dem Mond lebten, wäre unsere Erfahrung eine ganz andere. Da sich der Mond sehr viel langsamer um seine Achse dreht als die Erde, entspräche ein Tag auf dem Mond — gemäß der Definition eines Tages als dem Zeitraum einer vollständigen Umdrehung des Himmelskörpers um die eigene Achse — einem Monat. Die auf der Erde übliche Unterteilung eines Tages in Stunden, Minuten und Sekunden ist eine reine Konvention. Und auch die Entscheidung, ob ein Tag im Morgengrauen, mit dem Sonnenaufgang oder Sonnenuntergang, mittags oder um Mitternacht beginnt, ist vollkommen willkürlich bzw. unterliegt den jeweiligen gesellschaftlichen Gegebenheiten.

Der Zeitsinn des Menschen

Da wir also die bürgerliche Zeit in einer Weise messen, die unseren Bedürfnissen auf der Erde zwar entgegenkommt, die jedoch keine absolute oder universelle Bedeutung besitzt, stellt sich die Frage, welche Rolle unser inneres Zeitgefühl spielt. Ist dieses vielleicht für unsere Vorstellung von Zeit als etwas Absolutem verantwortlich? Obschon die Zeit eine der grundlegenden menschlichen Erfahrungen ist, gibt es doch keinen Anhaltspunkt dafür, daß wir einen besonderen Zeitsinn besitzen, so wie wir beispielsweise über einen besonderen Sinn für das Sehen, Hören, Schmecken, Riechen und Tasten verfügen. Unsere unmittelbare Erfahrung von Zeit ist stets auf die Gegenwart beschränkt und unsere Vorstellung von Zeit beruht auf einer Reflexion dieser Erfahrung. Solange unsere Aufmerksamkeit von der Gegenwart gefesselt ist, nehmen wir Zeit in der Regel nicht wahr. Ein »Zeitsinn« erfordert ein gewisses Bewußtsein von Dauer, und dieses hängt entscheidend von unserem Interesse und unserer Aufmerksamkeit ab. Wenn uns das, was wir tun, interessiert, erscheint die Zeit kurz. Je mehr Aufmerksamkeit wir jedoch der Zeit selbst, also der Dauer, schenken, desto länger kommt uns die Zeit vor. Niemals erscheint eine Minute so lang wie dann, wenn wir den Sekundenzeiger einer Uhr beobachten. Unser Glaube an die Absolutheit der Zeit ist also offensichtlich keine unmittelbare Folge unserer Erfahrung, sondern entspringt, wie gesagt, einer Reflexion dieser Erfahrung. Unsere Wahrnehmung von Dauer hängt aber nicht nur vom Grad der Aufmerksamkeit ab, die wir einer Sache schenken, sondern auch von unserer allgemeinen körperlichen Verfassung. Insbesondere Drogen oder längere Aufenthalte in einer kalten, dunklen Umgebung, in der wir keine Uhr zur Verfügung haben, können diese Wahrnehmung empfindlich verzerren. Der wichtigste Faktor, der unsere Zeitwahrnehmung beeinflußt, und den jeder von uns aus eigener Erfahrung kennt, ist das Alter, denn es ist allgemein anerkannt, daß die von Uhr und Kalender angezeigte Zeit mit zunehmendem Alter schneller zu verstreichen scheint.

Wir erleben Dauer immer dann, wenn die gegenwärtige Situation zu vergangenen Erfahrungen oder künftigen Erwartungen und Wünschen in Beziehung gesetzt wird. Es gibt keine Hinweise darauf, daß uns ein Sinn für zeitliche Wahrnehmung angeboren ist. Unsere Fähigkeit, Erwartungen zu haben, entwickelt sich jedoch, bevor wir ein Bewußtsein von Gedächtnis haben. Wenn ein kleines Kind vor Hunger schreit, macht es seine ersten, allerdings noch isolierten Erfahrungen mit der Wahrnehmung von Dauer. Man vermutet, daß die relativ lange Phase, die das Kind durchlebt, bevor es laufen lernt, die Entwicklung unseres Zeitbewußtseins nachhaltig beeinflußt. Der

Wunsch des Kindes, Dinge zu ergreifen, die es noch nicht erreichen kann, läßt eine erste primitive Vorstellung von Zeit entstehen, die gekoppelt ist mit der Wahrnehmung einer räumlichen Distanz, die nicht überwunden werden kann.[1] Sogar wenn das Kind zu laufen beginnt, bedeutet das Greifen nach bestimmten Dingen immer noch häufig, warten zu müssen, so daß das mit der Erwartung verbundene Gefühl der Verzögerung verstärkt wird. Die erste intuitive Vorstellung von Dauer scheint also räumlicher Natur zu sein: Sie wird als der Abstand empfunden, der zwischen dem Kind und der Erfüllung seiner Wünsche steht.

Die allmähliche Entwicklung zeitlicher Vorstellungen beim Kind steht in engem Zusammenhang mit der Entfaltung seiner Sprechfähigkeit. Denn obwohl unser Zeitbewußtsein eine Folge der menschlichen Evolution ist, sind unsere Zeitvorstellungen weder angeboren noch werden sie von selbst erlernt. Sie sind vielmehr gedankliche Konstrukte, die ein Ergebnis unserer Erfahrungen und Handlungen sind.[2] Bis zum Alter von 18 Monaten oder mehr scheinen die Kinder nur in der Gegenwart zu leben. Die Bedeutung von »jetzt« ist ihnen bis dahin in der Regel geläufig. Bis zum Alter von 30 Monaten lernen die Kinder weitere Wörter, die sich auf Zeit beziehen. Die meisten davon beschränken sich auf die Gegenwart, doch gibt es auch einige zukunftsbezogene Wörter wie »bald«. Auf die Vergangenheit beziehen sich Kinder so gut wie nicht. Das Wort »morgen« wird folglich früher benutzt als »gestern«, obwohl beide wohl zunächst in der Bedeutung von »nicht heute« verstanden werden. Mit zunehmendem Alter nimmt der relative Anteil der gegenwartsbezogenen Aussagen zwar ab, doch machen sie noch immer den größten Teil der Äußerungen aus. Die Anzahl der zukunftsbezogenen Äußerungen erhöht sich leicht, während die vergangenheitsbezogenen Aussagen nur sehr langsam zunehmen. Trotz alledem haben kleine Kinder Schwierigkeiten, eine umfassende Vorstellung von Zeit zu entwickeln, da für sie Zeit auch dann noch von den eigenen Handlungen abhängt, wenn sie bereits begonnen haben, zeitliche Abfolgen wahrzunehmen.

Durch den allmählichen Erwerb der Sprache erhöht sich jedoch nicht nur die Fähigkeit des Kindes, zu verstehen und sich mitzuteilen, sondern auch die Fähigkeit, zeitliche Beziehungen zu begreifen und zeitliche Begriffe zu entwickeln. Denn auch wenn die Wahrnehmung zeitlicher Phänomene unseren persönlichen Erfahrungen inhärent zu sein scheint, beruht sie doch auf einem abstrakten begrifflichen Bezugssystem, das wir uns erst allmählich aneignen.[3] Sogar wenn das Kind beginnt, Zeit mit bestimmten äußeren Bewegungen zu assoziieren, verfügt es noch nicht wirklich über ein Zeitbewußtsein. Dies bildet sich erst aus, wenn das Kind erkennt, daß Dinge nicht nur untereinander, sondern auch mit ihm selbst in Beziehung stehen. Damit dies möglich ist, muß sich zunächst das Gedächtnis entwickeln. Das kindliche Gedächtnis umfaßt nicht nur jene Ereignisse, die es selbst erlebt hat, sondern im Laufe der Zeit auch solche aus dem Gedächtnis seiner Eltern und, später, Ereignisse aus der Geschichte seiner sozialen Gruppe. Erst im Alter von acht Jahren oder später werden die Beziehungen zwischen zeitlichen Abfolgen (davor und danach) mit Zeitdauer assoziiert, so daß die Vorstellung einer einzigen allgemeinen Zeit entsteht, in der alle Ereignisse stattfinden. Man hat festgestellt, daß nur jedes vierte zehnjährige Kind Zeit als eine abstrakte Vorstellung begreift, die unabhängig von der Uhrzeit ist. Es überrascht nicht, daß diese Erkenntnis von der Geschwindigkeit abhängt, mit der sich die Intelligenz des Kindes entwickelt. Eine Untersuchung, bei der man Kinder im Alter von 10 bis 15 Jahren fragte, ob sie glaubten, bei der Umstellung zur Sommerzeit eine Stunde älter geworden zu sein, ergab, daß bei den jüngeren Kindern nur jedes vierte der Ansicht war, dieses Ereignis habe sein Alter nicht beeinflußt. Erst im Alter von 13 oder 14 Jahren erkennen die Kinder allmählich, daß die von der Uhr angezeigte Zeit eine Konvention ist.[4]

Die obige Beschreibung, wie Kinder lernen, ihren Zeitsinn zu entwickeln, gilt nur für Kinder in westlichen Industriegesellschaften und nicht für diejenigen, die in weniger entwickelten Ländern aufwachsen. P. M. Bell zum Beispiel berichtet von seinen Erfahrungen bei der Unterrichtung von Kindern in Uganda folgendes: Obwohl es den Kindern an Intelligenz nicht fehlte, konnten sie die Dauer eines Vorgangs viel schlechter schätzen als westliche Kinder gleichen Alters.

Eine zweistündige Busfahrt wurde von manchen auf zehn Minuten geschätzt, während andere angaben, sie habe sechs Stunden gedauert.[5] Die Kinder australischer Ureinwohner tun sich im Vergleich zu weißen Kindern ähnlicher Intelligenz sehr schwer, die Uhr zu lesen — eine Aufgabe, die von den meisten Kindern westlicher Gesellschaften im Alter von 6 oder 7 Jahren bewältigt wird. Die Kinder der australischen Ureinwohner können zwar die Zeiger der Uhr wie eine Art Gedächtnisübung lesen, doch bereitet es ihnen Schwierigkeiten, die abgelesene Zeit zur tatsächlichen Tageszeit in Beziehung zu setzen. Ein Erklärungsversuch dafür lautet, daß ihr Leben im Gegensatz zu unserem nicht von der Zeit beherrscht wird.[6]

Der Zeitbegriff des Menschen

Unser Zeitsinn beruht auf einem gewissen Bewußtsein von Dauer sowie auf einer Wahrnehmung der Unterschiede zwischen Vergangenheit, Gegenwart und Zukunft. Manches deutet darauf hin, daß dieses Unterscheidungsvermögen zu den wichtigsten geistigen Fähigkeiten gehört, die den Menschen vor allen anderen Lebewesen auszeichnen. Mit gutem Grund können wir annehmen, daß alle Tiere außer dem Menschen in einer ständigen Gegenwart leben. Zwar besitzen Tiere ein gewisses Erinnerungsvermögen — dies zeigt sich zum Beispiel darin, daß Hunde nach längerer Trennung von ihren Besitzern stürmische Wiedersehensfreude zeigen —, doch setzt dies keine Vorstellung von der Vergangenheit als solcher voraus. Für den Hund ist es ausreichend, seinen Besitzer wiederzuerkennen.

Ebensowenig gibt es schlüssige Beweise dafür, daß Tiere eine Vorstellung von Zukünftigem besitzen. Im allgemeinen scheinen vielmehr alle Handlungen von Tieren, die in diesem Sinne interpretiert werden können, rein instinktiv zu sein, obwohl diese Schlußfolgerung im Falle der Menschenaffen, insbesondere der Schimpansen, nicht ganz so offensichtlich ist. Im Rahmen seiner berühmten Untersuchung über die Denkweise von Affen setzte sich Wolfgang Köhler eingehend mit diesem Problem auseinander. Er untersuchte Fälle, in denen Schimpansen — im Hinblick auf ein Endziel — länger andauernde Vorarbeiten unternahmen, die für sich genommen keine sichtbare Annäherung an das angestrebte Ziel darstellten. In solchen Fällen schien es zunächst, als ob die Tiere in der Tat eine rudimentäre Vorstellung von Zukunft besäßen. Köhler gelangte jedoch zu der Schlußfolgerung, daß ein solches Verhalten von Affen »viel unmittelbarer, ganz in der Anschauung von Gegenwärtigem entspringen [kann]«.[7] So gingen Schimpansen zum Beispiel bereitwillig auf die ihnen gebotene Gelegenheit ein, das Fressen so lange aufzuschieben, bis sie einen großen Futtervorrat zusammengetragen hatten, den sie dann später in einer ruhigen Ecke ungestört verspeisen konnten. Nach sorgfältiger Auswertung dieser Versuche sah Köhler keinen Grund anzunehmen, daß dieses Verhalten ein Zeichen für den Zukunftssinn der Tiere sei. Seiner Ansicht nach wurden die Schimpansen dabei nicht von irgendeinem Gefühl der Vorfreude auf die kommende Mahlzeit geleitet; vielmehr sei ihr Verhalten Ausdruck eines instinktiven Wunsches, in jedem Augenblick soviel Futter wie möglich anzuhäufen. In seiner ausführlichen Monographie *Animal Thought* bestätigte Stephen Walker die Auffassung Köhlers und kam zu dem Schluß, daß es überraschend schwierig sei, überzeugende experimentelle Beweise für die Vermutung anzuführen, irgendein Tier besäße Gedächtnis oder Voraussicht.[8]

Nichtsdestoweniger bedarf die Schlußfolgerung, dem Menschen sei ein Zeitsinn eigen, sorgfältiger Prüfung. Denn während wir den Tieren diese Fähigkeit in Ermangelung gegenteiliger Beweise mit gutem Grund absprechen dürfen, hat man verschiedentlich die Behauptung aufgestellt, daß es auch Menschen gibt, die sehr gut ohne Zeitsinn auskommen. Das klassische Beispiel, das in diesem Zusammenhang oft genannt wird, ist das der Hopi-Indianer in Arizona, deren Sprache von Benjamin Lee Whorf eingehend untersucht wurde.[9] Er kam zu dem Schluß, daß die Hopi-Sprache keine Wörter, grammatischen Formen, Konstruktionen oder Ausdrücke enthält, die sich auf Zeit oder ihre Aspekte beziehen. Anstelle der Begriffe von Raum und Zeit verwenden die Hopi zwei andere grundlegende Zustände, die Whorf mit den Bezeichnungen »objektiv« und »subjektiv« umschrieb. Der objektive Zustand umfaßt alles, was den Sinnen zugänglich ist oder war, wobei zwischen Gegenwart und Vergangenheit nicht unterschieden wird. Alles, was wir Zukunft nennen, bleibt davon ausgeschlossen. Der subjektive Zustand umfaßt dagegen alles, was für uns unter den Begriff »geistig« fällt, einschließlich dessen, was für uns Zukunft ist. Vieles davon betrachtet der Hopi — zumindest dem Wesen nach — als vorherbestimmt. Aber auch ein Aspekt der Gegenwart fällt in diese Kategorie, das Geschehen nämlich, das sich allmählich abzeichnet oder das anfängt, wirksam zu werden, zum Beispiel beginnende Handlungen wie das Schlafengehen. Der objektive Zustand umfaßt alle zeitlichen und räumlichen Abstände, insbesondere die zeitlichen Beziehungen zwischen Ereignissen, die bereits stattgefunden haben. Der subjektive Zustand enthält dagegen nichts, was der Abfolge von Ereignissen im objektiven Zustand entspricht. Anders als im Englischen werden in der Hopi-Sprache Verben den Substantiven vorgezogen; die Verben besitzen jedoch keine Zeitformen. Die Hopi benötigen keine Ausdrücke, die sich auf Raum oder Zeit beziehen. Die Begriffe, die im Englischen für diese Vorstellungen existieren, werden, sofern sie sich auf den Bereich des Objektiven beziehen, in der Hopi-Sprache durch Ausdrücke der Ausdehnung, der Handlung und des zyklischen Geschehens ersetzt. Betreffen sie dagegen die Zukunft, das Psychisch-Geistige, das Mythische und das Vermutete, so werden sie durch Ausdrücke der Subjektivität ersetzt. Whorf schloß daraus, daß die Hopi-Sprache sehr gut ohne Tempora für ihre Verben auskommt.

Whorfs Behauptung, die Hopi-Sprache bezöge sich weder explizit noch implizit auf »Zeit«, ist allerdings zu pauschal.[10] Zwischen den beiden grundlegenden Formen, die das Hopi-Denken kennt, besteht nämlich durchaus eine temporale Unterscheidung. Statt der drei zeitlichen Zustände — Vergangenheit, Gegenwart und Zukunft — stellt sich der Hopi zwei Zustände vor, die unsere Vergangenheit, Gegenwart und Zukunft umfassen. Insofern die Hopi also implizit eine Unterscheidung zwischen Vergangenheit und Zukunft vornehmen, läßt sich nicht sagen, daß sie nur in der Gegenwart leben. Sie besitzen einen gewissen Zeitsinn, wenngleich ihre intuitive Vorstel-

25

lung von Zeit nicht mit jener übereinstimmt, die sich in Europa entwickelt hat. Immerhin haben die Hopi auf der Grundlage astronomischer Beobachtungen einen Kalender für landwirtschaftliche und zeremonielle Zwecke entwickelt, der doch so genau ist, daß bestimmte Feste selten um mehr als zwei Tage von der Norm abweichen.[11]

Auch für die Zande im Südsudan hat Zeit eine andere Bedeutung als für uns, wie Evans-Pritchard feststellte. Aus ihrem Verhalten schloß er, daß Gegenwart und Zukunft einander überlappen, so daß das zukünftige Wohlergehen und Glück eines Menschen von zukünftigen Bedingungen abhängt, die als bereits gegeben angenommen werden. Folglich glauben die Zande, daß man den mystischen Kräften, die für diese Bedingungen verantwortlich sind, im Hier und Jetzt begegnen kann. Wenn die Orakel ankündigen, daß jemand in naher Zukunft erkranken wird, so ist sein Zustand bereits schlecht, da seine Zukunft ein Teil der Gegenwart ist. Zwar können die Zande diese Dinge nicht erklären, doch sind sie damit zufrieden, sie zu glauben und danach zu handeln.[12]

Eine andere von Evans-Pritchard erforschte sudanesische Rasse, die Nuer, die an beiden Ufern des Weißen Nils leben, haben keine Entsprechung für unser Wort »Zeit«. Sie können von ihr nicht als von einem vergänglichen Gut sprechen, das genutzt oder verschwendet werden kann. Ihre zeitlichen Bezugspunkte werden durch soziale Handlungen bestimmt. »Ereignisse folgen einer logischen Ordnung, doch werden sie nicht von einem abstrakten System kontrolliert, da es keine autonomen Bezugspunkte gibt, denen die Handlungen präzise entsprechen müssen.«[13] Die Nuer besitzen keine Zeiteinheiten wie Stunden oder Minuten, da sie Zeit nicht messen. Vielmehr denken sie in Abfolgen von Handlungen, die zu einem großen Teil eng mit der Viehhaltung verflochten sind, so daß Evans-Pritchard von ihrer »Rinder-Uhr« spricht. Die einzelnen Jahre werden nach den Überschwemmungen, Epidemien, Hungersnöten, Kriegen usw. benannt, die in ihnen stattgefunden haben. Im Laufe der Zeit geraten diese Jahresnamen jedoch in Vergessenheit und alle Ereignisse, die über den Rahmen dieser elementaren geschichtlichen Zeitrechnung hinausgehen, werden als längst vergangen betrachtet. Die historische

über ein/das Gedächtnis

Epoche, die auf eine für den ganzen Stamm bedeutsame Ereignis-
folge zurückgeht, reicht weiter zurück als die historische Zeit kleinerer Gruppen, doch umfaßt sie laut Evans-Pritchard niemals einen
Zeitraum von mehr als etwa fünfzig Jahren, wobei die Bezugspunkte
immer spärlicher und vager werden, je weiter man sich von der Gegenwart entfernt.[14]

Den Abstand zwischen verschiedenen Ereignissen messen die
Nuer nicht in Zeiteinheiten, sondern mit Hilfe von Begriffen, die
sich auf die gesellschaftliche Ordnung beziehen, insbesondere mit
Hilfe des von Evans-Pritchard so genannten »Altersklassensystems«.
Alle Jungen, die in einem mehrere Jahre umfassenden Zeitraum »ini-
tiiert« werden, gehören einer Altersklasse an. Als Evans-Pritchard
seine Untersuchungen durchführte, fand er Mitglieder aus sechs verschiedenen Altersklassen vor. Obwohl es ihm nicht gelang, die überaus schwierige Frage nach der Zeitwahrnehmung des Individuums
völlig zu klären, kam er zu dem Schluß, daß die Nuer Zeit lediglich
als eine Bewegung von Personen, häufig in Gruppen, durch die gesellschaftliche Ordnung begreifen. Diese Sichtweise ergibt natürlich
kein zutreffendes Bild von den zeitlichen Abständen zwischen Ereignissen, wie dies unsere Methode der Zeitmessung gewährleistet. Insbesondere bleibt der Zeitabstand zwischen der Entstehung der Welt
und der Gegenwart konstant. Die Zeitmessung erfolgt im wesentlichen über eine begriffliche Erfassung der gesellschaftlichen Ordnung, wobei die Bezugspunkte eine Projektion der gegenwärtigen
Beziehungen sozialer Gruppen in die Vergangenheit darstellen. »Es
handelt sich weniger um ein Mittel zur Koordinierung von Ereignissen, als vielmehr um ein solches zur Koordinierung von Beziehungen; der Blick ist rückwärts gerichtet, da Beziehungen durch die Vergangenheit erklärt werden müssen.«[15]

Diese und andere Beispiele machen deutlich, daß unser westliches
Verständnis von Zeit nicht das einzig denkbare ist. So wie wir feststellen mußten, daß es nicht nur eine einzige auf den Raum anwend-
bare Geometrie gibt, müssen wir einsehen, daß es nicht nur einen
einzigen, allen Menschen gemeinsamen Zeitbegriff gibt. Nicht nur
primitive Völker, sondern auch relativ hochentwickelte Kulturen

haben dem zeitlichen Modus des Seins und der Notwendigkeit einer zeitlichen Perspektive unterschiedliche Bedeutung beigemessen. Kurz gesagt: Wie man die Zeit in all ihren Aspekten betrachtet, ist großen konzeptionellen Unterschieden unterworfen.

2

....

Die Beschreibung von Zeit

fähig zu begrifflich Abbildung

Zeit, Sprache und Zahl

Whorfs Studie über die Hopi-Indianer bestätigt zwar die Ansicht, daß unsere Auffassung von Zeit nicht die einzig mögliche ist, doch liefert sie überzeugende Anhaltspunkte für einen universellen Zusammenhang zwischen Sprache und Zeit. Auch das Sprachvermögen scheint trotz der großen Vielfalt der existierenden Sprachen und Dialekte in allen Völkern gleich ausgebildet zu sein. Die Sprachfähigkeit des Menschen ist folglich älter als die ethnische Auffächerung.

Im Rahmen des Hixon-Symposiums über zerebrale Mechanismen im Verhalten hielt der amerikanische Physiologe und Psychologe K.S.Lashley 1948 einen Vortrag über »Das Problem der seriellen Ordnung im Verhalten«. Darin äußert er die Ansicht, daß das Organisationsprinzip, welches den syntaktischen Problemen von Sprechen und Sprache zugrunde liegt, im wesentlichen rhythmischer Natur sei, eine Ansicht, die heutzutage allgemein anerkannt ist. Der amerikanische Physiologe E.H.Lenneberg griff Lashleys bahnbrechende Untersuchung zu den temporalen Aspekten von Sprache auf und entwickelte sie in seinem 1968 erschienenen bedeutsamen Werk *Biologische Grundlagen der Sprache* weiter. Lenneberg weist darauf

29

hin, daß viele physiologische Prozesse entgegen dem ersten Anschein temporale Aspekte aufweisen, zum Beispiel das Sehen. Obwohl das Sehen ein unmittelbarer Vorgang zu sein scheint, spielt Zeit doch eine Rolle, da das Erkennen selbst der einfachsten Formen eine zeitliche Integration im Nervensystem erfordert. Wie Lashley ist auch Lenneberg der Ansicht, daß die Grundlagen der Sprache in der menschlichen Anatomie und Physiologie zu suchen sind. »Sprache wird am besten als eine besondere Anpassung eines universellen physiologischen Prozesses an eine artspezifische ethologische Funktion betrachtet: Kommunikation unter den Mitgliedern unserer Art.«[1] Er gelangte zu dem Schluß, daß die menschliche Lautbildung auf einer gewissen Periodizität von etwa sechs Zyklen pro Sekunde beruht, wobei individuelle Unterschiede von bis zu einem Zyklus vorkommen können. Mit Hilfe dieser Hypothese konnte er eine ganze Reihe von Phänomenen erklären.

In seinem 1959 vor der Manchester Literary and Philosophical Society gehaltenen Clayton Memorial-Vortrag über »Einige Aspekte von Sprache« stellte C. M. Bowra fest, daß der Wortschatz der meisten Naturvölker weitaus umfangreicher ist als der Wortschatz, den wir im modernen, hochentwickelten Europa verwenden. Zwar besitzen diese Völker keine Wörter für abstrakte Vorstellungen, doch nehmen sie überaus feine Unterschiede in der sichtbaren Welt wahr, die infolgedessen mit verschiedenen Ausdrücken bezeichnet werden. Solche hochkomplexen Sprachen genügen den Zwecken der jeweiligen Völker vollkommen, solange sie nicht mit neuartigen Situationen konfrontiert werden. Da das von primitiven Völkern erfahrene Gleichgewicht zwischen Überleben und Verhungern gewöhnlich sehr labil ist, verwundert es nicht, daß eine Abweichung von den traditionellen Sitten und Gebräuchen in der Regel als gefährlich betrachtet wird. Die Lebens- und Denkweise wird an Umstände angepaßt, die als unabänderlich gelten, was unvermeidlich zu einer Erstarrung der Sitten und Gebräuche führt. Ihre eng mit den jeweiligen Lebensweisen verknüpften Sprachen verhindern folglich ein freies Umherschweifen des Geistes in neue Erfahrungsbereiche. Bowra beschreibt dies folgendermaßen: »Insofern sich diese Sprachen verändern — und dies ist zweifellos der Fall —, geschieht dies in Richtung einer weiteren Ausarbeitung ihrer besonderen Methoden des Umgangs mit individuellen Eindrücken und den feineren Nuancen gesellschaftlicher Beziehungen. Es überrascht keineswegs, daß Mitglieder dieser Sprachgemeinschaften nicht verstehen konnten, was mit ihnen geschah, als weiße Männer wegen des Verstoßes gegen Regeln, die ihnen völlig unbegreiflich waren, auf sie schossen.« [2]

Es ist heute allgemein anerkannt, daß das herausragendste Merkmal des Menschen die Sprache ist. Daß menschliche Sprache überhaupt möglich ist, scheint nicht nur von den Fähigkeiten des menschlichen Kehlkopfes abzuhängen, sondern vor allem von der Herausbildung des Brocaschen Sprachzentrums in der Hirnrinde. Von diesem Zentrum nimmt man an, daß es die zeitliche Folge der Lautbildung steuert. Wenn dies zutrifft, dann kann das offensichtliche Fehlen eines solchen Zentrums im Gehirn anderer Primaten erklären, warum die Laute dieser Tiere nicht durch die Variation der zeitlichen Ordnung gewisser elementarer Einheiten gebildet werden. [3]

Kinder besitzen eine angeborene Sprachbegabung, da sie ein unwiderstehliches Bedürfnis zeigen, sich mitzuteilen. Das Plappern eines Kleinkindes ist eine spontane Reflexhandlung, vergleichbar den unkoordinierten Bewegungen seiner Gliedmaßen. Es ist eine offensichtliche, nichtsdestoweniger bemerkenswerte Tatsache, daß jedes normale Kind die angeborene Fähigkeit besitzt, die Laute jeder Sprache der Welt hervorzubringen, und davon gibt es etliche tausend. Trotzdem lernt das Kind nur seine »Muttersprache« spontan. Wie die Beispiele von sogenannten »Wolfskindern« belegen, müssen die Kinder mit diesem Lernprozeß begonnen haben, bevor sie sechs Jahre alt sind. Kinder, die bis zu diesem Alter keinen Kontakt zu anderen Menschen hatten, waren nicht mehr in der Lage, sprechen zu lernen. Wollen wir in späteren Jahren eine andere Sprache erlernen, so erfordert dies besondere Bemühungen, denn der Zweitsprachenerwerb fällt nur wenigen Menschen leicht. Die höchste Anzahl von Sprachen, die ein Mensch erwiesenermaßen erlernt hat, liegt knapp unter sechzig. Von dem berühmten Orientforscher Sir William Jones (1746-1794) sagt man, er habe über vierzig Sprachen beherrscht.

Der Grund, warum Sprache vornehmlich auf Lauten und nicht auf Gebärden beruht, liegt wahrscheinlich darin, daß das Gehör derjenige Sinn ist, der am engsten mit der Zeit verknüpft ist. Obwohl Laute kurzlebig sind, hing die Entwicklung von Sprache doch ursprünglich davon ab, daß der Mensch dauerhafte Objekte erkannte und sie mit Namen bezeichnete, denn allem Anschein nach ist die Entstehung von Verbzeitformen erst eine relativ junge Entwicklung. Was wir über die Entstehung von Sprache wissen, beschränkt sich notwendigerweise auf schriftliche Zeugnisse, doch unterstützen sie diese Schlußfolgerung. Die »Zeitformen« zum Beispiel, die im zweiten Jahrtausend vor Christus im Mittelägyptischen verwendet wurden, betreffen die Wiederholung der durch das Verb ausgedrückten Vorstellung und nicht so sehr das Verhältnis der beschriebenen Handlung zu der mit dem Sprecher verbundenen Zeit. Dies stellt keine Besonderheit des Mittelägyptischen dar, denn auch in vielen anderen alten Sprachformen erkennen wir Dauer und nicht Tempus als das beherrschende zeitliche Merkmal. In der Tat haben sich die Unterscheidungen zwischen Vergangenheit, Gegenwart und Zukunft nur in den indoeuropäischen Sprachen voll herausgebildet. Im Hebräischen zum Beispiel wird ein Vorgang nicht in der uns bekannten Weise charakterisiert; vielmehr unterscheidet das Verb zwischen abgeschlossener und noch nicht abgeschlossener Handlung. Darüber hinaus denkt man sich die Zukunft bei uns vorwiegend als etwas vor uns liegendes, während im Hebräischen zukünftige Ereignisse als etwas nach uns kommendes ausgedrückt werden.[4] Andererseits finden sich schon im Altgriechischen Verbformen, die auf eine Unterscheidung zwischen den Tempora hinweisen.

Das Altenglische, jene Sprache, die in England vor der Eroberung durch die Normannen gesprochen wurde, enthielt keine eigenen Wörter für das Futur. Statt dessen wurde das Präsens im Bedarfsfall entsprechend angepaßt.

Suzanne Fleischman hat darauf aufmerksam gemacht, daß die heute von uns verwendeten Zeitformen verschiedenen geistigen Zuständen oder Tätigkeiten entsprechen: So läßt sich Wissen der Vergangenheit zuordnen, Wahrnehmen der Gegenwart und Wunsch,

Verpflichtung und Möglichkeit der Zukunft. Es wurde verschiedentlich behauptet, daß die Verbreitung des Christentums, in dem ja der Gedanke der moralischen Verpflichtung eine beherrschende Rolle spielt, der einzige Grund dafür gewesen sei, daß sich im 5. Jahrhundert n. Chr. neue modale Zeitformen für das Futur ausgebildet haben. Suzanne Fleischman wendet jedoch ein, daß die etwa gleichzeitige Veränderung der elementaren Wortstellung des Lateinischen von S-O-P (Subjekt — Objekt — Prädikat) zu S-P-O nicht minder bedeutsam war. Ihrer Ansicht nach könnte sich die Annahme, hier sei eine Vielzahl verschiedener Ursachen — möglicherweise auch kultureller Determinanten — wirksam gewesen, als die befriedigendste Annäherung an das Problem herausstellen. [5]

George Steiner erinnert sich in seinem Buch *Nach Babel* an den Schock, der ihn durchfuhr, als er in seiner Kindheit zum ersten Mal erkannte, daß es möglich ist, Aussagen über die *entfernte* Zukunft zu machen. »Ich erinnere mich an einen Augenblick,« so schreibt er, »als mich beim Hinausschauen aus dem offenen Fenster der Gedanke, daß ich im ›hier und heute‹ Sätze über das Wetter und jene Bäume in fünfzig Jahren machen konnte, mit einem körperlichen Gefühl der Ehrfurcht erfüllte. Die Verbformen des Futurums, besonders die konjunktivischen, schienen mir buchstäblich von magischen Kräften besessen zu sein.« Er vergleicht dies mit dem geistigen Taumel, der einen häufig angesichts sehr großer Zahlen ergreift, und macht auf eine interessante Hypothese aufmerksam, die von einigen großen Sanskritgelehrten geäußert wurde. (Sanskrit ist die älteste bekannte indoeuropäische Sprache.) Dieser These zufolge »fällt die Entwicklung eines grammatischen Systems des Futurums möglicherweise mit dem erwachenden Interesse an rekursiven Reihen sehr großer Zahlen zusammen«. [6]

Wie dem auch sei, es ist offenkundig, daß der Ursprung des Zahlbegriffs wie auch der Ursprung der Sprache eng mit der Art verbunden ist, wie unser Verstand in der Zeit arbeitet. Dazu gehört, daß wir uns, genau genommen, in jedem Augenblick nur auf eine Sache konzentrieren können und gleichzeitig unfähig sind, dies längere Zeit durchzuhalten, ohne mit den Gedanken abzuschweifen. Unsere Vor-

33

stellung von Zeit hängt folglich eng damit zusammen, daß unsere Denkweise aus einer linearen Folge diskreter Aufmerksamkeitszustände besteht. Dies führt dazu, daß wir Zeit ganz natürlich mit Zählen assoziieren, welches die einfachste Form eines Rhythmus darstellt. Es ist sicherlich kein Zufall, daß die Wörter »Arithmetik« und »Rhythmus« von zwei griechischen Begriffen abstammen, deren gemeinsame Wurzel das Wort »fließen« ist. Auf diese Beziehung zwischen Zeit und Zählen bin ich in meinem Buch *The Natural Philosophy of Time* näher eingegangen.[7]

Die natürlichen Grundlagen der Zeitmessung

Die meisten Völker — wie primitiv sie auch sein mögen — verfügen über eine Methode der Zeitmessung und Zeitrechnung. Diese gründet sich entweder auf die in der Natur beobachteten periodischen Veränderungen von Klima, Flora und Fauna oder auf astronomische Phänomene, wie sie uns durch einfache Beobachtung der Gestirne bekannt sind. Der Zeitmessung, das heißt dem kontinuierlichen Zählen von Zeiteinheiten, ging die Zeitbestimmung nach besonderen Ereignissen voraus. Die älteste Methode der Zeitmessung beruht auf dem Zählen leicht erkennbarer, wiederkehrender Phänomene. So werden zum Beispiel bei Homer die Tage durch Bezug auf die Morgendämmerung gezählt. (»Dies ist mir die zwölfte Morgenröte, daß ich nach Ilios gekommen«, *Ilias*, XXI. 80-1). Bei dieser Methode der Zeitmessung wird nicht die zeitliche Einheit als Ganzes gezählt — diese wurde noch nicht als solche wahrgenommen —, sondern ein konkretes Phänomen, das genau einmal innerhalb dieser Zeiteinheit stattfindet. M.P. Nilsson nennt diese in der Chronologie so häufig verwendete Methode die *Pars pro toto*-Methode.[8]

Ein gutes Beispiel dafür ist die weitverbreitete Verwendung des Wortes »Tag«. Die Verschmelzung von Tag und Nacht zu einer einzigen Einheit von 24 Stunden war dem primitiven Menschen unbekannt. Für ihn waren dies völlig unterschiedliche Phänomene. Es ist interessant, daß sogar in der heutigen Zeit nur wenige Sprachen ein eigenes Wort für diese wichtige Zeiteinheit besitzen. Eine bedeutende Ausnahme bilden die skandinavischen Sprachen, wo es zum Beispiel im Schwedischen das Wort »dygn« gibt. Im Englischen dagegen bezeichnet das Wort »day« sowohl die ganze vierundzwanzigstündige Zeiteinheit als auch den durch Tageslicht charakterisierten Teilabschnitt. Anstatt »Morgendämmerungen« oder »Tage« zu zählen, messen manche Völker die Zeit in Nächten. Dies mag daran liegen, daß das Schlafen eine besonders zweckmäßige Zeitmarke darstellt. Ein Relikt dieser Zeit ist das englische Wort »fortnight« (»fourteen nights«: zwei Wochen), das in den USA ebenso veraltet ist wie »sennight« (»seven nights«: eine Woche) in Großbritannien.

Um eine bestimmte Zeit der Tageslichtperiode näher anzugeben, bedient man sich häufig der Position der Sonne am Himmel oder anderer damit zusammenhängender Erscheinungen. So benutzen die Ureinwohner Australiens einen Stein, der in der Astgabel eines Baumes befestigt wird, um den Zeitpunkt für eine bestimmte Handlung festzusetzen. Der Zeitpunkt ist erreicht, wenn die Sonne auf den Stein trifft. Viele Stämme in den Tropen bestimmen die Tageszeit, indem sie sich auf die Richtung der Sonne oder auf die Länge und Position des Schattens eines senkrechten Stabes beziehen. Vor Sonnenaufgang jedoch ist die verbreitetste natürliche Erscheinung, die als Zeitanzeige benutzt wird, das Krähen des Hahnes.

Für die Entscheidung, wann der Tag als Zeiteinheit beginnt, hat es eine Vielzahl verschiedener gesellschaftlicher Konventionen gegeben. Die alten Ägypter betrachteten die Morgendämmerung als den Beginn eines neuen Tages, während die Babylonier, Juden und Moslems den Sonnenuntergang wählten. Die Römer wiederum entschieden sich zunächst für den Sonnenaufgang, wählten dann jedoch aufgrund der sich ändernden Länge der Tageslichtperioden Mitternacht. Vor der Verbreitung der Uhr mit Schlagwerk im 14. Jahrhundert betrachtete man in Westeuropa die Morgendämmerung als den Beginn eines neuen Tages. Später galt jedoch wie bei den Römern Mitternacht als Tagesbeginn. Astronomen wie zum Beispiel Ptolemäus hielten es dagegen für zweckmäßiger, den Tag mittags zu beginnen. Daran hielt man in der Astronomie bis zum 1. Januar 1925 fest. Dann wurde der astronomische Tag durch ein internationales Abkommen in Einklang mit dem bürgerlichen Tag gebracht.

Neben dem Tag ist das Jahr die bedeutsamste natürliche Zeiteinheit. Doch obwohl jedes Jahr normalerweise den gleichen Zyklus natürlicher Phänomene durchläuft, lernte der Mensch nur allmählich, die verschiedenen Jahreszeiten zu einer einzigen, klar umrissenen Zeiteinheit zu verbinden. Dieser Schritt gestaltete sich besonders für die in äquatorialen Gegenden lebenden Völker schwierig, wo es zwei sehr ähnliche Halbjahre gibt, von denen jedes seine eigene Saat- und Ernteperiode besitzt. Unter einem »Jahr« verstand man ursprünglich nämlich eine Vegetationsperiode. Zwischen dem natürlichen Jahr, das heißt dem Zeitraum eines Umlaufs der Erde um die Sonne, und dem landwirtschaftlichen Jahr besteht ein wichtiger Unterschied: Das erstere besitzt im Gegensatz zum landwirtschaftlichen Jahr keinen natürlichen Anfangs- oder Endpunkt. Im Altnordischen, Germanischen und Angelsächsischen zählte man die Jahre häufig nach Wintern. Der Grund für diese (in den Tropen verständlicherweise selten anzutreffende) Art der Zeitrechnung ist der gleiche wie schon für die Zählung von Tagen nach Nächten. Der Winter ist eine Periode der Ruhe. Er bildet anders als der Sommer mit seinen vielerlei Aktivitäten ein einheitliches Ganzes und eignet sich daher besser als Zeitmarke. Trotzdem gab es natürlich Ausnahmen von dieser Regel. Im Slawischen beispielsweise wurde die Zeit in Sommern gemessen und auch im Englischen gab es Ausdrücke wie »a maiden of eighteen summers«. Im mittelalterlichen Bayern hingegen wurden die Jahre in Herbsteinheiten gemessen.

Zeitangaben, die auf klimatische oder andere natürliche Zyklen zurückgehen, sind nur annähernd genau und variieren gewöhnlich von Jahr zu Jahr. Für landwirtschaftliche Zwecke erscheint es häufig wünschenswert, über genauere Zeitangaben zu verfügen. Bereits vor sehr langer Zeit erkannte man, daß die Sterne, insbesondere ihr Auf- und Untergang, eine solche genauere Zeitbestimmung ermöglichten. Die Beobachtung dieser Phänomene stellte keine großen intellektuellen Anforderungen an den Menschen der Frühzeit, der mit der Sonne aufstand und mit ihr zu Bett ging. Die Erfahrung lehrte ihn,

duratio – verlaufend, dauernd

welche Sterne im Osten kurz vor der Sonne aufgehen und welche im Westen bei Einbruch der Dämmerung erscheinen und kurz darauf dort untergehen. Diese sogenannten »heliakischen« Auf- und Untergänge verändern sich mit dem Jahr und können daher leicht zu einzelnen Naturphänomenen in Beziehung gesetzt werden. Die Sterne stellen somit ein jederzeit verfügbares, wesentlich genaueres Hilfsmittel zur Zeitbestimmung dar als jede auf terrestrischen Zyklen beruhende Methode. Ebenso wie die Tageszeit aus der Position der Sonne abgeleitet werden kann, läßt sich die Jahreszeit mit Hilfe der heliakischen Auf- und Untergänge ermitteln. Die Grundlage eines Kalenders ist damit geschaffen. Eine andere, annähernd genaue Form der Zeitbestimmung besteht darin, die Position leicht erkennbarer Sterngruppen wie etwa der Pleiaden zu beobachten.

Obwohl es die Sterne dem Menschen erleichtern können, die Jahreszeiten zu bestimmen, ermöglichen sie es ihm nicht, das Jahr in kleinere Abschnitte zu unterteilen. Um eine Zeiteinheit zwischen dem Jahr und dem Tag zu schaffen, bezog man sich deshalb auf den Mond. Im Gegensatz zu einer auf natürlichen Zyklen oder den Sternen beruhenden Zeitrechnung machen die ab- und zunehmenden Mondphasen eine stetige Methode der Zeitrechnung möglich. Der Mond kann folglich als das erste Chronometer überhaupt betrachtet werden, da sein ständig wechselndes Erscheinungsbild die Aufmerksamkeit auf den durativen Aspekt von Zeit lenkte. Obwohl der Begriff des Monats viel naheliegender ist als der des Jahres, erweist es sich als schwierig, die beiden zufriedenstellend zu verbinden, da das Sonnenjahr kein genaues Vielfaches der Mondperiode ist. Solange der Beginn eines Monats von der Beobachtung des Neumonds abhing, richtete sich der Monat nach der Lunation, das heißt nach dem vollständigen Ablauf aller Mondphasen. Dies erweist sich jedoch als ungeeignet für die Zeitmessung, da sich die Jahreszeiten und die damit verknüpften biologischen Rhythmen an der Bewegung der Sonne orientieren. Unsere Unterteilung des Jahres in Monate hat folglich keinen Bezug mehr zu den Mondphasen, sondern stellt eine vollkommen willkürliche Unterteilung des Sonnenjahres in zwölf Abschnitte dar. Unsere heutige Vorstellung von einem Jahr läßt sich

warum also beziehen sich die Feministen auf den Mond, da es doch keine grollossene "Harmonie" presentiert? Weil ihnen die Sonne vom Mann genommen wurde!

bis zu den Römern und sogar noch weiter bis zu den Ägyptern zurückverfolgen, die die Lunation als Mittel der Zeitmessung völlig außer acht ließen.

Um Zeitperioden zu beschreiben, die kürzer sind als ein Jahr oder ein Tag, haben primitive Völker häufig Vergleiche mit geeigneten physiologischen Vorgängen gewählt, wie etwa der Ausdruck »im Handumdrehen« zeigt. Auch der Rückgriff auf entsprechende Tätigkeiten, wie etwa das Reiskochen, ist in vielen Gesellschaften noch heute üblich. In der Tat behinderte die mangelnde Bereitschaft des Menschen, naturgegebene Maßstäbe aufzugeben, lange Zeit die Entwicklung eines wissenschaftlichen Systems der Zeitmessung. Dies ist besonders offenkundig im Fall der Stunde. Die Unterteilung der Tageslichtperiode in zwölf Abschnitte geht auf die Ägypter zurück, die zunächst den Zeitraum von Sonnenaufgang bis Sonnenuntergang in zehn Stunden unterteilten und dann jeweils eine Stunde für die Morgen- und Abenddämmerung hinzufügten. Sie teilten auch die Nacht in zwölf gleiche Teile auf. Diese »Temporalstunden«, wie sie genannt werden, sind je nach Jahreszeit unterschiedlich lang. Die Umständlichkeit dieser Methode, die sich allerdings in Ägypten nicht im gleichen Maße bemerkbar machte wie in nördlicheren Ländern, stellte eine unnötige Erschwerung für die Entwicklung der Wasseruhr dar und erwies sich auch in der wissenschaftlichen Astronomie als vollkommen unpraktikabel.

Die Zeit in der modernen Gesellschaft

Ein Merkmal, das den Menschen der modernen Gesellschaft in besonderer Weise von seinen Vorfahren unterscheidet, ist sein zunehmendes Zeitbewußtsein. Bereits morgens beim Aufstehen fragen wir uns als erstes, wie spät es ist. Und auch im weiteren Verlauf des Tages sorgen wir uns ständig um die Zeit und blicken andauernd auf die Uhr. In vergangenen Epochen arbeiteten die Menschen schwer und kümmerten sich trotzdem weniger um die Zeit, als wir es tun. Bis zur Entstehung der modernen Industriegesellschaft ließen sich die Menschen in viel geringerem Maße bewußt von der Zeit beherrschen, als dies seitdem der Fall ist. Die Erfindung und stetige Verbesserung der mechanischen Uhr sowie die Entwicklung der tragbaren Uhr hat unsere Lebensweise tief beeinflußt.

Heutzutage werden wir von Zeitplänen beherrscht, und viele von uns tragen einen Terminkalender bei sich, um sicherzustellen, daß wir stets zur rechten Zeit am rechten Ort sind. Damit die komplexen Handlungsabläufe in unserer Gesellschaft reibungslos und effizient funktionieren, erscheint es immer zwingender, daß wir uns vorgegebenen Routinen anpassen. Wir neigen sogar dazu, dann zu essen, wenn es uns die Uhr vorschreibt, und nicht dann, wenn wir hungrig sind. Obwohl es Unterschiede zwischen der objektiven Ordnung der physikalischen Zeit und der individuellen Zeit der persönlichen Erfahrung gibt, sind wir in zunehmendem Maße gezwungen, unsere persönliche »Gegenwart« an den von Uhr und Kalender diktierten Zeitmaßstab anzupassen. Auch in unserer Erforschung der natürlichen Welt messen wir den zeitlichen Aspekten der Phänomene immer größere Bedeutung bei. Der Begriff der Zeit beherrscht unser Verständnis des physikalischen Universums und der menschlichen Gesellschaft; gleichzeitig bestimmt er die Art, wie wir unser Leben und unsere sozialen Handlungen organisieren.

Um zu verstehen, warum dies so ist, und wie es dazu kommen konnte, müssen wir untersuchen, welche Rolle die Zeit in der Geschichte gespielt hat.

Teil II

....

Die Zeit in Antike und Mittelalter

3

....

Der Zeitbegriff in der Frühgeschichte

Die prähistorische Periode

Das Selbst-Bewußtsein des Menschen ist ein grundlegendes Merkmal seiner Existenz. Es beruht auf einem Gefühl der persönlichen Kontinuität in verschiedenen Bewußtseinszuständen. Dieses Gefühl der persönlichen Identität hängt in ganz wesentlichem Maße vom Gedächtnis ab. Ein Bewußtsein von Vergangenheit kann sich jedoch erst entwickeln, wenn der Mensch bewußt seine Erinnerungen reflektiert. Auch die planvolle Handlung beruht auf einem — zumindest impliziten — Erkennen der künftigen Ziele. Wiederum kann sich jedoch ein allgemeines Bewußtsein von Zukunft erst entwickeln, wenn der Mensch mit Hilfe seines Verstandes systematisch künftige Ereignisse überdenkt. Erinnerungen und Zielvorstellungen müssen dem Menschen also bewußt gewesen sein, lange bevor er eine explizite Unterscheidung zwischen Vergangenheit, Gegenwart und Zukunft traf.

Die berühmten altsteinzeitlichen Felsbilder, die man in Höhlen wie beispielsweise der von Lascaux in der Dordogne fand, wurden als indirekter Beweis dafür betrachtet, daß die Menschen vor mehr als 20 000 Jahren mit teleologischer Absicht handelten und ein Ge-

43

fühl für Vergangenheit, Gegenwart und Zukunft besaßen. Nach dem, was wir über Naturvölker wissen, war der Grund für die Schaffung dieser Bilder mit hoher Wahrscheinlichkeit magischer Natur. Man erhoffte sich, daß das mit Farbe auf die Decke oder Wand gebannte Ereignis — in der Regel das Erlegen eines Tieres — in Zukunft an anderer Stelle eintreten würde. Eine sehr bekannte Felsmalerei, die man im tiefsten Innern der Höhle von Les Trois Frères im Departement Arrïege in Frankreich fand, stellt einen tanzenden Mann mit Tiermaske, Hirschgeweih und Tierfell dar. Die Künstler, die dieses Bild des »Tanzenden Zauberers« schufen, waren vermutlich der Ansicht, daß der Akt des Tanzens allein nicht ausreiche, denn anscheinend ging es ihnen darum, die magische Wirkung des Tanzes über sein Ende hinaus zu erhalten. Wenn diese Hypothese zutrifft, könnte dies vielleicht erklären, warum die Menschen vor so vielen Tausenden von Jahren die Mühe und die Gefahr auf sich nahmen, so tief in diese Höhlen einzudringen.

Bei der Herstellung dieser Malereien mußten sich die Menschen auf ihre Erinnerung an vergangene Ereignisse verlassen, so daß schließlich alle drei Zeitformen eine Rolle spielten. Dies impliziert jedoch keineswegs eine bewußte Wahrnehmung der Unterschiede zwischen Vergangenheit, Gegenwart und Zukunft, ebensowenig wie die Verwendung von Sprache eine ausdrückliche Kenntnis der Grammatik voraussetzt. In der Tat muß es den Menschen eine enorme Anstrengung gekostet haben, seine natürliche Neigung zu überwinden, wie ein Tier in der ständigen Gegenwart zu leben. Die Entwicklung des rationalen Denkens scheint dem Menschen in seinem Bemühen, die Bedeutung der Zeit zu verstehen, sogar noch hinderlich gewesen zu sein.

In seinem klassischen Werk *Primitive Man as Philosopher* vertritt Paul Radin die Ansicht, daß es unter den primitiven Menschen zwei verschiedene Typen gibt: zum einen den Menschen der Tat, der sich an äußeren Objekten orientiert und für den in erster Linie praktische Ergebnisse bedeutsam sind; seinen inneren Regungen steht dieser Mensch relativ gleichgültig gegenüber. Der andere — viel seltener anzutreffende — Typ ist der Denker. Ihn beherrscht der Drang, seine

44

Erhaltungssätze

subjektiven Zustände zu analysieren und zu »erklären«. Sofern der erste Typus überhaupt Erklärungen in Betracht zieht, neigt er zu solchen, welche die rein mechanische Beziehung zwischen Ereignissen in den Vordergrund rücken. Sein geistiger Rhythmus ist durch ein Bedürfnis nach endloser Wiederholung derselben Ereignisse gekennzeichnet, und Veränderung bedeutet für ihn im wesentlichen einen abrupten Umbruch. Der Denker dagegen hält rein mechanische Erklärungen für unzulänglich. Doch obwohl er eine Beschreibung anstrebt, die eine allmähliche Entwicklung vom Einen zum Vielschichtigen, vom Einfachen zum Komplexen, von Ursache zu Wirkung berücksichtigt, ist er von den ständigen Wandlungen der äußeren Objekte verwirrt. Bevor er sich mit ihnen in systematischer Weise befassen kann, muß er ihnen eine gewisse Beständigkeit der Form verleihen. Mit anderen Worten, die Welt muß statisch werden.[1]

Der Glaube, daß die Wirklichkeit letzlich zeitlos ist, wurzelt tief im menschlichen Denken. Die Suche nach den beständigen Faktoren, die dem ewig wechselnden Muster von Ereignissen zugrunde liegen, stellt folglich den Ursprung der rationalen Erforschung der Welt dar. Wie Radin in seiner Diskussion der Denkweise primitiver Völker betonte, »ist die Analyse und Definition eines Objekts, welches als eine dynamische Einheit betrachtet wird, überaus schwierig und unbefriedigend. Das Denken ist den meisten Menschen unter solchen Umständen nahezu unmöglich.«[2] Ein Mittel, welches zwangsläufig Beständigkeit in eine flüchtige Welt brachte, war die Sprache. Denn obwohl das Sprechen an sich vorübergehend ist, überdauern die konventionalisierten Lautsymbole der Sprache die Zeit. Auf der Ebene der gesprochenen Sprache hing die Beständigkeit allein vom Gedächtnis ab. Um ein größeres Maß an Unvergänglichkeit zu erreichen, mußten die zeitlichen Symbole gesprochener Sprache in die räumlichen Symbole geschriebener Sprache umgewandelt werden. Die frühesten schriftlichen Zeugnisse sind einfache bildliche Darstellungen von natürlichen Objekten, z. B. von Tieren oder Vögeln. Den nächsten Schritt bildeten die Ideogramme, das sind Schriftzeichen, die einen Begriff durch die Abbildung eines sichtbaren Objekts symbolisch darstellen. Die entscheidende Phase in der Entwicklung der

Schrift war die Ablösung der ideographischen Zeichen durch phonetische, das heißt Laute darstellende Zeichen. Diese Umwandlung von Lautsymbolen in der Zeit zu visuellen Symbolen im Raum war in dem Streben nach Beständigkeit der größte Schritt nach vorne.

Die Unterschiede, die wir zwischen Vergangenheit, Gegenwart und Zukunft machen, betreffen den transitorischen Charakter von Zeit. Obwohl unser Identitätsgefühl Gedächtnis voraussetzt, ist es eng mit dem durativen Aspekt von Zeit verknüpft. Die Erkenntnis des Menschen, daß er wie die anderen Lebewesen geboren wird und stirbt, muß ihn dazu geführt haben, intuitiv ein Entkommen aus dem unbarmherzigen Ablauf der Zeit zu suchen und nach unendlicher Erhaltung seiner Existenz zu streben. Rituelle Begräbnisse lassen sich beim Neandertalmenschen und möglicherweise auch schon früher nachweisen.[3] Die etwa 60 000 Jahre alte Grabstätte eines Neandertalers in einer Höhle im Norden des Irak scheint sogar Blumen enthalten zu haben.[4] Was unsere eigene Spezies anbelangt, so zeigen die ältesten Funde, die von ca. 35 000 v. Chr. datieren, daß die Toten nicht nur mit Waffen, Werkzeugen und Schmuck beerdigt wurden, sondern sogar Lebensmittel erhielten, die häufig genug für die Lebenden knapp gewesen sein müssen. In manchen Fällen waren die Toten mit rötlichem Ocker bedeckt, was vielleicht Blut vortäuschen sollte, um das physische Erlöschen zu verhindern. Die Fürsorglichkeit, mit der die Toten beerdigt wurden, läßt auf die tiefe Überzeugung schließen, daß der Tod, wenn man nur die notwendigen Schritte unternahm, ein vorübergehender Zustand sei.

Der Tod konnte aber nur dann erfolgreich in einen neuen Lebensabschnitt überleiten, wenn geeignete Rituale durchgeführt wurden. Diese Vorstellung setzte sich auch im Umgang mit anderen natürlichen Veränderungen durch. So wurden die Übergänge zwischen den wichtigsten Lebensphasen des Menschen als Krisen angesehen, zu deren Meisterung die Gemeinschaft mit Hilfe geeigneter Rituale beitrug.

Ebenso wurden auch die wichtigsten Veränderungen in der Natur als plötzlich auftretende und dramatische Ereignisse angesehen. In der altsteinzeitlichen Periode waren sich die Menschen bereits bewußt, daß zu bestimmten Zeiten des Jahres Tiere und Pflanzen weniger fruchtbar waren als zu anderen. Die Einhaltung jahreszeitlich bedingter Riten schien ihnen daher notwendig, um eine ausreichende Versorgung zu gewährleisten. Mit dem Übergang von einer nomadischen Sammlerkultur zu einer höherentwickelten Agrargesellschaft bezogen die Menschen nicht nur die Tiere, die sie jagten, sondern auch die Natur in ihrer Gesamtheit in ihre Überlegungen und Befürchtungen mit ein. Zu Beginn der kritischen Jahreszeiten wurden besondere Riten durchgeführt, um die unvorhersagbaren Kräfte zu besiegen, die sonst das Wachstum der Feldfrüchte beeinträchtigen konnten. Die zeitliche Abfolge natürlicher Phänomene und Zyklen legte eine dramatische Deutung des Universums nahe. Die Natur wurde als eine ständige Auseinandersetzung zwischen göttlichen, kosmischen Kräften und dämonischen, chaotischen Mächten angesehen. In dieser Auseinandersetzung waren die Menschen nicht nur Zuschauer, sie waren vielmehr gezwungen, eine aktive Rolle zu spielen, indem sie durch ihr Handeln, das in völliger Übereinstimmung mit der Natur zu stehen hatte, dazu beitrugen, daß die notwendigen Phänomene zustande kamen. Dies bedeutete, daß im Ablauf der Jahreszeiten eine bestimmte Folge von Riten eingehalten werden mußte.

Die Untersuchung von megalithischen Überresten wie Stonehenge im Hinblick auf eine mögliche astronomische Ausrichtung der Bauwerke hat in den letzten Jahren zu einer Reihe interessanter Spekulationen über die Frage Anlaß gegeben, ob der prähistorische Mensch den Kalender kannte. Es wurde sogar die Vermutung geäußert, daß viele der Zeichen, die man in Höhlen und auf altsteinzeitlichen Artefakten fand, kalendarischer oder astronomischer Natur sind. Eine sorgfältige Bewertung dieser Theorien findet sich bei D. C. Heggie.[5]

Das alte Ägypten

In den frühesten Kulturen finden wir eindeutige Verknüpfungen zwischen gesellschaftlichen und natürlichen Ereignissen. In Ägypten, dessen Lebensgrundlage der Nil war, wurde die Krönung eines neuen Pharaos häufig auf den Beginn eines neuen Zyklus der Natur verschoben, um so eine günstige Ausgangsbasis für seine Regierung zu schaffen. Ein günstiger Zeitpunkt war entweder das Ansteigen des Stromes im Frühsommer oder das Absinken der Flut im Herbst, wenn die schlammgedüngten Felder saatbereit waren. Der Königskult war eng mit der Geschichte von Osiris verknüpft, dem Inbegriff des Göttlichen, dem sich die Pharaonen durch »Nachspielen« seiner überlieferten Taten anzugleichen trachteten. Osiris verkörperte das lebensspendende Wasser und den vom Nil fruchtbar gemachten Boden. Kehrte der Nil wieder in sein Flußbett zurück, so schien das ganze Land allmählich abzusterben. Mit jeder Überschwemmung erwachte es jedoch zu neuem Leben. Der Osiris-Mythos symbolisierte diesen Zyklus von Geburt, Tod und Wiedergeburt und verhieß ewiges Leben. Starb der Pharao, so ermöglichten es ihm gewisse Rituale, selbst Osiris zu werden und somit den Verwüstungen der Zeit zu entgehen. Dieser Weg zu ewigem Leben blieb zunächst im wesentlichen den Königen vorbehalten, doch verbreitete sich schließlich die Überzeugung, daß ähnliche Riten jedem Unsterblichkeit verliehen, der sie sich leisten konnte. Nach S. G. F. Brandon läßt die große Beliebtheit des Osiris-Kults erkennen, daß die Ägypter eine klare Vorstellung von Zeit besaßen, auch wenn ihnen dies nicht notwendigerweise bewußt gewesen sein muß. Denn da die Ägypter glaubten, daß Osiris vor langer Zeit tatsächlich in ihrem Land gelebt hatte, bedeutete sein Kult, daß ein bestimmtes historisches Ereignis, in diesem Fall der Tod und die Wiederauferstehung von Osiris, durch magische Nachahmung unendlich oft wiederholt werden konnte, so daß die erhoffte positive Wirkung jenen Personen zugute kommen konnte, in deren Namen die Riten vollzogen wurden. [6]

Obwohl der Osiris-Kult ein hervorragendes Beispiel für das ist, was Brandon die »rituelle Bewahrung der Vergangenheit« nennt, betraf er doch ausschließlich die persönliche Unsterblichkeit und weckte somit kein Interesse an der Vergangenheit als solcher. Vielmehr zeigt der Versuch, einzelne, mit Osiris verknüpfte Ereignisse zu bestimmten Anlässen heraufzubeschwören, daß sich die Menschen auf die Gegenwart anstatt auf die Vergangenheit konzentrierten. Die Ägypter betrachteten Zeit als eine Folge wiederkehrender Zyklen. Ihr Sinn für Geschichte, Vergangenheit oder Zukunft war sehr wenig ausgeprägt. Zwar gab es eine absolute Vergangenheit, doch war diese normativ und wurde nicht als in der Zeit zurückweichend betrachtet.[7] Sie hielten die Welt ihrem Wesen nach für statisch und unveränderlich. Am Anfang erschufen die Götter die Welt, und jeder Teil erhielt seinen Platz in einer festgefügten Ordnung. Das kosmische Gleichgewicht, auf dem die regelmäßige Wiederkehr der jahreszeitlich bedingten Phänomene beruhte, konnte jedoch nur durch ununterbrochene Wachsamkeit aufrechterhalten werden. Auf der Erde oblag diese Aufgabe dem Pharao. Geschichtliche Ereignisse waren entweder rein oberflächliche Störungen der herrschenden Ordnung oder wiederkehrende Begebenheiten, deren Bedeutung sich nie veränderte. Diese Vorstellung eines ständig wiederkehrenden Musters von Ereignissen gab den Menschen ein Gefühl der Sicherheit angesichts der drohenden Gefahr von Veränderung und Verfall. Eine Krise, die die gewohnte Ordnung der Dinge erschütterte, konnte kein wirklich neues Ereignis sein, sondern mußte bereits bei der Erschaffung der Welt angelegt worden sein. Die Priester würden in einem solchen Fall also die alten Schriften studieren, um herauszufinden, ob dieses Ereignis bereits stattgefunden hatte und welche Lösungsmethode damals angewendet worden war.

Eine solche Deutung der ägyptischen Zeitvorstellung wird durch die Art der Zeitrechnung bestätigt. Die Jahre wurden nicht fortlaufend gezählt, sondern nach den Regierungsjahren der einzelnen Pharaonen, wobei die Zeitrechnung mit jedem neuen Pharao bei 1 begann, und nach den Zeiträumen der Steuererhebung. Alle zwei Jahre zählten die Beamten des Schatzhauses die königlichen Besitztümer, so daß die Jahre einer bestimmten Regierungsperiode beispielsweise folgendermaßen bezeichnet wurden: »das Jahr der 3. Zählung« oder »das Jahr nach der 3. Zählung« etc. Dieses Fehlen eines kontinuierlichen Zeitbewußtseins machte es überaus schwierig, vergangene Jahrhunderte genau zu berechnen, zumal es vorkam, daß zwei Pharaonen gemeinsam oder parallel herrschten und manche Herrschernamen sogar rein fiktiv waren. Sprachen die Ägypter von der Regierungszeit des König Cheops, so dachten sie an eine weit zurückliegende, nicht näher bestimmte Epoche in der Vergangenheit. Die Tatsache, daß die Welt in den Augen der Ägypter etwas Ewiges, Unwandelbares war, läßt überdies erkennen, daß ihnen der Gedanke an eine Weiterentwicklung der gesellschaftlichen Bedingungen völlig fremd war. Es gab natürlich, besonders gegen Ende des Alten Reiches, Epochen erheblicher gesellschaftlicher Unruhen, doch werden sie nur in literarischen Texten erwähnt. Die historischen Texte beschränken sich auf die Aufzählung der in jener Epoche herrschenden Könige und geben nicht den geringsten Hinweis auf etwaige bedeutende Entwicklungen in jener Zeit. Dies blieb, verbunden mit einem Mangel an präzisen Zeitangaben, fast drei Jahrtausende lang das charakteristische Merkmal der ägyptischen Geschichtsschreibung. Wir kennen nur einen ägyptischen Historiker, der hiervon abwich, und dies war der Priesterschreiber Manetho, der ein Verzeichnis aller Pharaonen erstellte und sie in einzelne Gruppen bzw. Dynastien unterteilte. Diese Unterteilung wird von Ägyptologen heute noch verwendet. Manetho, der im 3. Jahrhundert v. Chr. lebte, schrieb jedoch in griechischer Sprache, und so ist sein Werk eher der hellenistischen als der ägyptischen Kultur zuzurechnen.

Trotzdem verdankt die Wissenschaft der Zeit den Ägyptern einen Beitrag von besonderer Bedeutung. Sie erfanden nämlich einen Kalender, den Otto Neugebauer als »den einzigen intelligenten Kalender in der Geschichte der Menschheit« bezeichnet hat.[8] Ihr bürgerliches Jahr* bestand aus zwölf Monaten zu je dreißig Tagen, wobei jeweils am Ende eines Jahres 5 zusätzliche Tage eingeschoben wurden, was zusammen 365 Tage ergibt. Dieser Kalender ist Neugebauer zufolge eine Errungenschaft, die rein praktisch begründet war: Die Ägypter beobachteten und mittelten die Abstände zwischen den einzelnen aufeinanderfolgenden Nilüberschwemmungen in Heliopolis sehr genau, denn schließlich war das Ansteigen des Nils das bedeut-

---

* Anm. d. Übers.: Das bürgerliche Jahr ist im Kalenderwesen und in der Chronologie derjenige Zeitabschnitt, der in ganzen Tagen etwa dem Umlauf der Erde um die Sonne entspricht.

samste Ereignis im Leben der Ägypter. Anfangs erkannten sie nicht, daß das astronomische Jahr etwa um ein Viertel eines Tages länger ist als 365 Tage. Als man jedoch diese Diskrepanz bemerkte, wurde ein neuer Kalender eingeführt, der den astronomischen Phänomenen besser gerecht wurde. Man stellte fest, daß das Ansteigen des Nils immer dann begann, wenn der letzte Stern, der vor Sonnenaufgang am Horizont erschien (bevor also aufgrund der Morgendämmerung alle Sterne unsichtbar werden), der Hundsstern Sothis (Sirius) war. Dieser »heliakische Aufgang«, um den in der griechischen Astronomie gebräuchlichen Ausdruck zu verwenden, bildete somit den natürlichen Fixpunkt des »Sothischen« Kalenders. Astronomische Berechnungen zeigen, daß im Jahr 2773 v. Chr. der erste Tag des alten Kalenders mit dem ersten Tag des neuen zusammenfiel, und man vermutet, daß damals der neue Kalender eingeführt wurde.[9] Es gibt Gründe anzunehmen, daß diese Neuerung auf den Minister Imhotep zurückzuführen ist, der unter König Djoser in der Dritten Dynastie lebte und später als Vater der ägyptischen Wissenschaft wie ein Gott verehrt wurde.

Der Sothische Kalender hielt im Gegensatz zum bürgerlichen Kalender mit den Jahreszeiten Schritt. Beide Kalender stimmten alle 1460 (= 365 x 4) Jahre überein. Das bürgerliche Jahr unterteilten die Ägypter traditionell in drei »Jahreszeiten«, die Überschwemmungs-, die Saat- und die Erntezeit. Jede dieser Jahreszeiten bestand aus vier Monaten, die jedoch keinen Bezug zu den Mondphasen hatten und folglich eine reine Konvention darstellten. Trotz der sprachlichen Ungereimtheit, daß die Überschwemmungsperiode im Laufe der Zeit zwangsläufig in eine der anderen Jahreszeiten fallen mußte, behielten die Ägypter den 365tägigen Kalender bis in die Zeit des römischen Kaiserreiches bei, da er in der Praxis einfacher zu handhaben war. Jedes Jahr enthielt nämlich anders als das unsrige stets die gleiche Anzahl von Tagen. Der ägyptische Kalender erfüllte genau die Eigenschaften, die nötig waren, um astronomische Berechnungen durchführen zu können. Er wurde in der griechischen Astronomie ebenso verwendet wie später im Mittelalter, wo er das allgemein anerkannte astronomische Bezugssystem darstellte, und sogar Kopernikus bediente sich seiner zur Berechnung seiner Mond- und Planetentabellen. Die Ägypter besaßen darüber hinaus einen Mondkalender zur Bestimmung von Festlichkeiten nach den Mondphasen. Sie fanden heraus, daß 309 Mondmonate etwa 25 bürgerlichen Jahren entsprachen.

In einem nahezu wolkenlosen Land wie Ägypten ist die Sonne ein nützliches Hilfsmittel bei der Bestimmung der Zeit, und es überrascht daher nicht, daß die älteste bekannte Sonnenuhr dort gefunden wurde. Ein Fragment einer ägyptischen Sonnenuhr von ungefähr 1500 v.Chr. befindet sich heute in einem Museum in Berlin. Diese Uhr hatte die Form eines T-förmigen Balkens und wurde morgens flach mit dem Querbalken gen Osten auf den Boden gelegt, so daß der Schatten auf den mit sechs Zeitmarkierungen versehenen Längsbalken fiel. Wenn die Sonne am Himmel höher stieg, verkürzte sich der Schatten entsprechend, bis er genau um die Mittagszeit an der Markierung für die sechste Stunde völlig verschwand. Dann wurde das Instrument umgedreht, so daß der Querbalken gen Westen zeigte und der nun wieder länger werdende Schatten den Längsbalken bis zur zwölften Stundenmarkierung entlangwandern konnte. Die frühesten Uhren dieser Art gingen nur zu den Tag- und Nachtgleichen richtig. Die jahreszeitlich bedingten Veränderungen der Sonnenposition konnten erst viel später gebührend berücksichtigt werden. Eine Reihe verschiedener Stundenskalen, sieben an der Zahl, sollte schließlich diesen Veränderungen Rechnung tragen, doch zeigte auch ein solches Meßinstrument selten die richtige Zeit an. Als sich der kriegerische Pharao Thutmosis III. einmal auf einen kritischen Augenblick in einem seiner Feldzüge in Asien bezog, nannte er die durch den Schatten der Sonne angezeigte Stunde. Daraus ist zu schließen, daß er eine tragbare Sonnenuhr mit sich führte.[10] Eine andere Form der Sonnenuhr benutzt nicht die Länge des Sonnenschattens, sondern seine Richtung. Allerdings waren die Ägypter, die sie erfanden, weit davon entfernt, die Feinheiten eines solchen Instruments zu verstehen, das, um die richtige Zeit anzuzeigen, auf die geographische Länge des jeweiligen Aufstellungsortes geeicht werden muß.

Um die Zeit auch nachts messen zu können, erfanden die Ägypter die Wasseruhr oder Klepsydra, wie die Griechen sie später nannten. Es entwickelten sich zwei Haupttypen, je nachdem, ob das Wasser in ein mit einer Skala versehenes Gefäß hineinfloß oder aus ihm herausfloß. Während die Einlaufuhren gewöhnlich zylindrisch geformt waren, bestanden die Auslaufuhren in der Regel aus umgedrehten Kegeln, die unten eine kleine Öffnung besaßen. Die Zeit wurde durch den Wasserstand angezeigt. Wasseruhren wurden auch von den Griechen und Römern verwendet. Vitruvius beschreibt um 30 v.Chr. eine Reihe verschiedener Arten. Um die je nach Jahreszeit unterschiedlich langen Stunden richtig anzeigen zu können, mußte entweder die Fließgeschwindigkeit des Wassers oder die Stundenskala an die Jahreszeit angepaßt werden. Ein beträchtliches Maß an Einfallsreichtum wurde aufgeboten, um diese Aufgabe zu lösen.

Ein anderes von den Ägyptern verwendetes Hilfsmittel zur Bestimmung der Zeit bei Nacht war das Lot, oder wie sie selbst es nannten, der »Merkhet«. Sie beobachteten dabei bestimmte Sterne, die beim Überschreiten des Meridians eine Linie mit zwei Merkhets bildeten. Ständig ausgestellt ist ein solcher Merkhet im Science Museum in London. Er wird ungefähr auf das Jahr 600 v.Chr. datiert. Seiner Inschrift nach gehörte er einst dem Sohn eines Priesters des Horus-Tempels in Edfu, Oberägypten.

Wie bereits in Kapitel 2 erwähnt wurde, verdanken wir den Ägyptern unsere heutige Aufteilung des Tages in 24 Stunden. Allerdings waren die ägyptischen Stunden im Gegensatz zu unseren unterschiedlich lang, da die Tag- und Nachtperioden das ganze Jahr hindurch gleichbleibend in jeweils zwölf Stunden unterteilt waren. Das Ende der Nacht wurde durch den heliakischen Aufgang eines bestimmten Sterns angezeigt. Da die Sonne jedoch nicht nur an der täglichen scheinbaren Bewegung aller Gestirne von Ost nach West teilnimmt, sondern darüber hinaus jährlich eine eigene langsame Bewegung relativ zu den Sternen in entgegengesetzter Richtung vollführt, finden im Laufe des Jahres verschiedene heliakische Aufgänge statt. Anstatt jeden Tag einen anderen Stern zu betrachten, wählten die ägyptischen Priester, deren Hauptanliegen es war, den richtigen Zeitpunkt für die nächtlichen Gottesdienste in den Tempeln zu bestimmen, nur alle zehn Tage einen anderen Stern. Diese Zeitperiode bzw. die entsprechende Sternkonstellation heißt eine »Dekane«. Die ältesten astronomischen Texte, die man heute kennt, stammen aus der Neunten Dynastie (etwa 2150 v. Chr.) und befinden sich auf hölzernen Sargdeckeln. Sie werden »diagonale Sternuhren« bzw. »diagonale Kalender« genannt und geben die Namen der Sterne in den jeweiligen Dekanen an. Diese Sternkarten sollten es den Verstorbenen ermöglichen, die nächtliche Uhrzeit bzw. das Datum zu bestimmen.[11] Die zwölf Tierkreiszeichen waren übrigens vor dem Beginn der hellenistischen Periode in Ägypten unbekannt; es gibt für astrologische Vorstellungen in Ägypten vor dieser Zeit nicht die geringsten Hinweise.

Da das ägyptische bürgerliche Jahr 365 Tage zählte, gab es 36 Dekane in jedem Jahr (zuzüglich der fünf zusätzlichen Tage am Jahresende). Nach diesen wurde der Himmel unterteilt. Im Sommer, wenn Sirius heliakisch aufgeht, kann man im Verlauf einer Nacht nur den Aufgang von zwölf dieser Sternkonstellationen beobachten, so daß dies der Grund dafür ist, daß die Nacht in zwölf Stunden unterteilt wurde. Was die Tageslichtperiode anbelangt, so zeigt eine einfache Sonnenuhr auf einem Obelisken von Sethos I. (ca. 1300 v. Chr.) zwischen Sonnenaufgang und Sonnenuntergang zehn Stunden an, denen noch jeweils eine Stunde für die Morgen- und die Abenddämmerung hinzugefügt wurde. Wie bereits erwähnt wurde, ging aus dieser Unterteilung von Tag und Nacht der aus 24 Temporalstunden bestehende ganze Tag der hellenistischen und römischen Epoche hervor. Im Altertum benutzten eigentlich nur die griechischen Astronomen Stunden gleicher Länge, wobei diese den Temporalstunden zur Zeit der Frühlings-Tagundnachtgleiche entsprachen. Da astronomische Berechnungen, in denen Brüche vorkamen, nach babylonischer Tradition im Sexagesimalsystem und nicht in unserem Dezimalsystem durchgeführt wurden, unterteilten Astronomen diese »Äquinoktialstunden« in sechzig Einheiten, die Minuten, die wiederum in sechzig Sekunden untergliedert wurden. Unsere heutige Unterteilung des Tages in Stunden, Minuten und Sekunden ist also, wie Neugebauer treffend bemerkte, »das Ergebnis einer hellenistischen Modifikation der ägyptischen Konvention verbunden mit babylonischen Rechenprozeduren.«[12]

Sumer und Babylonien

Obwohl die Gefahr einer Dürre oder eines Hochwassers potentiell stets gegeben war, verursachte der Nil in Ägypten doch selten eine Katastrophe. Die mesopotamische Kultur entwickelte sich dagegen in einer völlig anderen Umgebung. Tigris und Euphrat sind in ihrem Verhalten weit weniger gleichförmig als der Nil. Die Menschen, die im alten Mesopotamien lebten, mußten sich gegen Klimaschwankungen, heiße Winde, sintflutartige Regenfälle und verheerende Fluten behaupten, Ereignisse, auf die sie äußerst wenig Einfluß hatten. Dieses Element von Gewalt in der Natur, welches keinerlei Grund zu der Annahme bot, das Wüten der Zeit könne durch einen rituellen Kult wie etwa den Osiris-Kult in Ägypten überwunden werden, spiegelt sich auch in der Grundeinstellung der mesopotamischen Kultur wider. Obwohl die Bewegungen der Gestirne wie auch der Zyklus der Jahreszeiten Anzeichen einer kosmischen Ordnung lieferten, betrachtete man diese Ordnung doch keineswegs als gesichert. Vielmehr wurde sie als das Ergebnis ständiger Bemühungen um die Harmonisierung rivalisierender göttlicher Mächte und Absichten angesehen.[13] Die grundlegenden gesellschaftlichen Strukturen blieben zwar in Mesopotamien über mehr als zwei Jahrtausende unverändert, doch wechselten sich die Sumerer, Babylonier und Assyrer in der Oberherrschaft ab. Im Vergleich zu Ägypten war die mesopotamische Gesellschaftsordnung weit weniger statisch. Während der Pharao in Ägypten den Triumph einer unbesiegbaren göttlichen Ordnung über die Kräfte des Chaos symbolisierte, verkörperte die mesopotamische Königsherrschaft das Ringen einer menschlichen Ordnung mit all ihren Ängsten und Schwächen um das Einssein mit dem Universum.[14]

Das Gefühl der Unsicherheit, das die Stadtstaaten Mesopotamiens beherrschte, führte zu einem rudimentären Interesse an der Geschichte der gesellschaftlichen Ordnung. Dies zeigt sich in Texten, die um etwa 2000 v. Chr. entstanden sind, insbesondere in der »Sumerischen Königsliste«, die mit einer Folge von acht, vermutlich mythischen, Königen beginnt, deren Regentschaft insgesamt 241200 Jahre betrug! [15] Diese Folge wurde durch eine Flut unterbrochen, die so verheerend war, daß anschließend ein ganz neuer Anfang gemacht und die Königswürde erneut »vom Himmel herabgesenkt« werden mußte. In der Tat haben archäologische Funde gezeigt, daß die sumerische Ebene etwa um 4200 v. Chr. von einer gewaltigen Flutkatastrophe heimgesucht wurde.

Trotz der Beachtung, die die Sumerer diesem vergangenen Ereignis entgegenbrachten, und trotz der Erstellung chronologischer Königslisten, in denen die Leistungen der einzelnen Herrscher wortreich gerühmt wurden, waren die Sumerer und ihre Nachfolger nicht wirklich geschichtsbewußt. Sie interessierten sich hauptsächlich für sich selbst und waren zufrieden damit, historische Begebenheiten relativ unbestimmt zu lassen. [16] Der Grund, warum die Erinnerung an die Sintflut wachgehalten wurde, war höchstwahrscheinlich magischer Natur. Eine alles zerstörende Flut war schließlich eine Möglichkeit, mit der jedes Jahr gerechnet werden mußte. Deshalb versuchte man in den Beschwörungsformeln der Sintflutlegende, den Himmelsgott Anu und den Sturmgott Enlil günstig zu stimmen, denn diese, so glaubte man, seien für die Entscheidung verantwortlich gewesen, die Menschheit zu vernichten. Auch die Einrichtung von Bibliotheken in Palästen und Tempeln läßt nicht unbedingt auf ein Geschichtsbewußtsein schließen. Obwohl sie dazu dienten, die Aufzeichnungen der Vergangenheit zu bewahren, zeigt sich darin nur insofern ein Interesse an der Vergangenheit, als diese die Handlungen der Gegenwart leiten sollte. In der Tat schließt die im alten Mesopotamien verbreitete Auffassung von der kosmischen Entwicklung bereits die Möglichkeit aus, Geschichte könne letztlich bedeutsam sein oder ein Ziel verfolgen. Daß das wiederkehrende Muster von Ereignissen offensichtlich keine Bedeutung besitzt, läßt sich auch der folgenden Passage aus dem *Gilgamesch-Epos* entnehmen: »Nicht ein ewiges Leben ist den Menschen bestimmt. [...]. Bauen wir Häuser auf immerdar? Siegeln wir Verträge für ewig? Teilen Brüder ewig das Erbe? [...] Trägt der Fluß alle Tage die Hochflut empor und bringt dem Land Überschwemmung? [...] Von der Tage Anbeginn her gibt es keine Dauer.« [17]

Obwohl der Königsherrschaft in Mesopotamien zu keinem Zeitpunkt dieselbe Bedeutung zukam wie in Ägypten, bestand ihre Funktion doch darin, die Harmonie zwischen Himmel und Erde zu bewahren. Zunächst bestanden in Mesopotamien eine Reihe verschiedener Stadtstaaten, von denen jeder seine eigene Gottheit besaß. Ein einheitliches Reich wurde erst zu Beginn des zweiten Jahrtausends v. Chr. von Hammurabi geschaffen. Seine Hauptstadt war Babylon. Für die kosmische Ordnung bedeutete dies, daß Marduk, der Gott Babylons, an die Spitze der Götterhierarchie trat. Zum wichtigsten Ritual in Mesopotamien stieg folglich das im Frühjahr zelebrierte Neujahrsfest auf, bei dem das Epos der Erschaffung der Welt durch Marduk aufgeführt wurde. Die Bedeutung dieses Epos lag nicht darin, daß es vergangene Ereignisse überlieferte, sondern darin, daß es dazu beitrug, die theologisch-politische Vormachtstellung Marduks in der Gegenwart zu festigen. Denn Marduk war keineswegs der älteste Gott, und seine Vorherrschaft über die anderen Götter sollte auch die politische Vormachtstellung Babylons rechtfertigen.

Obwohl das Neujahrsfest den Beginn eines neuen Sonnenzyklus symbolisierte, die Erneuerung der fruchtbaren Periode und den Sieg über das Chaos, bot die Feier keine Gewähr dafür, daß die gesellschaftliche Ordnung unbeeinträchtigt weiterbestehen würde. Der König und seine Berater hielten deshalb nach Zeichen Ausschau, die als Vorboten eines möglichen Unglücks interpretiert werden konnten, um dann, nach Möglichkeit, Vorkehrungen dagegen zu treffen. Man nahm an, daß es zu jedem astronomischen Phänomen ein irdisches Gegenstück gebe. Dieser Glaube veranlaßte die Priester dazu, die Himmelskörper sorgfältig und systematisch zu beobachten. Astronomische Zeichen als Vorboten künftiger Ereignisse wurden seit der ersten babylonischen Dynastie (18.-15. Jahrhundert v. Chr.) in großem Umfang beachtet, obwohl Mondfinsternisse möglicherweise auch früher schon als unheilverkündende Zeichen angesehen wurden.[18] Die Vorhersagen dieser sogenannten »richterlichen« Astrologie bezogen sich ausschließlich auf den königlichen Hof und den Staat und nicht auf gewöhnliche Personen. Die horoskopische Astrologie, derzufolge die Planetenkonstellation bei der Geburt eines Menschen ausschlaggebend für sein Schicksal ist, entwickelte sich erst viel später. Die ältesten bekannten Horoskope stammen aus dem Jahr 410 v. Chr., als Babylonien Teil des Persischen Reiches war.[19] In hellenistischer und römischer Zeit galten die Chaldäer, wie die Babylonier genannt wurden, als Experten in der Astrologie. Sowohl die ältere richterliche Astrologie wie auch die spätere horoskopische Astrologie beruhten auf einem im wesentlichen deterministischen bzw. fatalistischen Weltbild. Der Glaube, daß die Geschichte ebenso wie das Schicksal des einzelnen von den Sternen bestimmt wird, schließt die Vorstellung von geschichtlichem Fortschritt praktisch aus. Statt dessen werden die Vertreter einer solchen Auffassung vermutlich eher dazu neigen, Zeit analog zur Periodizität der Bewegungen von Sonne, Mond und Planeten als etwas Zyklisches zu begreifen. Inwieweit sich eine solche Auffassung von Zeit in Mesopotamien durchgesetzt hat, ist uns durch die Keilschrifttafeln nicht überliefert. Seneca zufolge glaubte jedoch der spätbabylonische Priesterastronom Berossos (ca. 300 v. Chr.) an eine periodische Vernichtung und Wiedererschaffung des Universums.[20]

Die Beobachtung des Himmels diente nicht nur dem Erkennen bedeutungsvoller Vorzeichen, sondern auch der Erstellung eines Kalenders. Die Grundlage des babylonischen Kalenders scheint stets lunar gewesen zu sein. Der Monat begann mit dem ersten Sichtbarwerden der neuen Mondsichel nach Sonnenuntergang. Der babylonische Tag begann folglich abends. Ein solchermaßen definierter lunarer Monat muß stets aus einer ganzen Zahl von Tagen bestehen; manchmal waren dies jedoch 29, manchmal 30 Tage. Um dieses Problem zu lösen, war es notwendig, auch die Bewegung der Sonne zu erforschen. Seit dem 4. Jahrhundert v. Chr. beobachteten die babylonischen Astronomen die Bewegungen der Sonne und der Planeten mit großer Sorgfalt und mathematischer Intelligenz. Ihre detailliertesten

Untersuchungen bezogen sich jedoch nach wie vor auf den Mond, denn darauf beruhte schließlich ihr Kalender. In gewissem Sinne waren sie die Erfinder der harmonischen Analyse, da sie die Idee hatten, einen komplizierten periodischen Effekt in eine Summe einfacher periodischer Effekte zu zerlegen, um die Berechnung handhabbar zu machen. Sie verwendeten dazu keine trigonometrischen Methoden, sondern lineare »Zickzack-Funktionen«. [21]

Das »Mondjahr« oder »lunare Jahr« besaß normalerweise zwölf Monate und war damit geringfügig kürzer als das Sonnenjahr. Um zu verhindern, daß die Jahreszeiten sich verschoben, mußte von Zeit zu Zeit ein dreizehnter Monat eingeschoben werden, wofür es jedoch bis ins 5. Jahrhundert v. Chr. keine festen Regeln gab. Es ist anzunehmen, daß die Entscheidung, ob ein zusätzlicher Monat eingeschoben werden mußte, ursprünglich vom Zustand der Ernte abhängig gemacht wurde. Erst seit dem 5. Jahrhundert begann man allmählich, über neunzehn Jahre verteilt sieben Schaltmonate in festen Abständen einzufügen. Diesem Zyklus von neunzehn Jahren liegt die Erkenntnis zugrunde, daß neunzehn Sonnenjahre ungefähr 235 Mondmonaten entsprechen. Nach dem griechischen Astronomen Meton, der ihn im Jahre 432 v. Chr. in Athen einführte, heißt dieser Zyklus Metonischer Zyklus (siehe Anhang 2). Ob der Zyklus zuerst von babylonischen Priesterastronomen entdeckt wurde, oder ob Meton ihn unabhängig fand, ist nicht bekannt. [22] Die Tatsache, daß die späten Babylonier einen solchen Zyklus verwendeten, zeigt, daß sie eine recht präzise astronomische Definition des Jahres besaßen. Diese gründete sich vermutlich auf eine sorgfältige Beobachtung der Sommersonnenwende. Die Erfindung des Zodiakus oder Tierkreises, das ist jener Streifen am Himmel, in dem Sonne, Mond und Planeten liegen, reicht ebenfalls in diese Zeit zurück. [23] Die zwölf Tierkreiszeichen, die in gleiche Abschnitte von jeweils 30 Einheiten eingeteilt wurden, sind etwa seit dem Jahre 500 v. Chr. in Gebrauch. Diese Gliederung des Himmels wurde schließlich auf den Kreis übertragen und führte so zu der heute üblichen Unterteilung des Vollkreises in 360 Grad.

Der lunisolare Zyklus von neunzehn Jahren bildete die Grundlage des jüdischen und christlichen Kalenders, da das Problem der Bestimmung der Neumonddaten für religiöse Zwecke mit seiner Hilfe gelöst werden konnte. Das Problem, religiöse Feste wie etwa Ostern genau zu datieren, läßt sich bis zu den Babyloniern zurückverfolgen. Die vom König in seiner Eigenschaft als oberster Priester durchgeführten Rituale, besonders die des Neujahrsfestes, wurden als Wiederholungen göttlicher Handlungen betrachtet, die diesen zeitlich und wesenhaft exakt entsprechen sollten. Genau diesem primitiven Gedanken entsprang der Glaube, daß es wichtig sei, Ostern zum richtigen Zeitpunkt zu feiern, denn schließlich war dies die entscheidende Phase des Kampfes zwischen Gott (oder Christus) und dem Teufel, und Gott bedurfte der Unterstützung seiner Anhänger, um den Teufel zu besiegen.

Besondere Aufmerksamkeit schenkten die Babylonier den Sieben-Tages-Perioden, die aufeinanderfolgenden Mondphasen entsprachen. Jede dieser Perioden endete mit einem »Unglückstag«, der mit speziellen Tabus belegt war, um die Götter zu besänftigen und versöhnlich zu stimmen. Ähnliche Verbote galten auch bei vielen anderen Völkern in allen Teilen der Welt, wenn sich das Erscheinungsbild des Mondes veränderte. Die Babylonier beeinflußten indes die Juden, die wiederum über die frühen Christen auf uns einwirkten. Unsere Siebentagewoche wie auch die lange Zeit üblichen Beschränkungen hinsichtlich der sonntäglichen Betätigung gehen also letztlich auf die Babylonier zurück.

Das alte Persien

Von 539 bis 331 v. Chr. war Babylonien Teil des persischen Weltreichs. In diesem Zeitraum, vermutlich während des 5. Jahrhunderts v. Chr., wurde die horoskopische Astrologie erfunden. Um ein Horoskop erstellen zu können, benötigt man die genauen Positionen der Planeten zu einem bestimmten Zeitpunkt. Häufig wird ein Horoskop für einen Zeitpunkt verlangt, für den keine astronomischen Beobachtungen vorliegen, so daß die horoskopische Astrologie auf Methoden zur Berechnung der Planetenpositionen angewiesen ist. Die älteste bekannte babylonische Planetentheorie ist vermutlich nicht vor 500 v. Chr. aufgestellt worden. Es ist denkbar, daß ihre Funktion ursprünglich astrologisch war und daß die Erfindung der Astrologie um etwa diese Zeit auf den Einfluß der persischen Lehre von der Unsterblichkeit und dem göttlichen Ursprung der Seele zurückzuführen ist.

Die Perser, die 539 v. Chr. Babylonien eroberten, waren ein Zweig der indoarischen Stämme. Ihre Heimat war das Hochland des Iran, eine Ebene, die von Gebirgen umgeben war. Die Ebene war größtenteils Wüste und unterlag extremen Klimaschwankungen. In diesem rauhen, unwirtlichen Land entstand eine der großen Religionen der Menschheit, der Zoroastrismus oder Parsismus, der eine teleologische Zeitauffassung vertritt. Wann Zarathustra, der Gründer dieser Glaubenslehre, genau lebte, ist ungewiß; man vermutet jedoch, daß er in der ersten Hälfte des 6. Jahrhunderts v. Chr. wirkte. (Die Religion erhielt ihren Namen nach der griechischen Namensform von Zarathustra, Zoroaster.) Die Perser konnten zu jener Zeit bereits auf ein beträchtliches religiöses Erbe zurückblicken, und so fällt es schwer zu entscheiden, in welchem Umfang der Zoroastrismus auf die von Zarathustra eingeführten Reformen zurückgeht.

Zarathustra gehörte einem der Hirtenstämme Nordpersiens an. Als junger Mann erlebte er eine prophetische Offenbarung, die ihn veranlaßte, anstelle des herrschenden Polytheismus einen neuen Glauben zu verkünden. Er prangerte die alte Religion als Lüge an und forderte die Menschen auf, Ahura Masda zu verehren, den weisen Gott, der für Wahrheit stand. Zarathustras monotheistische Religion kann als eine Reaktion auf die gesellschaftlichen Bedingungen seiner Zeit verstanden werden, die eine Ära des Umbruchs war; es war eine Zeit, in der eine seßhafte, Ackerbau und Viehzucht treibende Gemeinschaft von räuberischen Nomadenstämmen bedroht wurde. Zarathustra deutete den Kampf zwischen guten und bösen Kräften ethisch und glaubte, daß er das ganze Universum durchdrang. Obwohl das Böse nicht Ahura Masda zugeschrieben werden konnte, mußte seine Existenz doch irgendwie erklärt werden, und Zarathustra tat dies, indem er auf den freien Willen verwies. Am Anfang der Zeit schuf Ahura Masda zwei Geister, den guten Geist

Spenista Mainyu (später Ormasd genannt) und den bösen, zerstörerischen Geist Angra Mainyu (später Ahriman genannt). Obwohl dieser von Gott erschaffen wurde, entschied er sich aus eigenem Willen, böse zu werden.

Zarathustra vertrat die Ansicht, daß der Mensch an diesem kosmischen Kampf zwischen Gut und Böse beteiligt sei und durch sein Verhalten eindeutig für die eine oder andere Seite Stellung beziehen müsse. Der Mensch trug also zwangsläufig die moralische Verantwortung für seine eigenen Handlungen. Nach der Lehre des Zarathustra saß Gott nach dem Tod über jeden Menschen zu Gericht und entschied, welches Schicksal ihn treffen solle, wenn die Welt wieder in denselben Zustand der Vollkommenheit zurückkehrte, in dem sie sich nach der Schöpfung befunden hatte. Diejenigen, die das Wahre befolgt hatten, würden ewigen Ruhm ernten, während die Anhänger der Lüge »zu einer langen Zeit der Finsternis, des faulen Essens und des Wehgeschreis« verdammt wären.[24] Diese Lehre von den »Letzten Dingen« stellt die erste systematische Eschatologie in der Geschichte der Religion dar und sie übte einen tiefgreifenden Einfluß auf den Judaismus, das Christentum sowie den Islam aus.

Nach dem Tode Zarathustras wurde seine Religion von der alten Priesterklasse der Magi aufgegriffen und schließlich unter den Achämeniden zur Staatsreligion erklärt. Der erste persische König, der die grundlegenden Glaubenssätze seiner Lehre annahm, scheint Dareios I. (522-485 v. Chr.) gewesen zu sein, doch weicht der achämenidische Zoroastrismus in einigen Punkten von der ursprünglichen Lehre des Zarathustra ab. So trägt der achämenidische Zoroastrismus wieder verstärkt polytheistische Züge, während gleichzeitig der ethische Aspekt gegenüber den magischen und rituellen Merkmalen an Boden verliert. Nach dem Sturz der achämenidischen Dynastie durch Alexander den Großen im Jahre 331 v. Chr. geriet der Zoroastrismus in eine Phase der Verwirrung, die erst mit dem erneuten Aufstieg zur Staatsreligion unter den Sassaniden (226-651 n. Chr.) endete. Die meisten der erhaltenen Dokumente beziehen sich auf diese letzte Periode, die mit der Eroberung Persiens durch den Islam ihren Abschluß fand.

Lange vor diesem Ereignis hatte man damit begonnen, Ahura Masda mit dem guten Geist Ormasd zu identifizieren. Diese Entwicklung führte allerdings zu einem verblüffenden Problem, denn Zarathustra hatte von dem guten und dem bösen Geist als Zwillingen gesprochen, was bedeutete, daß sie einen gemeinsamen Ursprung besitzen mußten. Um dieses Problem zu lösen, entstand eine wichtige Häresie, die infolge ihrer Rückbesinnung auf den Gott Zurvan, der die Zeit verkörperte, eng mit der Vorstellung von Zeit verknüpft war. Natürlich spielte die Zeit auch im Zoroastrismus eine wichtige Rolle — dies war schon allein durch seinen eschatologischen Charakter bedingt —, doch stellte sie im Zurvanismus die höchste Gottheit dar. Die Argumentation, die zu dieser Entwicklung führte, kommt sehr klar in der folgenden bemerkenswerten Textpassage zum Ausdruck, die dem *Persischen Riwayat* entnommen ist:

»Mit Ausnahme der Zeit werden alle Dinge erschaffen. Zeit ist der Schöpfer; und Zeit besitzt keine Grenze, weder nach oben noch nach unten. Sie ist schon immer gewesen und wird für immer sein. Kein vernünftiger Mensch wird sagen, wann die Zeit entstanden ist. Trotz der Erhabenheit, die sie umgab, war niemand da, der sie Schöpfer hätte nennen können; denn sie hatte die Schöpfung noch nicht hervorgebracht. Dann schuf sie Feuer und Wasser und als sie diese zusammenbrachte, entstand Ormasd. In diesem Augenblick ward die Zeit zum Schöpfer und Gott bezüglich der Schöpfung, die sie hervorgebracht hatte.«[25]

Die persische Denkweise ist geprägt von scharfen Dualismen, und so ist es nicht verwunderlich, daß man zwei Formen oder Aspekte von Zeit unterschied: die unteilbare Zeit bzw. das ewige »Heute« und die Zeit, die in aufeinanderfolgende Abschnitte zerlegt werden kann. Die erste verkörperte den schöpferischen Aspekt von Zeit und war damit von fundamentaler Bedeutung. Sie wurde Zurvan akarana oder »unendliche Zeit« genannt und war der Vorfahre des Universums, der guten wie der bösen Geister. Mit dem Universum selbst war die andere Form von Zeit verknüpft, die Zurvan daregho-chvadhata genannt wurde, das ist die »Zeit der langen Herrschaft« oder die »endliche Zeit«. Dies war die Zeit, die Verfall und Tod brachte. Sie beherrschte die Welt der Menschen und wurde durch das Himmelsfirmament verkörpert. Die Zeitspanne der »langen Herrschaft« wurde vermutlich unter babylonischem Einfluß mit 12 000 Jahren angegeben, wobei die Zahl zwölf den Sternzeichen des Tierkreises entsprach. Dieses kosmische »Jahr« wurde in vier Perioden von jeweils 3 000 Jahren unterteilt, wobei das Leben Zarathustras zu Beginn der letzten Periode anzusiedeln war.

Der Grund für die Annahme einer endlichen Zeit scheint allein darin bestanden zu haben, den Konflikt zwischen Gut und Böse herbeizuführen; jenen Konflikt nämlich, der schließlich mit dem Sieg des Guten enden mußte. Eine Frage, die später manche Anhänger des Zarathustra verwirrte, war die folgende: Wenn Ormasd so allmächtig war, daß sein Sieg über Ahriman vorprogrammiert war, warum geschah dies dann nicht sofort, so daß der Welt das Leid erspart blieb, das der Kampf der beiden verursachte? Einer der späten zoroastrischen Priester, der für seine Orthodoxie bekannt war, unternahm den Versuch, diese Frage zu beantworten und zeigte dabei nach Ansicht von S. G. F. Brandon ein gewisses Bewußtsein von der Bedeutung des Zeitfaktors. Seine Argumentation lautete nämlich folgendermaßen: Da Ormasd gut und gerecht war, konnte er Ahriman erst vernichten, nachdem dieser durch seine bösen Taten ausreichend Gründe für seine Zerstörung gegeben hatte. [26]

Die endliche Zeit beginnt und endet mit der Herrschaft Ormasds. Sie entsteht zu einem gegebenen Zeitpunkt aus der unendlichen Zeit und durchläuft dann einen Zyklus von Veränderungen, bis sie schließlich in ihren ursprünglichen Zustand zurückkehrt und wieder mit der unendlichen Zeit verschmilzt. Es gibt keine Hinweise auf eine Wiederholung dieses Zyklus.

Im späten Zoroastrismus wird das Gewicht, das Zarathustra der Rolle des einzelnen und seiner Lebensweise beimaß, durch ein allgemeines Interesse am Schicksal der Menschheit abgelöst. Die Entfaltung der göttlichen Absicht wurde jedoch nicht mit dem Lauf der menschlichen Geschichte, wie sie sich den Bewohnern Persiens darstellte, identifiziert. In der Tat versuchte der Zoroastrismus nie, die Geschichte seiner Nation zu dem kosmischen Kampf zwischen Ormasd und Ahriman in Beziehung zu setzen.

Ein Problem, das in den vergangenen Jahren starke Beachtung fand, betrifft den genauen Zeitpunkt, an dem die Perser den »ungenauen« bzw. bürgerlichen ägyptischen Kalender von 365 Tagen annahmen. Der achämenidische Monarch Kambyses eroberte Ägypten im Jahre 525 v. Chr. (sein Vorgänger Kyros hatte Babylon 539 v. Chr. erobert), was vermuten läßt, daß die Ablösung des bis dahin in Persien verwendeten »Alt-Awestanischen Kalenders« danach stattfand. Der sogenannte »Jung-Awestanische« Kalender scheint unter der Herrschaft von Dareios I., dem großen Nachfolger von Kambyses, eingeführt worden zu sein. Die gründlichste und stichhaltigste Untersuchung zu dieser Frage führte der mittlerweile verstorbene Willy Hartner von der Universität Frankfurt durch.[27] Dieser hervorragende Historiker und Experte auf dem Gebiet der Astronomie des Altertums gelangte zu dem Schluß, daß der Jung-Awestanische Kalender am 21. März 503 v. Chr. eingeführt wurde (wobei sich dieses Datum auf den Gregorianischen Kalender bezieht; nach Julianischem Kalender wäre dies der 27. März gewesen). Das Jahr bestand in diesem Kalender aus zwölf Monaten zu dreißig Tagen, mit Ausnahme des achten Monats, der 35 Tage besaß. Die wichtigste Erkenntnis, die sich aus Hartners Untersuchung ergab, war jedoch, daß die babylonischen Priesterastronomen bis zum Jahr 503 v. Chr. bereits entdeckt haben mußten, daß das tropische Jahr (d. h. das Jahr der Jahreszeiten) und das siderische Jahr (d. h. das »wahre« astronomische Jahr) in ihrer Länge nicht genau übereinstimmen. Diese Einsicht stellt einen bedeutsamen Schritt auf dem Weg zu einer Bestimmung der Präzession der Tag- und Nachtgleichen dar, die von dem griechischen Astronomen Hipparch um 150 v. Chr. vorgenommen wurde, und die für die Kalenderreform im Jahre 1582 von wesentlicher Bedeutung war (siehe Kapitel 8).

Dem persischen Wissenschaftler S. H. Taqizadah zufolge wurde der Jung-Awestanische Kalender im Jahr 441 v. Chr. berichtigt, um ihn besser an die Jahreszeiten anzugleichen. Diese Korrektur bestand darin, alle 120 Jahre einen vollen Schaltmonat von 30 Tagen einzuschieben.[28] Die Zeitrechnung der Zoroastrier (oder Parsen) orientiert sich auch heute noch an der Herrschaft des letzten zoroastrischen

Königs von Persien, Jesdgerd III. aus der Dynastie der Sassaniden, der 651 n. Chr. nach der Eroberung seines Reiches durch die Araber ermordet wurde. Wir wissen daher, daß das persische Neujahr des Jahres 632 n. Chr., das Jahr, in dem Jesdgerd III. den Thron bestieg, auf den 16. Juni fiel.[29] Die zoroastrische Zeitrechnung wird von den Parsen in Bombay bis zum heutigen Tag verwendet.

4

Der Zeitbegriff in der klassischen Antike

Die griechische Klassik und der Hellenismus

Um 1200 v.Chr. zerbrach unter dem Ansturm der Dorer aus dem Norden Griechenlands die spätbronzezeitliche Kultur von Mykene, die seit der Zerstörung von Knossos 300 Jahre zuvor die Ägäische Welt beherrscht hatte. Die nun folgende frühe Eisenzeit erstreckte sich bis etwa 800 v. Chr., als die ersten Stadtstaaten entstanden. Es war dies eine dunkle Epoche, vergleichbar dem Mittelalter, das in Westeuropa dem Verfall des Römischen Reiches folgen sollte. Die Erinnerung an die mykenische Vergangenheit blieb im griechischen Volk durch die mündliche Überlieferung von Heldenliedern lebendig, die in der Dichtung Homers ihren Höhepunkt erreichten. Bei Homer ist die einzige Gewißheit des Menschen, daß er sterben muß, und es ist genau diese zeitliche Beschränkung, die den Menschen von Gott unterscheidet. Da die Griechen die mykenische Vergangenheit als ein von Göttern und Helden bevölkertes »Goldenes Zeitalter« empfanden, betrachteten sie die Geschichte als einen Abstieg aus diesem Idealzustand und nicht als die höchste Ordnung der Wirklichkeit.[1]

Für die Griechen war die Zeit daher — anders als für die Perser — keine Gottheit. Eine solche Betrachtungsweise entwickelte sich erst im Hellenismus, als die Zeit unter dem Namen »Aion« verehrt wurde. Dies war jedoch eine heilige, ewige Zeit, die sich von *chronos*, der gewöhnlichen Zeit, stark unterschied. Verschiedene Denker vertraten verschiedene Auffassungen von der Natur und von dem zeitlichen Modus des Seins. In der Frühzeit der griechischen Literatur stehen sich die gegensätzlichen Standpunkte Homers und Hesiods gegenüber.

In der *Ilias* stellen wir fest, daß die Theologie und das Moralsystem des Olymps eher von räumlich als von zeitlich geprägten Begriffen beherrscht ist. Die schwerste Sünde ist das Überschreiten der eigenen Grenzen, wofür die Griechen den Begriff *Hybris* prägten. Wie Cornford feststellt, ist die gesamte Konzeption »statisch und geometrisch; jedes Ding besitzt seinen klar umrissenen Bereich, dessen Grenzen nicht überschritten werden dürfen.«[2] Homer schenkte dem Ursprung der Dinge keine besondere Beachtung; seine Kosmogonie beschränkte sich auf die Vorstellung, daß das Wasser der Ursprung aller Dinge sei. In der Mythologie kam dies darin zum Ausdruck, daß der die Weltscheibe umgebende Fluß Okeanos als der Ursprung aller Dinge bezeichnet wurde (*Ilias*, XIV. 246). W. K. C. Guthrie, der hierauf aufmerksam machte, vermutet, daß diese Vorstellung auf die Ionier zurückging, denn »sie taucht bereits in der ionischen Philosophie und bei jenen östlichen Völkern auf, die das frühe Ionien besonders stark beeinflußten.«[3] Thales, der erste griechische Philosoph, war bekanntlich Ionier, und er vertrat die Überzeugung, daß das Urprinzip (*arche*) aller Dinge das Wasser sei.

Im Gegensatz zu Homer berichtete Hesiod in seiner Versdichtung *Werke und Tage* vom Niedergang eines urzeitlichen goldenen Zeitalters. Sein Versgedicht stützt sich implizit auf den Begriff der Zeit, doch kommt das Wort selbst nicht ausdrücklich vor. Der Hauptzweck seines Gedichts bestand darin, die Menschen bei der Gestaltung der alljährlichen Verrichtungen zu beraten, denn manche Tage eigneten sich für bestimmte Tätigkeiten besser als andere, und manche verhießen gar Glück oder Unglück. Die Zeit stellte bei Hesiod also einen Aspekt der moralischen Ordnung des Universums dar.

Über zweihundert Jahre später, im 6. Jahrhundert v. Chr., stellten griechische Philosophen erstmals Spekulationen über die Entstehung der Welt an, ohne sich dabei auf die Mythologie zu berufen. Ihrer Ansicht nach gründete sich die Welt auf eine einzige den Raum füllende lebendige Substanz, aus der alle anderen Dinge spontan aus dem Zusammenspiel konträrer Prozesse hervorgingen. Solche Prozesse waren zum Beispiel Ausscheidung und Verschmelzung, Verdichtung und Verdünnung. Die Behauptung, daß die Welt selbst ewig sei, während alle Einzeldinge der Veränderung und dem Verfall unterworfen seien, scheint in der griechischen Literatur erstmals von Heraklit um 500 v. Chr. aufgestellt worden zu sein. Er betrachtete die *ständige* Wandlung als das fundamentale, alles beherrschende Gesetz — eine Auffassung, die in seinem berühmten Aphorismus gipfelt: »Niemand kann zweimal in denselben Fluß steigen.« Er glaubte weiter, daß es einen ständigen Kampf zwischen Gegensatzpaaren wie heiß und kalt, naß und trocken etc. gebe. Auf dem ewigen Konflikt dieser sich notwendigerweise ergänzenden Gegensätze beruhe alles Seiende. Die Welt, die gekennzeichnet ist von Wandel und Konflikt, ist jedoch nicht einfach ein Chaos, sondern in ihr herrscht ein Prinzip der Ordnung, ein Gleichgewicht der Gegensätze, das diese über die Zeit hinweg in ihren Grenzen hält.

Dieses Prinzip beruhte auf einer Vorstellung, die auch von anderen griechischen Denkern der gleichen Periode anerkannt wurde — der Vorstellung nämlich von der Zeit als Richter. In dem einzigen uns erhaltenen Fragment, das direkt auf Anaximander zurückgeht, stellt dieser fest, daß alle Dinge, die geschaffen wurden, vergehen müssen, da sie einander nach dem Richtspruch der Zeit Buße und Strafe zahlen müssen für ihre Ungerechtigkeit. Dieser Gedanke wurde zweifellos durch den Zyklus der Jahreszeiten angeregt, der geprägt ist durch den wechselnden Konflikt zwischen heiß und kalt, naß und trocken. Jede dieser Kräfte siegt durch eine »ungerechte« Aggression auf Kosten ihres Gegensatzes und zahlt dann die Strafe, indem sie dem Gegenangriff weichen muß. Das Ziel des gesamten Zyklus besteht darin, die Gerechtigkeit zu wahren, wobei man von der grundlegenden Annahme ausging, daß die Zeit begangenes Unrecht aufdeckt und rächt.

Die Vorstellung von der Zeit als Richter kann auch dem großen athenischen Staatsmann Solon (6. Jahrhundert v. Chr.) zugeschrieben werden, der sich nach Werner Jaeger »vor dem ›Richtstuhl der Zeit‹ verantwortet«. (In diesem Zusammenhang ist erwähnenswert, daß es in den athenischen Gerichten üblich wurde, eine Klepsydra zu benutzen, um sicherzustellen, daß die meisten Reden auf eine halbe Stunde begrenzt waren.) Es war dies ein Zeitalter, in dem der Staat auf den Grundsatz der Gerechtigkeit gegründet wurde. Das ursprüngliche griechische Wort für »Gerechtigkeit«, *themis*, bedeutete »göttliches Gesetz«. Obwohl das Wort *dikē* in der *Ilias* noch das Urteil eines Richters oder die Behauptung einer Partei in einem Rechtsstreit bezeichnete, bedeutete es in der *Odyssee* »Recht« oder »Sitte«.[4] Später entwickelte es sich zum Wahlspruch derer, die Gerechtigkeit für alle forderten. Anaximander und Heraklit weiteten die Vorstellung von Gerechtigkeit auf das gesamte Universum aus:

»Im politischen Leben nennt die griechische Sprache die Herrschaft des Rechts *Eunomia* und *Kosmos*. Aber auch das physische Leben ist ein ›Kosmos‹, ja, diese kosmische Idee der Welt entspringt recht eigentlich in dem Satz des Anaximander. Das physische Geschehen ist für ihn sinnerfüllt durch und durch und strenger Norm untertan.«[5]

Das Gewicht, das die Pythagoreer der Rolle der Zeit beimaßen, ist kennzeichnend für ihre Vorstellung des *Kosmos*. Nach Plutarch antwortete Pythagoras (6. Jahrhundert v. Chr.) auf die Frage, was Zeit (*chronos*) sei, sie sei die »Seele« oder das schöpferische Element des Universums. In welchem Umfang Pythagoras und seine Anhänger östliche Ideen aufgriffen, ist umstritten. Der orphische Begriff *chronos*, der die Pythagoreer möglicherweise beeinflußte, ähnelt jedenfalls der persischen Vorstellung von *Zurvan akarana*. Beide wurden als vielköpfige geflügelte Schlangen dargestellt. Außerdem scheint der Dualismus, der in der pythagoreischen Philosophie eine bedeutende Rolle spielte, den im Zoroastrismus bestehenden kosmischen Gegensatz zwischen Ormasd und Ahriman widerzuspiegeln. Allerdings wurden die beiden letzteren als personifizierte Götter betrachtet, während die zehn pythagoreischen Gegensatzpaare — begrenzt und unbegrenzt, gut und schlecht, männlich und weiblich, ungerade und gerade etc. — abstrakte Prinzipien verkörperten.

Als das fruchtbarste Merkmal der pythagoreischen Lehre erwies
sich jedoch die Vorstellung, daß das Wesen der Dinge im Begriff der
Zahl zu suchen sei. Ihr wurde sowohl räumliche als auch zeitliche Bedeutung beigemessen. So wurden die Zahlen in einer Weise graphisch
dargestellt, die an die heutigen Muster auf Dominosteinen und Wür-
feln erinnert. Obwohl dies dazu führte, daß die griechische Mathematik von der Geometrie beherrscht wurde, stellte die Zeit doch einen wichtigen Bestandteil in der frühpythagoreischen Denkweise
dar. Sogar räumliche Anordnungen wurden ihrem Wesen nach als
zeitlich betrachtet, wie sich dies in der Rolle des *gnomon* manifestiert. Dies war ursprünglich ein Instrument zur Zeitmessung: ein
einfacher senkrecht stehender Schattenstab, der ein früher Vorläufer
der Sonnenuhr war. Später bezeichnete der Begriff auch die geometrische Figur, die entsteht, wenn aus einem Quadrat ein kleineres
Quadrat herausgeschnitten wird, wobei zwei benachbarte Seiten des
kleineren Quadrats an zwei benachbarte Seiten des größeren Quadrats stoßen. Schließlich bezeichnete der Begriff jede Zahl, die bei
der Addition zu einer figurierten Zahl (oder Vieleckzahl) die nächst-
höhere Zahl der gleichen Form erzeugt (Dreieckszahlen, Quadrat-
zahlen, Fünfeckzahlen etc.). Die Erzeugung der Zahlen wurde von
den frühen Pythagoreern als ein in Raum und Zeit stattfindender
physischer Vorgang angesehen. Der ursprüngliche kosmogonische
Prozeß wurde mit der Erzeugung der Zahlen aus der Ureinheit, der
Monade, gleichgesetzt, die möglicherweise eine Weiterentwicklung
der orphischen Vorstellung vom urzeitlichen Weltei darstellt.

Bekanntlich wurde Pythagoras in seinem Glauben an die Bedeutsamkeit der Zahlen durch eine Entdeckung auf musikalischem Gebiet bestärkt. Diese Entdeckung, die er mit Hilfe eines Saiteninstru-
ments selbst gemacht haben soll, bestand darin, daß die konsonanten
Intervalle der Tonleiter einfachen Zahlenverhältnissen entsprechen.
Viele griechische Gelehrte betrachteten die Musiktheorie infolgedessen als einen Zweig der Mathematik. (Zusammen mit der Geometrie,
der Arithmetik und der Astronomie bildete sie später das sogenannte
Quadrivium, die Gesamtheit der vier wichtigsten Fächer im mittelalterlichen Universitätswesen.) Allerdings galt diese Ansicht nicht

71

unumstritten. Der einflußreichste Gegner dieser Meinung war Aristoxenos von Tarent (4. Jahrhundert v. Chr.), der statt dessen die Bedeutung der sinnlichen Erfahrung hervorhob. Nicht die Mathematik, sondern das Gehör sei das maßgebliche Kriterium für musikalische Phänomene.

Lange vor der Zeit des Aristoxenos hatten einige der scharfsinnigsten griechischen Denker festgestellt, daß der Begriff der Zeit nur schwer mit ihrer Vorstellung von Rationalität zu vereinbaren war. Parmenides, der Begründer des logischen Disputs, vertrat die Ansicht, daß Zeit an nichts teilhaben könne, was wahrhaftig real sei. Die Schwierigkeit bestand für ihn im wesentlichen darin, daß Zeit und Veränderung bewirken können, daß ein und dasselbe Ding gegensätzliche Eigenschaften besitzt — es kann beispielsweise in Abhängigkeit von der Zeit heiß oder kalt sein —, und dies widersprach der Regel, daß kein Objekt Eigenschaften besitzen darf, die miteinander unvereinbar sind. Seine Hauptaussage war die folgende: »Das Seiende *ist*, und es ist unmöglich, daß es nicht ist.« Da also nur die Gegenwart existiert, sind Vergangenheit und Zukunft gleichermaßen bedeutungslos. Die einzige Zeit ist eine ständige Gegenwart und das Seiende ist sowohl ungeworden als auch unvergänglich. Parmenides traf eine grundlegende Unterscheidung zwischen der Welt der Erscheinungen, die von Zeitlichkeit und Veränderlichkeit gekennzeichnet ist, und der Welt der Realität, die unveränderlich und zeitlos ist. Die erstere, die wir mit Hilfe unserer Sinne wahrnehmen, ist eine Täuschung. Die letztere, die wir mit Hilfe unseres Verstandes erfassen, stellt das einzig wahrhaft Seiende dar.

Die Schwierigkeiten, die sich bei der Entwicklung einer logisch befriedigenden Theorie der Zeit ergeben, dokumentierte Zenon von Elea, ein Schüler des Parmenides, in seinen subtilen Paradoxien der Bewegung. Sein berühmtestes Paradoxon ist unter dem Namen »Achilles und die Schildkröte« bekannt. (Daß der Gegner, gegen den Achilles im Wettkampf antrat, eine Schildkröte war, wird erst in späteren Kommentaren berichtet.) Die Schildkröte erhält zu Beginn des Rennens einen Vorsprung gegenüber Achilles, der — so die Behauptung — die Schildkröte niemals einholen kann, gleichgültig, wie schnell er auch rennen mag. Wenn Achilles nämlich den Punkt erreicht, an dem die Schildkröte startete, befindet sich diese bereits ein Stück weiter. Erreicht er diesen Punkt, hat die Schildkröte wieder eine Strecke zurückgelegt, und so geht es weiter, *ad infinitum*. Folglich wird, wie Aristoteles in seinem Bericht feststellt, »stets der Langsamere in Führung sein«, obwohl die Erfahrung bzw. die Welt der Erscheinungen dem widerspricht. Diese Beweisführung beruht auf der Annahme, daß Raum und Zeit unendlich oft teilbar sind, doch setzt Zenon dies keineswegs in all seinen Beweisen voraus. Die Probleme, die in seinen Paradoxien hinsichtlich der mathematischen Struktur von Raum und Zeit aufgeworfen werden, sind auch heute noch Gegenstand von Diskussionen.[6]

Die von Parmenides und Zenon diskutierten Schwierigkeiten treten nicht auf, wenn der Begriff der Zeit als »unwirklich« verworfen wird. Der Einfluß, den Parmenides und Zenon auf Platon (427-347 v. Chr.) ausübten, zeigt sich in der unterschiedlichen Behandlung von Raum und Zeit in Platons kosmologischem Dialog des *Timaios*. Der Raum existiert unabhängig als ein Bezugssystem für die sichtbare Ordnung der Dinge, während die Zeit nur ein Merkmal dieser Ordnung ist. In Platons Kosmologie wird das Universum von einem göttlichen Baumeister (Demiurg) geschaffen, der die ursprünglich in einem Zustand des Chaos befindliche Urmaterie formt und ordnet. Indem der Weltbildner, der das Vernunftprinzip verkörpert, dem Chaos eine Ordnung auferlegt, reduziert er es auf gewisse Gesetze. Das Muster dieser Gesetze ist durch ein ideales Reich ewiger geometrischer Formen vorgegeben, die wie die reale Welt des Parmenides in einem vollkommenen Zustand absoluter Ruhe verharren. Das reale Universum unterliegt jedoch im Gegensatz zu dem unwandelbaren Idealbild, nach dem es geformt wurde, Veränderungen. Die Zeit ist jener Aspekt des Wandels, der die Kluft zwischen dem Universum und seinem Vorbild überbrückt. Sie ist »ein bewegtes Bild der Ewigkeit« und manifestiert sich in den Bewegungen der Himmelskörper. Die enge Verknüpfung zwischen Zeit und Universum führte Platon dazu, die Zeit als ein Produkt der Bewegung der Himmelskugel zu betrachten. Ein Vermächtnis seiner Zeitauffassung ist noch heute die Vorstellung, daß Zeit und Universum untrennbar seien. Mit anderen Worten, die Zeit existiert nicht unabhängig, sondern ist eine Eigenschaft des Universums.

Platons Schlußfolgerung, die Zeit werde durch das Universum hervorgebracht, findet bei Aristoteles (384-322 v. Chr.) keine Zustimmung. Er lehnt die Vorstellung ab, Zeit könne mit irgendeiner Form von Bewegung oder Veränderung gleichgesetzt werden. Seiner Ansicht nach kann Bewegung gleichförmig oder ungleichförmig sein, wobei diese Begriffe durch die Zeit definiert sind; die Zeit kann aber nicht durch sich selbst definiert werden. Obwohl Zeit nicht mit Bewegung oder Veränderung gleichgesetzt werden kann, scheint sie doch von ihnen abhängig zu sein. Aristoteles zufolge bemerken wir erst dann, daß Zeit vergangen ist, wenn sich unser Bewußtseinszustand ändert. Erst indem wir das »vorher« und »nachher« einer Veränderung bewußt erfassen, werden wir der Zeit gewahr. Er kam zu der Schlußfolgerung, daß die Zeit als ein Zählprozeß betrachtet werden kann, der mit unserer Wahrnehmung von »vorher« und »nachher« bei Bewegungen und Veränderungen in Zusammenhang steht. Er erkannte, daß die Beziehung zwischen Zeit und Veränderung eine Wechselbeziehung ist: Gäbe es keine Veränderungen, so wäre es nicht möglich, Zeit wahrzunehmen; gäbe es andererseits keine Zeit, so würden keine Veränderungen stattfinden. »Nicht allein messen wir Bewegung durch Zeit, sondern auch Zeit durch Bewegung, denn sie definieren sich gegenseitig. Die Zeit kennzeichnet Bewegung, da sie deren Zahl und die Bewegung die Zeit ist.« (*Physica*, IV. 220b) Aristoteles erkannte, daß die Bewegung im Gegensatz zur Zeit enden kann, daß es jedoch eine Bewegung gibt, die unaufhörlich weiterläuft, die Bewegung der Himmelskörper nämlich. Obwohl er Platons Auffassung von Zeit nicht teilte, war auch er zutiefst von der kosmologischen Sichtweise von Zeit beeinflußt. Er lehnte es zwar ab, Zeit mit der kreisförmigen Bewegung der Himmelskörper zu identifizieren, doch betrachtete er sie als ein vollkommenes Beispiel für gleichförmige Bewegung. Diese Bewegung stellte folglich ein ideales Mittel für die Zeitmessung dar.

Obwohl Aristoteles die Physik als das Studium von Bewegung

und Veränderung in der Natur begriff, richtete er sein Hauptaugenmerk weniger auf den Bewegungsablauf an sich als auf die einzelnen Zustände, zwischen denen eine Veränderung stattfand. Kennzeichnend für seine Naturphilosophie ist der Begriff der statischen Form, nicht der des dynamischen Prozesses, wobei Form und Ort grundlegender sind als Zeit. Die Naturphilosophie des Aristoteles wurde von der Vorstellung der Beständigkeit des Universums beherrscht. Er verwarf alle Theorien, die die Möglichkeit einer Entwicklung zuließen, und betonte statt dessen den zyklischen Charakter des Wandels.

Der Glaube an das zyklische Wesen des Universums fand seinen Höhepunkt in der Vorstellung des »Großen Jahres«, ein Begriff, den die Griechen möglicherweise von den Babyloniern übernahmen. Er bedeutete zweierlei. Zum einen stellte das Große Jahr jene Zeitperiode dar, welche die Sonne, der Mond und die Planeten benötigten, um wieder dieselbe Position relativ zueinander einzunehmen, die sie zu einem bestimmten Ausgangszeitpunkt innehatten. Dies scheint die Bedeutung zu sein, in welcher Platon den Begriff in seinem Werk *Timaios* verwendete. Für Heraklit bedeutete er dagegen den Zeitraum zwischen der Entstehung der Welt und ihrem Untergang bzw. ihrer Neuentstehung. Seiner Ansicht nach ging das Universum aus dem Feuer hervor und würde am Ende wieder in Feuer übergehen, ein Gedanke, der seinen Ursprung vermutlich in Persien hatte. Zu einer Verknüpfung dieser beiden Deutungen kam es in der späten Antike bei den Stoikern, die annahmen, daß immer wenn die Himmelskörper wieder die gleiche Position relativ zueinander einnahmen wie bei der Entstehung der Welt, diese in ihren Urzustand zurückkehren und der gesamte Zyklus in allen Einzelheiten von neuem beginnen würde. Wie Nemesios, Bischof von Emesa, im 4. Jahrhundert n. Chr. formulierte:

»Sokrates und Platon und alle Menschen werden von neuem leben, mit denselben Freunden und Mitbürgern. Sie werden die gleichen Erfahrungen sammeln und das gleiche tun. Jede Stadt, jedes Dorf, jedes Feld wird genauso wiedererstehen wie vorher. Und diese Wiedererstehung des Universums findet nicht nur einmal statt, sondern immer und immer wieder — unaufhörlich — bis in die Ewigkeit. Jene Götter, die nicht Opfer der

Zerstörung werden, wissen von ihrer Beobachtung eines Zyklus, was in den folgenden Zyklen geschehen wird. Denn es wird nichts Neues geben, nichts, was nicht schon vorher existierte, und alles wiederholt sich bis in die winzigste Einzelheit.«[7]

Trotzdem gab es in der späten Antike Philosophen, Geschichtsschreiber und Gelehrte, die die Zeit nicht als zyklisch wiederkehrend betrachteten.[8] Was die Stoiker unter der kosmologischen Wiederholung verstanden, nämlich die vollständige Zerstörung des Universums und seine exakte Nachbildung, muß unterschieden werden von dem, was zum Beispiel der Geschichtsschreiber Polybios unter der historischen Wiederholung verstand: die Wiederkehr des allgemeinen Musters von Ereignissen.

Zu den Errungenschaften der griechischen Zivilisation gehört nicht nur die Philosophie, sondern auch die erste wirkliche Geschichtsschreibung. Bis ins 5. Jahrhundert v. Chr. hatten die Griechen geglaubt, daß die Ereignisse der jüngeren Vergangenheit im Vergleich zu den Heldentaten der trojanischen Zeit bedeutungslos waren. Die Geschichtsschreibung entstand mit dem Eintreten eines Ereignisses, welches in seiner Bedeutsamkeit den größten Begebenheiten gleichkam, derer man in den Legenden gedachte. Der gesamte Komplex der Perserkriege, von der Zerstörung von Sardes bis zum Rückzug des Xerxes, wurde als eine Einheit betrachtet und stellte, wie Robert Drews es ausdrückte, »ein einziges großes Ereignis von ehrfurchtgebietender Tragweite« dar.[9] Ursprünglich ging es in der griechischen Geschichtsschreibung nicht darum, die Gegenwart mit Hilfe der Vergangenheit zu erklären, sondern darum, sicherzustellen, daß bedeutsame Handlungen und Ereignisse nicht in Vergessenheit gerieten. Die griechische Geschichtsschreibung orientierte sich also in ihren Anfängen eher an der epischen Dichtung als an der Philosophie und behielt auch in ihrer späteren Entwicklung diese erinnernde Funktion bei. Griechische Geschichtsschreiber wie etwa Thukydides konzentrierten sich vor allem auf die jüngere Vergangenheit, wobei es ihr Ziel war, jene Geschehnisse schriftlich festzuhalten, an die sich die Menschen zwar erinnerten, die aber noch nicht aufgezeichnet worden waren.

Die Schwierigkeiten, mit denen die »Väter der Geschichtsschreibung«, Herodot und Thukydides, zu kämpfen hatten, waren gewaltig. Die Griechen jener Zeit wußten erstaunlich wenig über ihre Vergangenheit. Sie besaßen keine Dokumente, die weiter als ein bis zwei Jahrhunderte zurückreichten, und vieles von dem, was sie »wußten«, war nur Mythos und Legende. Da ihr Interesse an der Vergangenheit vornehmlich moralistisch begründet war, bedurfte es keiner präzisen Angaben zu den geschichtlichen Ereignissen. Herodot war es zwar gelungen, die Ereignisse der vorangegangenen zwei Jahrhunderte in eine gewisse zeitliche Reihenfolge zu bringen, doch schrieb er ungenauer als Thukydides, der sich mit einem ereignisreichen, aber kleineren Zeitraum beschäftigte. Wie Sir Moses Finley hervorhob, mußte Thukydides bei seiner Beschreibung des Peloponnesischen Krieges (*Geschichte des Peloponnesischen Krieges*, II. 1) überhaupt erst ein angemessenes System der Datierung entwickeln, da nämlich jede griechische Stadt ihren eigenen Kalender besaß. In der damaligen Zeit war es üblich, das Jahr nach dem Namen eines hohen Beamten zu bezeichnen, in Athen war dies zum Beispiel der erste Archon, in Sparta der erste Ephor. Thukydides legte den Kriegsbeginn als Anfangspunkt seiner Zeitrechnung fest und datierte alle späteren Ereignisse, indem er die Zahl der seitdem verstrichenen Jahre zählte. Jedes Kriegsjahr teilte er in zwei Perioden, die er Sommer und Winter nannte. Finley bemerkt dazu folgendes: »So einfach dieses System scheinen mag, war es doch einzigartig; die Schwierigkeiten, die auf dem Weg dorthin überwunden werden mußten, lassen sich heute kaum noch ermessen.«[10]

Während sich bei Herodot die »Geschichtsschreibung« (*historia*) von einer allgemeinen Erkundung der Welt zu einer Erforschung vergangener Ereignisse wandelte, glaubte Thukydides, daß eine ernsthafte Geschichtsschreibung nur die Gegenwart bzw. die unmittelbare Vergangenheit betreffen könne. Obwohl es ihm nicht gelang, späteren griechischen Geschichtsschreibern seine strengen Maßstäbe von Zuverlässigkeit aufzuerlegen, schwächte er doch nachhaltig die Vorstellung, Vergangenheit könne wirklich und wahrhaftig historisch erforscht werden.[11] Trotzdem war man sich gegen Ende des 5. Jahrhunderts v. Chr. stärker denn je der Bedeutsamkeit der Zeit bewußt. Zwar hatte auch Homer vermeintlich historische Begebenheiten beschrieben, doch handelte es sich bei ihm um eine »aristokratische« Geschichtsschreibung, in der es keine Chronologie, keine zeitliche Kontinuität mit späteren Epochen und kein wirkliches Gespür für das Verstreichen der Zeit gab. Trotz Odysseus' zwanzigjähriger Abwesenheit von zu Hause scheinen bei seiner Rückkehr weder er noch Penelope gealtert zu sein. Kurz gesagt, für Homer war es bedeutungslos, daß die Jahre vergingen. Zur Zeit des Herodot und des Thukydides dagegen kreiste das Leben in der *Polis* nicht um isolierte Episoden, in deren Mittelpunkt einzelne Helden und ihre Abenteuer standen; vielmehr ging es um die Kontinuität von Institutionen, Gesetzen, Verträgen und Erwartungen. Der Verlauf der Zeit hatte an Bedeutung gewonnen.

Vor allem Schwierigkeiten kalendarischer Art führten gegen Ende des 5. Jahrhunderts v. Chr. dazu, daß in Griechenland eine mathematische Astronomie entstand. Die meisten religiösen Feierlichkeiten fanden bei Vollmond oder in der Zeit kurz davor oder danach statt. Da sie jedoch mit bestimmten landwirtschaftlichen Tätigkeiten verknüpft waren, mußten sie natürlich in die entsprechende Jahreszeit fallen. Aus diesem Grund wurde es erforderlich, einen lunisolaren Kalender einzuführen, in dem zwar die Monate nach den Mondphasen bestimmt wurden, der jedoch mit der Sonne Schritt hielt. Da die Länge eines lunaren Monats etwa 29,5 Tage beträgt und ein Kalendermonat nicht eine gebrochene Zahl von Tagen haben kann, kam man überein, daß der Kalendermonat abwechselnd neunundzwanzig und dreißig Tage besitzen solle. Wie in Babylonien schob man darüber hinaus von Zeit zu Zeit einen dreizehnten Monat als Schaltmonat ein, um den Kalender an die Sonne anzupassen, doch geschah dies auf Anordnung örtlicher Beamter, die dies willkürlich und unabhängig voneinander beschlossen. Die Astronomen dagegen strebten danach, einen festgelegten Zyklus von Schaltmonaten einzuführen. Geminos, der Verfasser eines um 70 v. Chr. erschienenen astronomischen Handbuchs, behauptete, daß der erste griechische Zyklus dieser Art ein achtjähriger Sonnenzyklus bestehend aus 99 Monaten gewesen sei (drei davon Schaltmonate), doch ist der Ursprung dieses als »Oktaeteris« bekannten Zyklus umstritten. Der erste historisch belegte Zyklus dieser Art wurde von Meton um 432 v.Chr. eingeführt. Wie bereits im dritten Kapitel erwähnt, war dies ein neunzehnjähriger Sonnenzyklus bestehend aus 235 Monaten (vgl. Anhang 2). Astronomisch bestimmte Zyklen wie der Metonische Zyklus fanden allerdings nur in wissenschaftlichen Texten Verwendung; auf die vielen regional verschiedenen bürgerlichen Kalender blieben sie ohne Einfluß. Der Mathematiker und Astronom Meton lebte übrigens in Athen und erscheint als lächerliche Figur in Aristophanes' Komödie *Die Vögel*, die um 414 v.Chr. geschrieben wurde.

Neben der Geschichtsschreibung und der mathematischen Astronomie entwickelte sich im 5. Jahrhundert v.Chr. in Griechenland als weitere große Neuerung die Kunst der Tragödie. Jacqueline de Romilly, Professorin für griechische Literatur an der Sorbonne, vertrat in ihren 1967 an der Universität von Cornell gehaltenen Messenger Lectures über »Die Zeit in der griechischen Tragödie« die Ansicht, daß die zeitgleiche Entstehung der Geschichtsschreibung und der griechischen Tragödie kein Zufall sei. Die Tragödie bedarf der Vergangenheit; sie entstand, als das griechische Bewußtsein von Zeit immer klarer und stärker zu Tage trat. Die griechische Tragödie betrifft ein einzelnes Problem, welches immer dringlicher wird, bis es schließlich in einem Verbrechen gipfelt. Eine kurze stetige Krise, deren Ursachen und Auswirkungen sich über einen langen Zeitraum erstrecken; dies scheinen die beiden Anforderungen an die Tragödie zu sein, die gleichzeitig ihr Doppelverhältnis zur Zeit charakterisieren. »Die Stärke der Tragödie beruht auf dem Gegensatz zwischen vorher und nachher; je ausgeprägter der Kontrast, desto tragischer das Ereignis.« [12] Trotzdem hatten die Griechen, so Jacqueline de Romilly, eine Abneigung dagegen, die Wirkung der Zeit auf Stimmungen und Gefühle darzustellen. Als Euripides beispielsweise seiner Iphigenie gestattete, ihre Entscheidung nach kurzer Zeit zu ändern, war Aristoteles schockiert!

Der Kontakt zu anderen Völkern (im Falle Herodots zu den Ägyptern) führte zu einem größeren Vergangenheitsbewußtsein, da die Konfrontation mit Zeugnissen einer langen Vergangenheit, wie beispielsweise mit den Pyramiden, das Zeitbewußtsein förderte. Folglich erkannten viele griechische Gelehrte des 5. Jahrhunderts und auch späterer Jahrhunderte, daß ihre Gesellschaft das Produkt eines langen Entwicklungsprozesses war. Die gebildeteren Griechen gelangten so zu der Einsicht, daß sich der Mensch der prätrojanischen Zeit von seinen Nachfahren nicht wesentlich unterschied, eine Einsicht, die dazu beitrug, die griechischen Legenden zu entmythologisieren und die Vergangenheit in einer ganz neuen Perspektive erscheinen zu lassen.

Nach dem 5. Jahrhundert gab es jedoch außer einigen Gelehrten, die sich mit naturwissenschaftlichen Fragestellungen beschäftigten, nur wenige Menschen, die an den Fortschritt in der Geschichte glaubten. Der typische Grieche war vielmehr rückwärtsschauend; die Zukunft erschien ihm als etwas völlig Ungewisses, in dem trügerische Erwartungen seine einzigen Anhaltspunkte bilden konnten. In der Philosophie vertrat Platon die Überzeugung, daß jeglicher Fortschritt darin bestehe, einem präexistenten Idealbild aus der zeitlosen Welt transzendenter Formen nachzustreben, und Aristoteles nahm an, daß Fortschritt die Verwirklichung einer potentiell bereits existierenden Form sei. Beide schlossen mit ihrer Formenlehre jede Möglichkeit einer Entwicklung aus. Sogar in den Wissenschaften setzte sich in der späten Antike der Glaube durch, daß alle Weisheit in der Vergangenheit liege. Wie E. R. Dodds bemerkt: »Wo Menschen ihre Systeme nur aus gebrauchten Teilstücken aufbauen, kann der Begriff des Fortschritts keine Bedeutung haben — die Zukunft ist bereits vorher entwertet.«[13] Es kann folglich nicht überraschen, daß die wichtigsten philosophischen Schulen jener Epoche den Fortschrittsgedanken verwarfen und statt dessen für eine zyklische Zeitauffassung eintraten. Aristoteles selbst glaubte, daß die Künste und die Wissenschaften bereits mehrfach entdeckt und wieder vergessen worden seien. In seinem Werk *Meteorologica* (339b27) behauptet er: »Und wir werden uns ja auch nicht einbilden, daß nur ein- oder zwei- oder wenigemal die gleichen Vorstellungen in der Menschheit heraufdämmern, sondern sie kommen unendlich oft.«

Wie Arnoldo Momigliano jedoch feststellte, teilten viele der griechischen Geschichtsschreiber die von den Philosophen vertretenen Ansichten vom zyklischen Wesen der Zeit nicht. Er bemerkt weiter, daß die Zukunft für sie keine so bedeutende Rolle spielte wie beispielsweise für die römischen Geschichtsschreiber, die sich um das Schicksal ihres Imperiums sorgten. Sie interessierten sich mehr für die Vergangenheit und die Gegenwart. So schrieb der Historiker Diodorus Siculus um 40 v. Chr. über seine Vorgänger:

»Unter den hervorragendsten Gelehrten und Geschichtsschreibern sind bis heute zwei Vorstellungen vom Ursprung der Menschheit verbreitet. Die eine Schule, die von der Voraussetzung ausgeht, daß der Kosmos ungeworden und unvergänglich ist, erklärt, daß die menschliche Rasse schon immer existiert habe, und daß es niemals eine Zeit gegeben habe, da sie neu erstanden sei. Die andere Schule, die an die Erschaffung des Kosmos und seine mögliche Vernichtung glaubt, postuliert, daß auch der Mensch erst zu einem bestimmten Zeitpunkt erschaffen worden sei.« [15]

Was die zyklische Zeitvorstellung betrifft, so bezeichnet Momigliano Polybios (ca. 202-120 v. Chr.) als ihren Hauptvertreter in der griechischen Geschichtsschreibung. Diese Ansicht stützt sich jedoch nur auf jene Kapitel in Polybios' Weltgeschichte, die die Verfassungsgeschichte betreffen, denn an anderer Stelle findet sich dafür nicht der geringste Anhaltspunkt. So betrachtet Polybios die Punischen Kriege durchaus nicht als eine Wiederholung vergangener Ereignisse, die auch in Zukunft wiederkehren würden. Sein Hauptthema war der Aufstieg Roms zur bestimmenden Macht im Mittelmeerraum und dies führte ihn, so Momigliano, zu einer völlig neuen historischen Perspektive: »Gerade weil das Schicksal fast alle Geschehnisse der Welt in eine Richtung lenkt, ist es die Aufgabe des Historikers, seinen Lesern einen umfassenden Überblick über die Wege zu geben, in denen das Schicksal seine Ziele erreicht.« [16]

Der Begriff des Schicksals (oder der Vorsehung) spielte in der späthellenistischen Denkweise eine entscheidende Rolle, doch waren die Ansichten keineswegs einheitlich. So warf Aristoteles Demokrit (ca. 460-390 v. Chr.) vor, er glaube nur an die *causa efficiens* (Wirkursache) und nicht an die *causa finalis* (Zweckursache), mit anderen

Worten, er glaube an einen strengen Determinismus und nicht an Te-leologie. Aristoteles dagegen war davon überzeugt, daß ein strenger Determinismus abgelehnt werden müsse, da er die natürliche Grund-lage für die Unterscheidung zwischen gewollten und ungewollten Handlungen zerstöre. Vom rechtlichen Standpunkt müssen jedoch manche Handlungen als gewollt betrachtet werden, denn nur diese können gerechterweise bestraft werden. Für Aristoteles war dieses Argument ausschlaggebend. Obwohl Epikur (342-270 v.Chr.) im Gegensatz zu Aristoteles die Atomlehre des Demokrit anerkannte, lehnte auch er dessen Glauben an die strenge Vorbestimmtheit aller menschlichen Handlungen ab. Wie Aristoteles vertrat er die Ansicht, daß ein Mensch nicht für eine Handlung bestraft oder verantwortlich gemacht werden könne, auf die er keinen Einfluß besitzt. An die Stelle einer teleologischen Weltauffassung setzte Epikur jedoch Zu-fall und freien Willen. Er glaubte an die Existenz einer gewissen Spontaneität im Menschen (und möglicherweise auch im Tier), die sich in unserer offensichtlichen Freiheit manifestiert, zu handeln. Epikur führte die berühmte »Abweichung« in die Kette strikter Kausalität ein, um auf diese Weise sowohl die Willensfreiheit des Menschen als auch die Existenz zufälliger Bewegung im Universum zu erklären. Gäbe es diese Abweichung nicht, würden nämlich seiner Ansicht nach alle Körper mit der gleichen Geschwindigkeit nach unten fallen. Indem er das Element des Zufalls in der Vorsehung be-tonte, gelangte Epikur zu einer hedonistischen Philosophie, die sich in dem Grundsatz zusammenfassen läßt: »Esse, trinke und sei fröh-lich, denn morgen sterben wir!«

Eine ganz andere Auffassung vertraten die Stoiker, eine philoso-phische Schule, die von Zenon von Kition (335-263 v.Chr.) begrün-det wurde. Zenon und seine Schüler lehnten Platons Zwei-Welten-lehre ab, in der sich ideale Formen und sinnliche Wahrnehmung gegenüberstanden. Sie glaubten statt dessen an die organische Ein-heit des gesamten Universums und betrachteten die Vernunft als eine feine stoffliche Substanz, die dem Feuer verwandt sei. Im Gegensatz zu den Epikureern glaubten die Stoiker an einen strengen Determi-nismus und vertraten eine Philosophie der Resignation angesichts irdischer Schwierigkeiten. Sie waren überzeugt, daß die Vorsehung, die sie mit Notwendigkeit identifizierten, ihrem Wesen nach zyklisch und ewig wiederkehrend sei. Symbolisiert wurde die Vorsehung in Anlehnung an das mythische Rad des Ixion durch die unaufhörliche Drehung eines Rades. Da die Ordnung des Universums, wie sie sich in den Sternen und Planeten manifestierte, mit der Vorsehung erklärt wurde, führte der zunehmende Einfluß des Stoizismus dazu, daß sich der Glaube an die Astrologie im Hellenismus und in der römischen Kaiserzeit stark verbreitete. Die zyklische Wiederkehr der Ereignisse wurde von vielen Denkern als unvermeidlich angesehen, da andernfalls »Vernunft« und »Gesetzmäßigkeit« verlorengehen würden.

Die Ansichten der Stoiker und Epikureer wurden in der späten Antike sowohl von Plutarch (ca. 46-120 n. Chr.), dem berühmten Biographen und Moralphilosophen, als auch von Alexander von Aphrodisias (ca. 200 n. Chr.), einem bedeutenden Kommentator des Aristoteles, kritisiert. Plutarch, der die astrologisch geprägte Vorstellung von Vorsehung nicht völlig ablehnte, vertrat die Ansicht, daß sie die Möglichkeit der Kontingenz, das heißt der Zufälligkeit, in sich berge. Seine Definition der Begriffe »Notwendigkeit« und »Kontingenz« erinnert an die moderne Definition von »analytisch« und »synthetisch«: »Das Notwendige ist eine Möglichkeit, deren Verneinung unmöglich ist. Das Kontingente hingegen ist eine Möglichkeit, deren Verneinung immer auch möglich ist.«[17] Diese Unterscheidung betrifft insbesondere das Zukünftige. Ähnlich wie Plutarch vertrat auch Alexander von Aphrodisias die Überzeugung, daß nicht alles ein Produkt der unvermeidlichen Vorsehung sei, denn Dinge, die mit Hilfe der Vernunft oder von Handwerkern in der Ausübung ihrer Kunst geschaffen werden, »scheinen nicht aus Notwendigkeit heraus geschaffen worden zu sein; die Handwerker stellen zwar jedes einzelne Ding her, doch steht es ihnen gleichermaßen frei, dies nicht zu tun.«[18]

Sowenig man bei den Griechen von einer einheitlichen Zeitauffassung sprechen kann, so unterschiedlich erweisen sich auch ihre Vorstellungen von der Menschheitsgeschichte. Neben der Auffassung von Geschichte als einem zyklischen Prozeß und der Auffassung von Geschichte als einem progressiv fortschreitenden Prozeß gab es noch die Vorstellung von einem sehr weit zurückliegenden Goldenen Zeitalter. Die älteste noch erhaltene Beschreibung hiervon findet sich in Hesiods Epos *Werke und Tage* (ca. 700 v. Chr.), in dem er zu begründen sucht, wie es zu den gegenwärtigen Lebensumständen des Menschen kam und wieso der Mensch gezwungen ist, zu arbeiten. Hesiod zufolge war die »gute alte Zeit« vor der Herrschaft des Zeus, jene Ära also, in der noch dessen Vater Kronos herrschte, ein Goldenes Zeitalter. Streng genommen spricht Hesiod im Gegensatz zu späteren Schriftstellern nicht von einem Goldenen *Zeitalter*, sondern von einer goldenen *Rasse*. Der Gedanke einer urzeitlichen goldenen Epoche läßt sich bis zu den Sumerern zurückverfolgen (ca. 2000 v. Chr.), die als deren herausragendstes Merkmal die Freiheit von Furcht betrachteten. Hören wir dazu einen sumerischen Dichter: »Es war einmal eine Zeit, in der es keine Schlange, keinen Skorpion gab,/ Es gab keine Hyäne, keinen Löwen,/ keinen wilden Hund und keinen Wolf,/ Es gab keine Furcht und kein Entsetzen,/ Der Mensch hatte keinen Rivalen.«[19]

Hesiod zufolge ging das Zeitalter paradiesischer Muße in eine Heldenära über, gefolgt von einem Silberzeitalter, einem Bronzezeitalter und schließlich dem Eisenzeitalter. Im Gegensatz zu unserem heutigen Kenntnisstand galt das letztere als weniger zivilisiert als das vorangegangene Bronzezeitalter. Eine Erklärung für den Niedergang des urzeitlichen Goldenen Zeitalters lieferte der Prometheusmythos, der in mancherlei Hinsicht dem hebräischen Mythos des im Ersten Buch Mose beschriebenen »Sündenfalls« gleicht. Beide Mythen beschreiben nicht nur die Erschaffung der Frau und das darauf angeblich folgende Unheil (Eva entspricht hierbei Pandora), sondern auch den Erwerb »verbotenen Wissens«, welches im Fall der griechischen Mythologie die Entdeckung des Feuers war.

Im Laufe der Jahre trat jedoch ein allmählicher Wandel ein. Mit dem Eintritt in die griechische Klassik hatte der gegensätzliche Gedanke, daß nämlich die frühen Lebensbedingungen des Menschen »unangenehm, roh und beschränkt« waren, den Mythos des Goldenen Zeitalters teilweise verdrängt. Moschion, der im 3. Jahrhundert v.Chr. lebte, jedoch dem Geist der vorangegangenen Jahrhunderte verhaftet war, schrieb es der Zeit, »der Schöpferin und Nährerin aller Dinge«, zu, »daß die einst unfruchtbare Erde mit Hilfe von Ochsengespannen urbar gemacht wurde, daß befestigte Städte entstanden, daß die Menschen geschützte Häuser bauten und daß sie ihr wildes Leben in ein zivilisiertes verwandelten.«[20] Manche Verfechter von Kreislauftheorien gaben der Hoffnung Ausdruck, daß sich trotz des Niedergangs der Welt das Rad der Geschichte irgendwann zurückdrehen würde und die alten idyllischen Zustände in einem neuen Goldenen Zeitalter wiederhergestellt würden. In seinem Werk *Politeia* entwirft Platon einen Mythos zyklischer Veränderung, in dem der Schöpfer das Universum in eine Drehbewegung versetzt und dafür sorgt, daß diese anhält. Läßt er am Ende einer Ära jedoch den Dingen freien Lauf, dreht sich das Universum plötzlich in die entgegengesetzte Richtung und die Welt geht in einen Verfallsprozeß über, der erst mit dem Eingreifen Gottes wieder abbricht. Gott erneuert seine Herrschaft und versetzt das Universum wieder in dieselbe Drehbewegung wie vorher.

W.K.C.Guthrie, der auf diesen Mythos aufmerksam machte, weist darauf hin, daß Aristoteles die wiederkehrenden Weltkatastrophen vor allem deswegen beklagte, weil sie den Verlust des bis dahin erworbenen Wissens bedeuteten.[21] Aristoteles bezweifelte auch, daß die Zeit unabhängig von denkenden Wesen existieren könne, denn für ihn war Zeit nicht nur eine einfache Reihenfolge, sondern eine »Reihenfolge im Hinblick auf ein Zählen«. Und wenn niemand da ist, der das Zählen übernimmt, kann nichts gezählt werden. Der Kern dieses Gedankens läßt sich auf den Sophisten Antiphon (ca. 480-411 v.Chr.) zurückverfolgen, der die älteste uns erhaltene griechische Definition von Zeit formulierte.[22] Dieser Definition zufolge besitzt die Zeit keine stoffliche Existenz, sondern ist eine geistige Vorstellung bzw. ein Hilfsmittel, um Messungen durchzuführen, eine Ansicht, die uns heute erstaunlich modern anmutet.

Um diesen Überblick über die Rolle der Zeit im alten Griechenland zu vervollständigen, möchte ich noch kurz die Instrumente er-

wähnen, die für die Zeitmessung zur Verfügung standen. Neben der
Sonnenuhr (Gnomon) und der Wasseruhr (Klepsydra), die um ca.
270 v. Chr. durch eine Erfindung des Ktesibios von Alexandria wesentlich verbessert wurde, gab es auch kunstvollere Instrumente zur
Zeitmessung, so etwa den im 1. Jahrhundert v. Chr. von dem make-
donischen Astronomen Andronikos Kyrrhestes entworfenen und erbauten »Turm der Winde«, der noch heute in Athen nördlich der
Akropolis zu sehen ist. Er besaß eine Windfahne und komplizierte
Sonnenuhren an jeder seiner acht Wände, doch das interessanteste
Merkmal bildete ein Wasserreservoir, das sich in einem kleineren Ge-
bäude an der Südseite des Turms befand. Eine nahegelegene Quelle
speiste dieses Reservoir und sorgte dafür, daß es stets gefüllt war,
eine notwendige Vorbedingung für das Funktionieren einer Wasseruhr des Einlauftyps. Indem man so für einen gleichbleibenden Druck
sorgte, konnte die Strömungsgeschwindigkeit des Wassers, das aus
einem Hahn in der Nähe des Bodens floß, konstant gehalten werden.
Der Hahn war regulierbar, so daß das herausströmende Wasser einen
anderen Behälter in genau 24 Stunden füllte, wobei ein Schwimmer
um eine bestimmte Höhe angehoben wurde. Da der Turm im Innern
mit einer Wasseruhr und außen mit Sonnenuhren ausgestattet war,
konnte die Zeit bei Tag und Nacht, bei bedecktem und wolkenlosem
Himmel abgelesen werden.

Wie bereits erwähnt, war es im Altertum üblich, den Tag so einzu-
teilen, daß die Tageslichtperiode stets genau zwölf Stunden zählte.
Um dieses Problem der Temporalstunden zu lösen, soll Andronikos
ein System benutzt haben, das von seinem römischen Zeitgenossen,
dem Architekten Vitruvius, wie folgt beschrieben wurde. Der
Schwimmer der Uhr war mittels einer Schnur, die um einen horizon-
talen Schaft geführt wurde, mit einem Gegengewicht verbunden.
Wenn sich der Schwimmer hob, drehte sich der Schaft und mit ihm
eine an seinem Ende befestigte kreisförmige Metallplatte. Auf dieser
Platte war eine Sternkarte abgebildet. Löcher, die entlang der Linie
der Ekliptik angebracht waren, ermöglichten es, ein Symbol der
Sonne alle ein bis zwei Tage zu versetzen, wodurch ihrer jährlichen
Bewegung Rechnung getragen wurde. Eine vollständige Drehung der

Sternkarte alle 24 Stunden symbolisierte die tägliche Bewegung des Himmels. Ein vor die rotierende Sternkarte gespanntes Netz aus Drähten stellte die Stunden dar. Indem das Symbol für die Sonne jeden einzelnen Draht passierte, erhielt man eine Zeitanzeige, die so genau war wie die jeder beliebigen Sonnenuhr. J. V. Noble und D. J. de Solla Price, die den Turm der Winde ausführlich beschrieben haben, glauben, daß das Innere des Turmes einst einen imposanten Anblick geboten haben muß. (Price nannte den Turm der Winde »eine Art Zeiß-Planetarium der klassischen Welt«.) Sie vermuten, daß Poseidon eine zentrale Figur war, die zwischen zwei Brunnen stand, und daß Herkules und Atlas das Drahtnetz vor jene leuchtende Scheibe hielten, die die Bewegung des Firmaments simulierte. »Wir leben in einer Epoche, in der Wissenschaft und Technik als etwas Alltägliches hingenommen werden; wir erwarten von ihnen und unserer Architektur, daß sie effizient und funktionell sind. Athen [....] war eine Stadt der Wunder und der Schönheit, und es war eine Zeit, um die Errungenschaften der Mathematiker und Astronomen zu bewundern — eine Zeit, um einen Turm der Winde zu bauen und zu bestaunen.«[23]

Das alte Israel

Seit langem glaubt man, daß unsere moderne Auffassung von Zeit eine Weiterentwicklung der frühchristlichen Zeitvorstellung ist, die wiederum von der Kultur und Religion des alten Israel beeinflußt wurde. Von den Juden nimmt man an, daß sie die Zeit nicht als ein zyklisches Geschehen, sondern als ein lineares Fortschreiten betrachteten, wobei ihre Auffassung auf der teleologischen Vorstellung von Geschichte als der allmählichen Offenbarung des göttlichen Ziels beruhte. Obwohl diese Annahme über den Ursprung unserer modernen Zeitauffassung durch mancherlei Anhaltspunkte gestützt wird, weiß man heute, daß sie nur mit gewissen Vorbehalten vertreten werden kann. Dies wollen wir im folgenden zeigen.

Nach dem Auszug aus Ägypten und der Besiedelung Kanaans im späten zweiten Jahrtausend v. Chr. fanden sich die Hebräer in einem

Gebiet wieder, das auf dem Hauptverbindungsweg zwischen Ägypten und Babylonien lag. Nicht lange nach der Herrschaft der Könige Saul, David und Salomo spaltete sich das jüdische Reich in ein Nord- und ein Südreich. Um 722 v. Chr. eroberte Sargon II. das nördliche Königreich Israel und zerstörte seine Hauptstadt. Zwei Jahre später wurden die Einwohner nach Assyrien deportiert. Um 586 v. Chr. fielen die Babylonier in das südliche Reich Juda ein, zerstörten Jerusalem und den Tempel und verschleppten viele Bewohner nach Babylonien. Nach Theodore Vriezen, Professor für Alttestamentarische Studien an der Universität von Utrecht, deportierten die Babylonier hauptsächlich Angehörige der oberen Bevölkerungsschichten. Etwa 20 000 Menschen der unteren Schichten wurden zurückgelassen, um das Land vor dem völligen Verfall zu bewahren. [24]

Die Auswirkungen dieser Schicksalsschläge auf die Denkweise der Juden waren tiefgreifend. Man besann sich auf die Vergangenheit und durchforschte sie nach Anzeichen für eine göttliche Vorsehung, da man das gegenwärtige Unglück als die Strafe Jahwes (Gottes) für vergangene Ungläubigkeit ansah. Je eifriger das Volk Gott dienen würde, desto größere Hoffnung bestünde auf Erlösung, so glaubte man. Der Glaube an die Erlösung, die für einen unbestimmten Zeitpunkt in der Zukunft vorhergesagt war, wurde bestärkt durch die Verheißung eines Messias, der die Feinde Israels besiegen und das Reich in seiner früheren Pracht wiedererstehen lassen würde. Das wesentliche Ziel des jüdischen Gottes in der Geschichte war folglich die Rettung Israels. Beschrieben ist diese Überzeugung im Buch Daniel, welches erst lange Zeit nach der Rückkehr aus der babylonischen Gefangenschaft, unter dem Eindruck der herannahenden Gefahr durch die Seleukiden, kurz vor dem Aufstand der Makkabäer im 2. Jahrhundert v. Chr. verfaßt wurde. Die Besinnung auf die Vergangenheit führte also zu einer vorwärtsschauenden Geschichtsphilosophie. Es ist aus diesem Grund häufig behauptet worden, die Hebräer hätten Zeit als einen gerichteten Prozeß betrachtet, der sich vom göttlichen Schöpfungsakt bis zur Erfüllung des göttlichen Zwecks und dem endgültigen Sieg des auserwählten Volkes Israel auf Erden erstrecke.

In seinem Buch *Christus und die Zeit* stellt der Theologe Oscar Cullmann fest, daß »das Symbol der Zeit für das Urchristentum wie für das biblische Judentum [...] *die aufsteigende Linie* ist, während es im Hellenismus der *Kreis* ist.«[25] Der Historiker und Philosoph J. G. Gunnell vertritt dagegen die Ansicht, daß die Hebräer zwar in der Tat stärker zukunftsorientiert waren als die an der Vergangenheit orientierten Griechen, daß jedoch »der Begriff des linearen Fortschritts eine Rationalisierung der hebräischen Erfahrung von Zeitlichkeit ist«. Ein anderer Historiker, G. W. Trompf, hat in seiner Studie über den Begriff der historischen Wiederholung im abendländischen Denken auf die im Alten Testament weitverbreitete »Vorstellung der Nachbildung« aufmerksam gemacht, die die ideologische Grundlage für die großen hebräischen Feste darstelle. Daneben zitiert er Beispiele für die »Nachbildung« in der hebräischen Geschichtsschreibung, so etwa im Buch Josua, wo die Durchquerung des Jordans bewußt an die im Zweiten Buch Mose (Exodus) beschriebene Durchquerung des Roten Meeres angeglichen wurde, oder etwa die Schilderung der babylonischen Gefangenschaft, die an die frühere Unterjochung durch die Ägypter erinnert.[27] Auch in der hebräischen Eschatologie und der ihr entsprechenden Geschichtsauffassung verhieß der für das hebräische Denken so bezeichnende Begriff der Zukunft die Rückkehr zu einem urzeitlichen Zustand, den die Juden verloren zu haben glaubten.[28] Mit anderen Worten, obwohl die Juden ihr Goldenes Zeitalter aus der Vergangenheit in die Zukunft verlegt hatten, haftete der Vorstellung doch ein quasi-zyklischer Aspekt an.

Gunnell hat darauf hingewiesen, daß die Hebräer im Gegensatz zu den Griechen niemals versuchten, das »Zeit-Problem« als solches zu analysieren. Weder scheinen sie ihre Erfahrung der Zeit begrifflich erfaßt zu haben noch entwickelten sie eine abstrakte Geschichtsauffassung. »Geschichte war der Raum, in dem sich das Drama des individuellen und gesellschaftlichen Lebens nach dem Willen Jahwes entfaltete, wobei die kosmische Zeit die Werke Jahwes bezeugte und seine Macht über das Universum demonstrierte.«[29] Bezeichnend für die hebräische Zeiterfahrung ist die »Gegenwärtigkeit von Vergangenheit und Zukunft«. Oder anders ausgedrückt, für die Hebräer bildete die Gegenwart niemals eine festumrissene Einheit mit klaren Grenzen, sondern sie war Teil eines Kontinuums, das vom Anfang der Zeit bis zu ihrem Ende reichte und das sowohl von der Vergangenheit wie von der Zukunft beeinflußt wurde. Es ist bedeutsam, daß das Alte Testament trotz seiner Bemühungen um eine detaillierte Geschichtsüberlieferung keine fortlaufenden Daten kennt. Der Bund war nicht nur ein wichtiges Ereignis der Vergangenheit, das in der Tradition weiterlebte, sondern das Thema eines, wie Gunnell es nannte, »gesellschaftlichen Dramas, das sich zwischen Jahwe — Dem, der da sein wird — und seinem Volk in der Zeit abspielte«. Denn wie es im Fünften Buch Mose (5,3) heißt: »Nicht mit unseren Vätern hat der Herr diesen Bund geschlossen, sondern mit uns, die wir heute hier stehen, mit uns allen, mit den Lebenden.«

Der Hauptunterschied zwischen der hebräischen Denkweise und der griechischen (insbesondere der aristotelischen) lag darin, daß die Hebräer die göttliche Schöpfung des Kosmos als ein Ereignis betrachteten, das wirklich in der Geschichte stattgefunden hatte. Die Natur galt anders als bei den Griechen nicht als göttlich. Gott transzendierte alle Erscheinungen. Die Sonne, der Mond und die Sterne, sie alle waren das Werk Gottes und dienten seiner Verherrlichung (Psalm 19). Im Gegensatz zu den Ägyptern und Babyloniern betrachteten die Hebräer die Königsherrschaft nicht als im Kosmos verankert. In der hebräischen Religion — und nur in dieser — war der Mensch durch einen quasi-rechtlichen Vertrag mit Gott verbunden, wodurch der alte Bund zwischen Mensch und Natur zerstört wurde.[30] Aus diesem Grund hat man die Juden manchmal als die »Baumeister der Zeit« bezeichnet, während die Griechen als die »Baumeister des Raumes«, die Römer als die »Baumeister des Weltreichs« und die Christen als die »Baumeister des Himmels« galten. Eric Voegelin machte einen grundlegenden Unterschied zwischen sogenannten »kosmologischen« Kulturen, die eine politische Symbolhaftigkeit des Kosmos voraussetzten — bezeichnend hierfür ist Babylonien mit seinem Marduk-Epos — und »eschatologischen« Kulturen wie der persischen oder der hebräischen, die wichtige Anregungen aus der Religion des Zarathustra empfingen. [31] Obwohl im Mittelpunkt der jüdischen Eschatologie stets das Schicksal der Nation stand, scheint die Lehre der persönlichen Unsterblichkeit, die ihren Ursprung in Zarathustras leidenschaftlichem Glauben an die Gerechtigkeit Gottes hatte, von den Juden während oder nach ihrer babylonischen Gefangenschaft übernommen worden zu sein. Der Glaube an diese Lehre stellt die größte Neuerung in der jüdischen Religion in der Zeit nach dem babylonischen Exil dar. Ohne genau zu wissen, welche Rolle der Begriff der Linearität in der hebräischen Zeitvorstellung spielte, hat man lange Zeit angenommen, daß diese ihrem Wesen nach eschatologische Vorstellung durch das Christentum die Entwicklung unserer modernen Vorstellung von Zeit als einem gerichteten, nicht-zyklischen Geschehen entscheidend beeinflußt hat.

In jüngerer Zeit wird jedoch die Annahme, Israel sei vor dem Aufkommen des Christentums das einzige Volk des Altertums gewesen, das an die Bedeutung der Geschichte und an die Nicht-Wiederholbarkeit von Ereignissen glaubte, zunehmend in Frage gestellt. Nicht nur geht die erste ausdrückliche Anerkennung der Linearität von Zeit und die Ablehnung der Vorstellung unendlicher Wiederholung auf den Zoroastrismus zurück; viele Bibelforscher machten in den vergangenen zwanzig Jahren auch auf die Ähnlichkeit zwischen einigen Passagen des Alten Testaments und bestimmten mesopotamischen Texten aufmerksam. Daraus haben J. Van Seters, Professor für Bibelkunde an der Universität von North Carolina, und andere geschlossen, daß der Vorstellung von einem einzigartigen »göttlichen Geschichtsentwurf« im Alten Testament zuviel Bedeutung beigemessen wurde. [32] Oder anders ausgedrückt, in der Forschung betrachtet man heute die Überzeugung der Israeliten, sie seien »das auserwählte Volk Gottes«, als nicht wesenhaft verschieden von dem Glauben, daß der König von Gott erwählt sei, eine Überzeugung, die den sumerischen und babylonischen Stadtstaaten zugrunde lag.

Der Einfluß der sumerischen und babylonischen Kultur auf die Hebräer erstreckte sich auch auf andere Gebiete, so zum Beispiel auf die Zeitmessung. Folglich orientierte sich der hebräische Kalender am Mond. Wie bei anderen Völkern, die einen Mondkalender benutzten, begann der hebräische Monat mit dem ersten abendlichen Sichtbarwerden der schmalen Mondsichel nach Neumond. Schon zur Zeit des Königs Saul wurde das Neumondfest feierlich begangen. Später, als Jerusalem die Hauptstadt war, gab es einen sogenannten Kalenderrat, den Sanhedrin, der — nachdem er durch zwei zuverlässige Zeugen vom Erscheinen des Neumonds Kenntnis erhalten hatte — Boten in die verschiedenen Bezirke entsandte, um den Beginn des neuen Monats überall zu verkünden.

Ursprünglich begann das jüdische Jahr mit der Herbst-Tagundnachtgleiche. Während dieses Datum auch heute noch den bürgerlichen jüdischen Kalender einleitet, beginnt das kirchliche Jahr seit dem Auszug aus Ägypten im Monat Nisan mit dem Zeitpunkt der Frühlings-Tagundnachtgleiche. Durch das Einschieben von Schaltmonaten erreichte man eine gewisse Übereinstimmung mit der Sonne. Bei den Hebräern galt nicht nur der Neumond, sondern auch der Vollmond als religiös sehr bedeutsam. So bestimmte man den Zeitpunkt des Passahfestes nach dem ersten Vollmond während oder nach der Frühlings-Tagundnachtgleiche. Was die Zählung der Jahre betrifft, so verwendeten die Juden vom 2. Jahrhundert v. Chr. an, als sie die Oberherrschaft der Seleukiden anerkennen mußten, bis zur Zerstörung des Tempels durch die Römer im Jahre 70 n. Chr. die seleukidische Zeitrechnung.

In manchen der älteren Bibelpassagen, insbesondere in jenen, die die frühen Propheten betreffen, wird der Mond häufig in Verbindung mit dem Sabbat genannt, jenem Feiertag, der an den siebten Schöpfungstag erinnert, als Gott von seiner Arbeit ruhte. In seinem Buch *Rest Days* hat Hutton Webster auf eine Passage im *Zweiten Buch der Könige* (4,23) aufmerksam gemacht, wo die folgende Szene beschrieben ist: Eine schunemitische Frau möchte den Propheten Elischa aufsuchen, um ihn zu bitten, ihren Sohn wieder zum Leben zu erwecken. Ihr Ehemann wendet jedoch ein: »Warum gehst du heute zu ihm? Es ist doch nicht Neumond und nicht Sabbat.« Wie Webster weiter bemerkt, hat die Keilschriftforschung gezeigt, daß auch der babylonische Vollmondtag, *schabbatum*, auf den vierzehnten (oder fünfzehnten) Tag eines Monats fiel. Dies scheint also ein weiteres

92

Beispiel für die ursprüngliche Bedeutung des hebräischen Wortes *schabbath* zu sein.

Trotz einer gewissen Ähnlichkeit zwischen der siebentägigen hebräischen Woche, die mit dem Sabbat endet — dem einzigen Tag mit einem eigenen Namen —, und der siebentägigen babylonischen Woche, die mit einem Unglückstag abschließt, gibt es zwischen beiden einige grundlegende Unterschiede. Während der babylonische Zyklus stets direkt vom Mond abhing, wurde die hebräische Woche von Monat zu Monat, von Jahr zu Jahr einfach fortgesetzt, ohne daß man die Mondphasen berücksichtigt hätte. Außerdem wurde der babylonische Unglückstag nur vom König, den Priestern sowie den Ärzten beachtet, während der hebräische Sabbat vom ganzen Volk eingehalten wurde. Wie Webster bemerkt: »Die Ablösung der Woche vom Mondmonat, ihre Verwendung als eine anerkannte kalendarische Einheit sowie die Festlegung eines Tages des Woche für religiöse Zwecke, all dies sind Neuerungen von größter Tragweite, die — solange keine gegenteiligen Beweise vorliegen — dem hebräischen Volk, und diesem allein, zugeschrieben werden müssen.«[33]

Zum Zeitpunkt der Eingliederung Israels in das Römische Reich war in verschiedenen religiösen Sekten die Vorstellung weitverbreitet, das »Ende der Welt« stehe bevor. Doch nur für die Essener von Qumran, eine asketische Glaubensgemeinschaft, die sich in die Wüstengegend von Judäa nahe dem Roten Meer zurückgezogen hatte, nahm dieser Glaube konkrete Formen an: Während die erste Strafe Gottes zur Zeit Noahs die Vernichtung durch Wasser gewesen war, würde die letzte Strafe Gottes die Zerstörung durch Feuer sein. Die Gemeinschaft der Essener scheint in der Mitte des 2. Jahrhunderts v. Chr. entstanden zu sein, als sich die Makkabäer gegen die törichten Hellenisierungsbestrebungen des seleukidischen Herrschers von Palästina, Antiochos IV., auflehnten, der erst kurz zuvor die Herrschaft über dieses bis dahin von den ägyptischen Ptolemäern regierte Gebiet übernommen hatte. Die Essener traten nicht nur vehement für apokalyptische Ansichten und eine strenge Gesetzesbefolgung ein, sie waren auch ausgesprochen anti-hellenistisch eingestellt. Nach der Eroberung durch Alexander den Großen war Ägypten sowie der gesamte Raum, den wir heute den Nahen und Mittleren Osten nennen, hellenistisch geprägt. Die griechische Sprache entwickelte sich zur *lingua franca* dieser Region, eine Stellung, die sie auch während der Zeit des römischen Weltreichs behauptete. Infolgedessen erschienen die Bücher des Neuen Testaments in Griechisch, obwohl Jesus und seine Jünger eigentlich Aramäisch sprachen.

Viele Juden, besonders jene, die nicht in Palästina lebten, paßten sich an die griechische Kultur und Denkweise an. Im Land selbst sympathisierten jedoch nur die Sadduzäer mit der hellenistischen Kultur. Als die intellektuell aufgeklärteste religiöse Gruppierung standen sie auf der Seite der Machthaber. Ihr Name bedeutete »Söhne des Zadok«, wobei Zadok zur Zeit des Königs David Oberpriester war und als ein Nachkomme des Aaron galt. Die Sadduzäer waren die Hauptgegner der vorherrschenden religiösen Gruppierung der Pharisäer, die glaubten, daß die Erlösung von der strikten Befolgung der im Fünften Buch Mose überlieferten mosaischen Gesetze abhing. Diese schrieben vor, daß das auserwählte Volk ein »reines« Volk sein müsse. Die im Fünften Buch Mose vertretenen Grundsätze wurden später in der Thora und in den Büchern der Propheten kanonisiert und bilden ein Kernstück jüdischen Glaubens. In der Tat verwendete die Glaubensgemeinschaft von Qumran nach heutigem Kenntnisstand fast ausschließlich Bücher des Alten Testaments, die Abschriften des Fünften Buch Mose sind. Eine Ausnahme bilden nur das Buch Jesaja und die Psalmen.[34]

Es ist für uns heute von besonderem Interesse zu wissen, daß sich die Rivalität zwischen Pharisäern und Sadduzäern sogar auf ihre unterschiedlichen Vorstellungen von der Zeitmessung erstreckte. Während die Pharisäer das Mondjahr favorisierten und gelegentlich Schaltmonate einschoben, um das landwirtschaftliche Jahr mit dem Lauf der Sonne in Einklang zu halten, führten die Sadduzäer das von den Griechen verwendete lunisolare Jahr ein. Jede Gruppierung beschuldigte die andere, die vorgeschriebenen religiösen Feste zum falschen Zeitpunkt feiern zu wollen, obwohl sie in der Praxis beide gezwungen waren, dieselben Daten einzuhalten. Da die Pharisäer dominierten, sind von den Schriften der Sadduzäer nur wenige erhalten. Unter denen, die bis heute überliefert sind, verdient besonders das *Buch der Jubiläen* Aufmerksamkeit, das um 110 v. Chr. verfaßt wurde.[35] Die Grundlage dieses Jubiläenkalenders scheint das berühmte pythagoreische rechtwinklige Dreieck der Seitenlängen 3, 4 und 5 gewesen zu sein.[36] Die Summe der ersten beiden Seiten ergibt die Anzahl der Tage einer Woche, die Summe aller drei Seiten ergibt die Anzahl der Monate eines Jahres und die Summe ihrer Quadrate ergibt die Zahl 50. Philo von Alexandria, ein gräko-jüdischer Philosoph des ersten Jahrhunderts, von dem zahlreiche Werke, darunter Kommentare zum Alten Testament, erhalten sind, stellte fest, daß 50 als die heiligste aller Zahlen angesehen wurde, als »das Prinzip der Erzeugung des Universums« (*De vita comtemplativa*, 65). Der fünfzigjährige Zyklus, der u. a. mit dem Erlaß von Schulden und der Freilassung von Sklaven verbunden war, hatte im jüdischen Leben große Bedeutung. Er liegt schließlich auch der seit dem Jahr 1300 von verschiedenen Päpsten praktizierten Sitte zugrunde, alle fünfzig Jahre ein Jubeljahr bzw. ein Heiliges Jahr der Römischen Kirche zu verkünden.

Das Rom der Kaiserzeit und das frühe Christentum

Die christliche Zeitvorstellung ist, bedingt durch die geschichtliche Entwicklung des Christentums, ein Erbe der jüdischen Zeitauffassung mit ihrer so charakteristischen Hoffnung auf Erlösung von aufeinanderfolgenden Unterdrückern. So betrachteten die Christen den auferstandenen Jesus zunächst als den Messias, dessen Wiederkehr unmittelbar bevorstand und der die bestehende Weltordnung beenden würde. Als die Zeit jedoch verging, ohne daß dies geschah, mußten die Christen sich an den Gedanken gewöhnen, daß die Welt weiterbestand und ihr Ende auf unbestimmte Zeit verschoben war. Wenn Jesus tatsächlich der erhoffte Messias war, dann war er bereits gekommen — und man benötigte eine neue Interpretation. Die Geburt Jesu wurde somit als ein zeitlicher Einschnitt betrachtet, der die erste Phase des göttlichen Zwecks beendete und die zweite einleitete.

Im Gegensatz zu den Anhängern anderer Religionen im römischen Kaiserreich, mit Ausnahme der Juden, begriffen die Christen ihre Religion als den Ausdruck des göttlichen Willens in der Geschichte. Während es den Juden jedoch hauptsächlich um das Schicksal Israels ging, glaubten die Christen an die universale Bedeutung ihrer Lehre. Die Kreuzigung wurde von ihnen als ein einmaliges, unwiederholbares Ereignis angesehen. Die Zeit war also zwangsläufig linear und nicht zyklisch.

Diese im wesentlichen historische Auffassung von Zeit mit der ihr eigenen Betonung der Unwiederholbarkeit von Ereignissen macht gerade das Wesen des Christentums aus. Sie wird im *Brief an die Hebräer* (9,25-6) klar beschrieben und der hebräischen Ansicht gegenübergestellt: »Denn Christus ist nicht in ein von Menschenhand errichtetes Heiligtum hineingegangen, in ein Abbild des Wirklichen, sondern in den Himmel selbst, um jetzt für uns vor Gottes Angesicht zu erscheinen; auch nicht, um sich selbst viele Male zu opfern, (denn er ist nicht) wie der Hohepriester, der jedes Jahr mit fremdem Blut in das Heiligtum hineingeht; sonst hätte er viele Male seit der Erschaffung der Welt leiden müssen. Jetzt aber ist er am Ende der Zeiten ein einziges Mal erschienen, um durch sein Opfer die Sünden zu tilgen.«

Die Welt, in der das Christentum entstand, war die Welt des römischen Kaiserreichs. Es war ein Zeitalter, in dem eine Vielzahl verschiedener Religionen blühten, viele davon orientalischen Ursprungs. Der Aberglaube spielte eine große Rolle. An vielen Tagen des Jahres verbot der traditionelle religiöse Kalender Geschäfte jeglicher Art. Insbesondere durften Schiffe an Tagen, die unter einem unglücklichen Stern standen, nicht segeln. Kein römischer Kapitän wäre also an einem 24. August, einem 5. Oktober oder einem 8. November ausgelaufen. Außerdem glaubte man, daß es Unglück bringe, sich am Ende eines Monats auf See zu befinden. [37]

Wie Sir Ronald Syme festgestellt hat, genossen Tradition und Staatsgewalt große Verehrung bei den Römern, die Veränderungen grundsätzlich ablehnend gegenüberstanden. Erst wenn man davon überzeugt war, daß die Veränderungen sich in Übereinstimmung mit den althergebrachten Sitten befanden, was im allgemeinen bedeutete, daß die ältesten Senatoren sie befürworten mußten, änderte sich diese Einstellung. Die Römer neigten dazu, Neuerungen zu mißtrauen. Das Wort »novus« hatte einen negativen Beigeschmack, obwohl die Vergangenheit ihnen zeigte, daß sich Veränderungen, auch wenn sie zuerst abgelehnt wurden, selten aufhalten ließen. Wie Syme bemerkt: »Die besondere Größe Roms hing nicht von dem Genie eines Menschen oder einer Epoche ab; sie ist das Werk vieler Menschen und einer langen Zeit.«[38]

Eine der wichtigsten Inspirationen römischer Geschichtsschreiber bildeten der Ahnenkult und der Hang adliger Familien, der Taten ihrer Vorfahren zu gedenken. Im Gegensatz zu den griechischen Geschichtsschreibern machten es sich die Römer als Patrioten zu ihrer Aufgabe, eine umfassende Übersicht über die Vergangenheit ihres Reiches zu geben. Die erste Geschichte Roms wurde allerdings von dem Griechen Polybios verfaßt, der im 2. Jahrhundert v. Chr. in Rom lebte. Spätere bedeutende Geschichtsschreiber sind Cäsar, Sallust, Livius, Tacitus und Sueton. Livius (ca. 59 v. Chr.-19 n. Chr.) schrieb eine Geschichte Roms mit dem Titel *Ab urbe condita* (*Von der Gründung der Stadt an*), die er mit Äneas begann. Sein Werk lebt jedoch in einem solch hohen Maße von Wundern und Zeichen, daß Herodot im Vergleich dazu fast modern anmutet. Der einzige römische Geschichtsschreiber, der mit Thukydides verglichen werden kann, ist Tacitus (ca. 55-117). Beide schrieben eine kunstvolle, stilistisch gehobene Prosa und betrachteten die Geschichte als den obersten Richter, der über die Handlungen der Herrscher und aller Menschen urteilen würde. Während Thukydides jedoch das Amt eines Magistrats bekleidete, war Tacitus ein Rechtsanwalt — vielleicht der hervorragendste, der je versuchte, dem Urteil der Zeit nachzuspüren, aber doch ein Rechtsanwalt.[39] Obwohl ein großer Teil seiner historischen Schriften auf mündlicher Überlieferung beruhte, ist er unter allen Geschichtsschreibern der Antike derjenige, der am häufigsten die von ihm zu Rate gezogenen Verfasser und Dokumente zitiert. Seine hohe Auffassung von Geschichte zeigt sich deutlich in dem, was er für die vornehmliche Aufgabe der Geschichtsschreibung hält, nämlich »dafür zu sorgen, daß tüchtige Leistungen nicht verschwiegen werden und andererseits Bosheit in Wort und Tat sich vor der Schande bei der Nachwelt fürchten muß.« (Annalen, III. 65). Die Römer neigten dazu, den Lauf der Geschichte als einen Turnus zu betrachten, in dem die traditionellen Werte abwechselnd beachtet und mißachtet wurden. Wie E. R. Curtius feststellte, führte die ehrfürchtige Haltung der Römer gegenüber ihrer Vergangenheit sowie ihre Neigung, sie als einen Teil der Gegenwart zu betrachten, zu einer Art Zeitlosigkeit, die jede wahrhaft historische Weltsicht unmöglich machte und die sich von unserer zeitlichen Perspektive stark unterscheidet. [40]

Obwohl die Römer die literarischen und kulturellen Leistungen der Griechen achteten, waren sie angesichts der Bedeutung, die diese der Mathematik beimaßen, eher ratlos. Von der allgemeinen Schlußfolgerung, daß die Römer nicht wirklich an den Wissenschaften interessiert waren, gibt es nur eine herausragende Ausnahme: Lukrez (ca. 94-55 v. Chr.), dessen Werk *De rerum natura (Von der Natur)* heute als das größte philosophische Lehrgedicht betrachtet wird, das je geschrieben wurde. Obwohl Cicero (106-43 v. Chr.) und auch Vergil (70-19 v. Chr.) tief beeindruckt waren, fand die dem Gedicht zugrundeliegende epikureische Philosophie bei den Römern keinen Anklang. Die einzige Ausnahme bildeten ihre hedonistischen Aspekte. Was die Vorstellung von Zeit anbelangt, so zeichnet sich das Versepos durch einen bemerkenswert modernen Standpunkt aus: »Auch ist die Zeit kein Ding an sich, nein, unsere Sinne/ Nehmen erst ab von den Dingen, was in der Vergangenheit vorging,/ Was uns soeben bedrängt, und endlich was später geschehn wird./ Niemand kann ja die Zeit an sich mit den Sinnen erfassen,/ Wenn man die Ruhe der Dinge und ihre Bewegung nicht abmißt.« [41]

Der Stoizismus übte im Gegensatz zum Epikureismus eine beträchtliche Anziehung auf die gebildeteren Römer aus. Eine berühmte Passage aus Vergils *Bucolica* (*Viertem Hirtengedicht*) beschäftigt sich mit dem Begriff der »ewigen Wiederkehr«: »Letzte Weltzeit ist nun da cumaeischen Sanges;/ groß aus Ursprungsreine erwächst der Zeitalter Reihe./ [...] Neu kehrt wieder ein Tiphys und neu eine

Argo, die wieder/ Helden, erlesene, trägt; es gibt wieder andere Kriege,/ und gen Troja wird wieder entsandt ein großer Achilleus.« Die stoische Haltung philosophischer Resignation ersetzte den früheren römischen Polytheismus, der in zunehmendem Maße zu einer bedeutungslosen Formalität erstarrt war. Jupiter blieb als Symbol der Vorsehung bzw. des Schicksals bestehen. Die von Augustus eingeführte Vergöttlichung der Kaiser wurde nicht allzu ernst genommen und bedeutete wenig mehr als das, was in späteren Jahrhunderten durch das Adjektiv »heilig« in dem Titel »Heiliger Römischer Kaiser« zum Ausdruck gebracht wurde.

Während die im 2. Jahrhundert n. Chr. in der Epoche der Antoninen geltende *Pax Romana* den gehobeneren Gesellschaftsschichten die Gelegenheit gab, sich auf die Sitten und Gebräuche ihrer Heimatstadt oder ihres Heimatbezirks zu besinnen und diese zu fördern, bedeutete sie für den einfachen Menschen durch die neu eröffneten beispiellosen Reisemöglichkeiten eine enorme Erweiterung des Horizonts. Wie einer der führenden Fachleute auf dem Gebiet der Altertumsforschung herausstellte, waren die Händler ständig unterwegs, um neue Möglichkeiten in den unterentwickelten Gebieten Westeuropas zu erkunden, wobei sie sich häufig weit entfernt von ihren Heimatstädten niederließen.[42] Ein Händler aus Phrygien soll Rom nicht weniger als zweiundsiebzigmal besucht haben. Diese neue Freiheit, weite Reisen in Sicherheit unternehmen zu können, hatte nicht nur tiefe Auswirkungen auf das Leben der Menschen, sondern auch auf ihre Denkweise. Diese aus ihrer gewohnten Umgebung herausgerissenen Menschen lieferten »den Hintergrund für die Ängste und Befürchtungen der religiösen Führer des späten zweiten Jahrhunderts«.[43] Aus ihnen rekrutierten sich die meisten derjenigen, die zum christlichen Glauben übertraten, denn keineswegs waren es, wie noch ein Jahrhundert zuvor, nur die einfachen und unterdrückten Menschen, die sich bekehren ließen.

Zu jener Zeit war das Christentum jedoch nur eine von vielen konkurrierenden Religionen im Römischen Reich, die zunehmend unter den kosmopolitischen Einfluß der hellenistischen Kultur gerieten. Der Stoizismus hatte an Bedeutung verloren; sein letzter berühmter Vertreter war Mark Aurel, der von 161 bis 180 regierte. Seine *Selbstbetrachtungen*, die von den Schicksalsschlägen des Lebens handeln, vermitteln den Eindruck von Weltschmerz. Im folgenden Jahrhundert entwickelte sich der Gnostizismus, dessen Anhänger behaupteten, geheimes oder privilegiertes Wissen zu besitzen, weshalb sie *gnostikoi* (die Wissenden) genannt wurden. Es handelte sich um eine Denkweise, die auf der allgemeinen hellenistischen Vorstellung beruhte, das Heil könne durch Wissen erlangt werden. Neben der christlichen Ausprägung gab es andere nichtchristliche Formen wie zum Beispiel die hermetische Philosophie oder den Manichäismus.

Bezeichnend für die gnostische Denkweise im allgemeinen ist der fundamentale Dualismus zwischen Gott und der Welt, wobei man glaubte, daß Gott die Welt vollkommen transzendiere, während die Welt, die nicht ein Werk Gottes, sondern des Teufels war, unwiederbringlich dem Bösen verfallen sei. Der Gnostizismus kann als eine Auflehnung gegen die griechische Wissenschaft betrachtet werden. Trotz seiner dualistischen Sichtweise unterschied er sich wesentlich vom Platonismus: Die kosmische Zeit war keineswegs das bewegte Abbild der Ewigkeit, sondern »bestenfalls eine Karikatur der Ewigkeit, eine mangelhafte Imitation, die von ihrem Vorbild weit entfernt war.«[44] Vom orthodoxen Christentum unterschied sich der Gnostizismus durch seine geschichtsfeindliche Haltung. Man glaubte nicht, daß Gott die Zukunft durch die Vergangenheit vorbereite, sondern war der Überzeugung, daß Gott auf der Welt gar nicht anwesend sei. Die besondere Glaubensrichtung, die aus der Verbindung des Gnostizismus mit christlichem Gedankengut entstand, war für die Kirche folglich unannehmbar. Trotzdem konnte sie sich lange Zeit behaupten und flackerte gar im Mittelalter in der Form der albigensischen Häresie noch einmal auf. Die Albigenser, die gegen Ende des 12. Jahrhunderts in Südfrankreich eine kurze Blüte erlebten, wurden von den Nordfranzosen zu Beginn des 13. Jahrhunderts auf Anordnung von Innozenz III., dem mächtigsten der mittelalterlichen Päpste, vernichtet.

Eine andere im römischen Kaiserreich verbreitete Religionsform war der Mithraskult. Diese extrem maskulin geprägte Religion sprach vor allem die römischen Soldaten an. Der Begründer der modernen Mithrasforschung, Franz Cumont, hat gezeigt, daß der römische Mithraskult eine Fortführung der iranischen Religion des Zarathustra war und daß seine Ursprünge sogar bis in den Hinduismus zurückverfolgt werden können, wo die Gottheit Mitra in den Hymnen der Veda verehrt wird. Cumont zufolge gibt es zwischen dem vedischen Mitra und dem iranischen Mithras trotz der grundsätzlichen theologischen Unterschiede zwischen Veden und *Awesta* so viele Übereinstimmungen, daß an ihrem gemeinsamen Ursprung kein Zweifel bestehen kann.[45]

Zwei verschiedene ikonographische Darstellungen von Mithras sind erhalten. Die eine wurde bei Ausgrabungen in der Innenstadt von London entdeckt und zeigt einen attraktiven, jugendlichen Gott, der einen Stier tötet, ein Symbol für die Erneuerung der Welt zu Beginn eines neuen Jahres. An der im Britischen Museum ausgestellten Marmorgruppe des stiertötenden Mithras fällt dabei besonders die Darstellung von drei Weizenähren auf, die aus der Wunde des geopferten Stieres emporwachsen.[46]

Die andere Erscheinungsform des Mithras, die sowohl in der östlichen als auch in westlichen Welt vorkommt, ist die eines löwenköpfigen Ungeheuers, um dessen Körper sich eine Schlange windet. Manchmal ist die Schlange mit den Zeichen des Tierkreises verziert. Sie verkörpert also die Bahn der Sonne entlang der Ekliptik und läßt die Beziehung erkennen, die zwischen Mithras und dem iranischen Gott der Zeit, Zurvan, besteht. Dieser Schlangensymbolismus ist auch in vielen anderen alten Kulturen anzutreffen, so zum Beispiel in Mittelamerika, wo die Schlange die Zyklen unendlicher Zeit verkörpert. Der Grund, warum man gerade die Schlange als Symbol für die Kreisläufe unendlicher Zeit wählte, liegt vielleicht darin, daß sich die Schlange periodisch häutet und damit völlig erneuert. In der Geschichte des Sündenfalls im dritten Kapitel des Zweiten Buches Mose wird die Schlange als die Versucherin dargestellt, die den Menschen seiner ursprünglichen Unschuld beraubt. Das Motiv der Schlange, die sich in den eigenen Schwanz beißt, wird später auch für Fingerringe verwendet, die gewöhnlich die Aufschrift trugen: »Mein Ende ist mein Anfang.« Maria Stuart, die Königin von Schottland, trug beispielsweise einen solchen Ring.

Mithras in seiner löwenköpfigen Gestalt war ein Symbol der Ewigkeit. Diese Form der Darstellung scheint von der ägyptischen Kunst beeinflußt worden zu sein, und man hat sogar die Vermutung geäußert, daß sie den Bandagen der Mumien nachempfunden sei.[47] In Ägypten wurde der Gott der ewigen Zeit wahrscheinlich mit Osiris identifiziert. In manchen Darstellungen, so zum Beispiel im *Totenbuch*, sieht man den Phönix aus Osiris emporsteigen.[48] Auch im Zusammenhang mit Mithras findet man gelegentlich Abbildungen von Phönix. Da die ägyptische Theologie im römischen Kaiserreich recht einflußreich war, glaubt M. J. Vermaseren, daß weder Persien noch Ägypten allein den Kult des löwenköpfigen Mithras ins Leben riefen. Vielmehr sei es auf das hellenistische Zeitalter im allgemeinen zurückzuführen, das von Ägypten in nicht unerheblichem Maße mitgeprägt wurde, daß sich eine konkrete Darstellung des abstrakten Begriffs der Ewigkeit herausbildete.[49]

Abgesehen von den verschiedenen Religionen östlichen Ursprungs, die in Rom während des 2. und 3. Jahrhunderts n. Chr. verbreitet waren, gab es auch ein Wiederaufleben philosophischer Spekulation. Da diese an die Gedanken Platons anknüpfte, wurde sie als Neuplatonismus bezeichnet. Die herausragendste Figur dieser Schule war Plotin (ca. 205-270), der in Ägypten geboren wurde und im Jahre 244 nach Rom übersiedelte. In seiner Philosophie ist die Wirklichkeit die durch die Vernunft betrachtete geistige Welt, während die stoffliche Welt nur ein Behälter für die ihr von der Weltseele auferlegten idealen Formen ist. Der siebte Teil seiner dritten *Enneade* (»Über Zeit und Ewigkeit«) kann als ein Nachsinnen über Platons Werk *Timaios* betrachtet werden, insbesondere als ein Nachsinnen über jene Passage (37-8), die sich mit der Zeit und der Erschaffung der Welt befaßt.[50] Plotin glaubte, daß der Ursprung der Zeit im Leben der Weltseele liege. Die Frage, ob Zeit überhaupt existieren könne, wenn es keine »Seele« (oder keinen Geist) gebe, um sie wahrzunehmen, war von Aristoteles aufgeworfen, jedoch nicht beantwortet worden. Seine Definition von Zeit als ein »Zählen« von Bewegung und Veränderung in bezug auf ein vorher und nachher scheint allerdings die Existenz einer schauenden und messenden »Seele« vorauszusetzen. Die meisten Philosophen des klassischen Altertums betrachteten die Welt als belebt und göttlich. Im Gegensatz zu den Christen, denen eine solche Sichtweise aufgrund ihrer Ablehnung des Pantheismus fremd war, konnten sie sich also durchaus eine die Zeit messende Weltseele vorstellen, und dies war in der Tat die Antwort, die Plotin auf die Frage des Aristoteles gab.

Plotin ging außerdem über Platon hinaus, indem er dessen berühmte Metapher, die Zeit sei das bewegte Abbild der Ewigkeit, modifizierte. Anstatt wie Platon die Ähnlichkeit zwischen Zeit und Ewigkeit zu betonen, ging es ihm darum, die Unterschiede herauszustellen. Nach Plotins Ansicht folgte aus der Tatsache, daß ein Ding aus einem anderen hervorging, notwendigerweise, daß sie verschieden sind, obwohl gleichzeitig alles, was existiert, seiner Ursache gleichen müsse. Plotin, der einen hierarchischen Standpunkt vertrat und es vorzog, von »Leben« statt von »Bewegung« zu sprechen, betrachtete die Zeit als eine Mittlerin zwischen der Ewigkeit (oder der höheren Seele, die die Ewigkeit schaut) und der Bewegung des Universums, die die Zeit als das »Leben« (oder die schöpferische Kraft) der »Seele« offenbart.[51] Obwohl Plotin kein Christ war, gilt er, insbesondere aufgrund seines psychologisch geprägten Zeitverständnisses, in mancher Beziehung als ein Vorläufer des Heiligen Augustinus.

Im frühen 4. Jahrhundert endeten die ständig aufflackernden Auseinandersetzungen zwischen dem römischen Staat und der christlichen Kirche mit dem Sieg der letzteren, was zum Teil auf die Tatsache zurückzuführen ist, daß Rom in der Mitte des 3. Jahrhunderts durch wiederholte militärische Aufstände geschwächt worden war. Zwei überaus bedeutsame Ereignisse trugen dazu bei, die Schicksale der beiden Kontrahenten zu besiegeln. Zum einen wurde die Hauptstadt des römischen Reiches nach Byzanz verlegt, das in Konstantinopel umbenannt wurde, zum anderen stieg das Christentum zur Staatsreligion auf. Konstantin (ca. 288-335) war in jüngeren Jahren zunächst ein Anhänger des Herkules- und später des Sol Invictus-Kults gewesen. Sein Übertritt zum Christentum markiert einen Wendepunkt in der Geschichte Europas und der Kirche. Das Monogramm Christi, »Chi-Rho«, erscheint auf den konstantinischen Münzen erstmals im Jahre 315. Etwa um diese Zeit nahm allmählich auch im Westen die Bedeutung des Bischofs von Rom zu, was seine Ursache auch darin hatte, daß der Kaiser nicht mehr in der alten Hauptstadt lebte.

Während dem Augustus in den Werken des Dichters Vergil gehuldigt wurde, lebt Konstantin in den Schriften des Kirchenpolitikers und -historikers Eusebios fort. Dieser bedeutende Mann, der während der Sitzungen des ersten Konzils von Nikäa an Konstantins rechter Seite saß, übte einen entscheidenden Einfluß auf das erste offizielle Glaubensbekenntnis und die Disziplin der Römischen Kirche aus. Konstantin wurde zum Kaiser von Gottes Gnaden erklärt. »Durch seine Bereitschaft, den Titel eines Gottes gegen den eines Stellvertreters von Gott einzutauschen, hatte er letztendlich gewonnen und nicht verloren.« [52] Noch im selben Jahrhundert spaltete sich das Römische Reich in einen östlichen und einen westlichen Teil. Dies führte dazu, daß das von feindlichen Eindringlingen wesentlich stärker bedrohte Westreich nicht mehr auf die Streitkräfte des östlichen Reiches zurückgreifen konnte. Nachdem Honorius, der Herrscher des westlichen Reiches, dem westgotischen König Alarich, dessen Reich im Osten von den Hunnen bedrängt wurde, die Provinz Noricum (Südösterreich) verweigert hatte, marschierte dieser mit seinen Truppen gegen Rom und plünderte die »Ewige Stadt« im Jahre 410. Diese unvorstellbare Katastrophe erschütterte das Kaiserreich zutiefst und veranlaßte den Bischof Augustinus von Hippo (bei Karthago) wenig später zu seinem großen Werk *De civitate Dei (Über den Gottesstaat)*, das die erste philosophische Geschichtsbetrachtung darstellt. Mit dieser Abhandlung wollte Augustinus von Hippo die Behauptung widerlegen, die Plünderung Roms sei als eine Strafe dafür anzusehen, daß die Bürger ihre traditionellen heidnischen Götter aufgegeben hätten.

Wie Paulus von Tarsus war auch Augustinus von Hippo über den Manichäismus und den Neuplatonismus zum Christentum gelangt. Seine *Confessiones (Bekenntnisse)*, die er kurz vor dem Fall Roms schrieb, sind ein viel ursprünglicheres Stück Literatur als die mehr als ein Jahrtausend danach entstandenen *Bekenntnisse* Rousseaus. Sie sind die erste wirkliche Autobiographie. William James nannte den Heiligen Augustinus deshalb »den ersten modernen Menschen«, obschon er vor so langer Zeit lebte. In den *Bekenntnissen* legt Augustinus Zeugnis ab über seinen Lebensweg, seine Bekehrung zum Christentum und seine Auseinandersetzung mit gegensätzlichen Lehren.

Auch nachdem Augustinus längst nicht mehr zu den Neuplatonikern zählte, beeinflußten ihn die philosophischen Vorstellungen Platons, insbesondere jene bezüglich der Zeit, weiterhin. Wie Platon glaubte er, daß die Begriffe von Raum und Zeit untrennbar miteinander verwoben seien, ja daß jedes für das andere von wesentlicher Bedeutung sei. So vertrat er in seinem Werk *Über den Gottesstaat* (XI. 5, 6; XII. 16) die Ansicht, daß Zeit nicht existieren könne, solange es keine Ereignisse gebe, und in seinen *Bekenntnissen* (XI. 12,14) antwortete er auf die Frage, was Gott getan habe, bevor er Himmel und Erde erschuf, das folgende: »Ich antworte nicht mit dem Spaßwort, das einer, der Wucht der Frage ausweichend, erwidert haben soll: ›Er hat Höllen hergerichtet für Leute, die so hohe Geheimnisse ergründen wollen‹.« In beiden Werken war Augustinus leidenschaftlich darum bemüht, das Wesen der Zeit zu begreifen, wobei er zyklische Geschichtstheorien vehement ablehnte. Im *Gottesstaat* (XII., 14) schrieb er:

»So also rechnen diese Philosophen mit Zeitumläufen, in denen sich in der Natur der Dinge das Gleiche immer wieder erneuert und wiederholt habe, und so auch fürderhin und ohne Unterlaß der Ring der Welten, wie sie kommen und vergehen, sich schließen müsse; [...] Und von diesem Spiel vermögen sie nicht einmal die unsterbliche Seele auszunehmen, selbst wenn sie schon die Weisheit gekostet: als laufe sie ohn Unterlaß zur falschen Seligkeit und laufe von ihr wieder ohn Unterlaß zurück ins echte Elend. [...] So ließen sich dann doch die Zeitumläufe, so seltsam falsch, von falschen, trügerischen Weisen ausgedacht, vermeiden, auf gradem Weg und in gesunder Lehre.«

Wie Plotin beschäftigte sich auch Augustinus kritisch mit der aristotelischen Zeitvorstellung, etwa im XI. Buch seiner *Bekenntnisse*. Seiner Ansicht nach mußten Zeit und Bewegung sorgfältiger voneinander getrennt werden, als dies bei Aristoteles geschah. Insbesondere lehnte er es ab, Zeit mit der Bewegung der Gestirne zu verknüpfen, da Zeit auch dann noch existiere, wenn zwar das Firmament sich nicht mehr bewege, aber eine Töpferscheibe sich weiterhin drehen sollte. Jede Umdrehung der Scheibe würde nämlich eine gewisse Zeitspanne in Anspruch nehmen, und innerhalb der Zeiteinheit, die wir einen Tag nennen, würde eine gewisse Anzahl dieser Umdrehungen stattfinden, auch wenn die Bewegung der Sonne aufgehört habe. Weiter argumentierte er, daß ein Körper, der sich manchmal in Ruhe und dann wieder in Bewegung befinde, sowohl in seinen Ruhephasen wie auch in den Phasen seiner Bewegung in Zeiteinheiten gemessen würde.

Anstatt wie Aristoteles Zeit und Bewegung zu verknüpfen und die gleichförmige tägliche Drehung des Firmaments als die Grundlage der Zeit anzusehen, berief sich Augustinus — anders als Plotin, der in diesem Zusammenhang den Begriff der Weltseele einführte — auf den menschlichen Geist als den letztlichen Ursprung und Maßstab von Zeit. Während Aristoteles den geistigen Prozeß der Zeitwahrnehmung nicht hinterfragte, da er annahm, daß unser Geist notwendigerweise die Zeit des physikalischen Universums akzeptieren müsse, sah Augustinus den menschlichen Geist als Grundlage der Zeitmessung an. Er untersuchte das Problem der Zeitmessung bei einem einzelnen von der menschlichen Stimme erzeugten Laut. Natürlich können wir die Dauer eines Lautes nicht messen, bevor er hervorgebracht wird. Wie können wir ihn andererseits messen, nachdem er verklungen ist, da er dann ja bereits nicht mehr existiert? Auch in der Gegenwart können wir ihn nicht messen, wenn wir die Gegenwart als einen unteilbaren Augenblick ohne Dauer betrachten. Augustinus gelangte zu der Schlußfolgerung, daß wir Zeit nur messen können, wenn unser Geist die Fähigkeit besitzt, den Eindruck, den Ereignisse auf uns machen, auch dann noch zu bewahren, wenn sie vergangen sind. Anders ausgedrückt, wir messen nicht die Geschehnisse selbst, sondern das, was in unserem Gedächtnis haften bleibt. Wir messen den Eindruck, den vorübergehende Ereignisse in unserem Geist hinterlassen, denn nur dies bleibt, nachdem die Ereignisse vergangen sind. Der Geist hat die Macht, sich mittels Voraussicht in die Zukunft und mittels Gedächtnis in die Vergangenheit zu erstrekken. In der Gegenwart gibt es nur die Aufmerksamkeit der Seele, mittels derer Zukünftiges Vergangenheit wird. Erst wenn durch die stetige Minderung der Zukunft des Lautes dieser vollständig der Vergangenheit angehört, kann der Geist ihn mit Hilfe eines vorgefaßten Maßstabs messen. Augustinus erklärte nicht, wie der Geist äußere Ereignisse zeitlich genau erfassen könne, doch als einer der Wegbereiter einer psychologischen Zeitauffassung hat er das Verständnis unseres Zeitsinnes entscheidend mitbeeinflußt.

Während die meisten Griechen und Römer, ob sie nun einer zyklischen Zeitauffassung anhingen oder nicht, Vergangenheit und Gegenwart als die wichtigsten Aspekte von Zeit betrachteten, lenkte das Christentum die Aufmerksamkeit des Menschen auf die Zukunft. Mit den Worten des Philosophen Erich Frank: »Mit dem Christentum erwarb der Mensch jedoch ein neues Verständnis der Zeit.«[53] Die zukunftsorientierte christliche Zeitauffassung, wie sie Augustinus vertrat, unterschied sich wesentlich von den im klassischen Altertum verbreiteten Auffassungen von Zeit. Zeit war nach Ansicht von Augustinus weder ein zyklisches Geschehen noch würde sie unendlich weitergehen, ohne daß etwas wesentlich Neues geschähe. John Baillie hat darauf hingewiesen, daß Augustinus in seiner ausführlichen Kritik zyklischer Zeitauffassungen sehr darum bemüht war, die Schöpfungslehre zu verteidigen, insbesondere den sich daraus ergebenden Aspekt, daß aufgrund der schöpferischen Macht Gottes der Lauf der Geschichte durch das Auftreten wahrhaft *neuer* Phänomene gekennzeichnet sei.[54]

Will man die Bedeutung des Heiligen Augustinus für die Entwicklung der christlichen Zeitauffassung ermessen, vergleicht man am besten seine Schriften mit dem Neuen Testament. Olaf Pedersen hat kürzlich auf die völlige Gleichgültigkeit aufmerksam gemacht, die Paulus der Zeit und zeitlicher Abfolge entgegenbrachte. Dies äußerte sich zum Beispiel darin, daß er seine Briefe nicht datierte.[55] Vermutlich war dieses vollkommene Desinteresse an der Zeit eine Folge seiner Überzeugung, die er mit anderen frühen Christen teilte, daß nämlich die Wiederkehr Christi unmittelbar bevorstünde (*Brief an die Römer* 13, 11-12). Für die Christen begann die Zeit mit der Schöpfung und würde mit der Wiederkehr Christi enden. Die Weltgeschichte wurde durch diese zwei Ereignisse begrenzt. Die Verbreitung dieses Glaubens kennzeichnet die Schwelle zwischen der Weltanschauung der klassischen Antike und der des Mittelalters. »Unsere moderne Geschichtsauffassung, wie rationalisiert und säkularisiert sie auch immer sein mag, hat ihre eigene Wurzel in der Vorstellung geschichtlicher Zeit, die vom Christentum eingeführt wurde.« [56]

Obwohl unsere moderne zeitliche Orientierung auf das Christentum zurückgeht, haben wir die Form unseres Kalenders und die Konventionen der Zeitrechnung hauptsächlich von den Römern übernommen. Vor Julius Cäsar waren die Errungenschaften der Römer in der Chronometrie jedoch alles andere als beeindruckend. Als zum Beispiel während des Ersten Punischen Krieges im Jahre 263 v. Chr. in Rom die erste Sonnenuhr aus Sizilien auf dem Forum Romanum aufgestellt wurde, ging diese sehr ungenau, da sie die Zeit ihres Herkunftsortes anzeigte, welcher mehr als vier Grad südlicher lag. Erst im Jahr 164 v. Chr., fast ein Jahrhundert später, wurde in Rom eine öffentliche Sonnenuhr errichtet, die der richtigen geographischen Breite entsprach. Eine öffentliche Wasseruhr erhielt Rom im Jahre 158 v. Chr. von Scipio Nasica. Die Verwendung von Uhren in römischen Gerichtssälen, eine Praktik, die von den Griechen übernommen wurde, führte manch skrupellosen Rechtsanwalt dazu, den für die Wasseruhr zuständigen Bediensteten zu bestechen, so daß er die Wasserzufuhr zu seinen Gunsten regulierte. Von Cäsar erfahren wir, daß Wasseruhren auch in Heerlagern verwendet wurden, um die Zeit der Nachtwachen zu bestimmen (*De bello Gallico*, V. 13). Dem Heiligen Markus zufolge (13:35) gab es vier Nachtwachen: abends, um Mitternacht, beim ersten Hahnenschrei und morgens.

Der Dichter Juvenal (ca. 50-130 n. Chr.), der in der römischen Kaiserzeit lebte, berichtet, daß die wohlhabenderen Mitglieder der oberen Gesellschaftsschichten private Wasseruhren besaßen, die von besonderen Sklaven gewartet und abgelesen wurden. Uhren stiegen somit zu einer Art Statussymbol auf. Ein Beispiel dafür liefert *Das*

108

Gastmahl des Trimalchio von Petronius, wo Trimalchio eine wunderschöne Uhr in seinem Speisesaal stehen hat. Trotzdem führten das System der ungleichen Stunden und die relative Ungenauigkeit römischer Uhren dazu, daß Seneca in seinem Werk *Apocolocyntosis*, (II. 2-3) die Unmöglichkeit beklagte, die genaue Uhrzeit zu erhalten, denn »eher werden noch die Philosophen übereinstimmen als die Uhren«.

Unser heutiger Kalender geht auf den von Julius Cäsar am 1. Januar 45 v. Chr. eingeführten und nach ihm benannten Julianischen Kalender zurück (siehe Anhang 1). Vor Einführung dieser Zeitrechnung hatten die Römer versucht, ihren bürgerlichen Kalender, der wie viele antike Kalender auf dem Mond beruhte, durch das Einschieben eines zusätzlichen Monats alle zwei Jahre an das durch die Sonne bestimmte astronomische Jahr anzupassen. Da die Länge des Schaltmonats nicht genau festgelegt war, blieb die Entscheidung darüber dem obersten Priester, dem Pontifex Maximus, überlassen, der seine Macht jedoch häufig für politische Zwecke mißbrauchte. Indem er die Anzahl der Tage des Schaltmonats manipulierte, konnte er die Amtszeit eines Regenten verlängern oder eine Wahl beschleunigen, so daß das bürgerliche Jahr zur Zeit Cäsars um etwa drei Monate vom astronomischen Jahr abwich, der Winter also in den Herbst und die Frühjahrs-Tagundnachtgleiche in den Winter fiel.

Um diese Abweichung zu korrigieren, ordnete Cäsar auf Anraten des griechischen Astronomen Sosigenes an, das Jahr 46 v. Chr. auf 445 Tage auszudehnen. Obwohl dieses Jahr »das Jahr der Verwirrung« genannt wurde, bestand sein Ziel doch vielmehr darin, die Verwirrung zu beheben. Außerdem befahl Cäsar, das Mondjahr und die Schaltmonate abzuschaffen und statt dessen einen Kalender einzuführen, der ausschließlich auf der Sonne beruhte. Er setzte das wahre Jahr mit 365,25 Tagen an und führte alle vier Jahre ein Schaltjahr von 366 Tagen ein, so daß das gewöhnliche Jahr 365 Tage zählte. Auf seine Anordnung besaßen die Monate Januar, März, Mai, Juli, September und November jeweils 31 Tage, während die übrigen Monate 30 Tage hatten. Eine Ausnahme bildete nur der Februar, der normalerweise 29, in Schaltjahren 30 Tage zählte. Leider kam es im Jahre 7 n. Chr. zu einer Modifizierung dieser gelungenen Regelung,

der August

da der Monat Sextilis zu Ehren des Kaisers Augustus, der diesen für
seinen Glücksmonat hielt, umbenannt wurde. Natürlich mußte der
Monat August nun die gleiche Anzahl von Tagen erhalten wie der
vorangehende Monat Juli, den Mark Anton nach Augustus' ermor-
detem Großonkel, Julius Cäsar, benannt hatte. Aus diesem Grund
wurde dem Februar ein Tag weggenommen und dem August hinzugefügt. Um zu vermeiden, daß drei Monate hintereinander 31 Tage
besaßen, wurden September und November um jeweils einen Tag ge-
kürzt, während Oktober und Dezember jeweils einen Tag hinzuer-
hielten. So wurde also, um den ersten römischen Kaiser zu ehren,
eine systematische Vereinbarung zugunsten eines unlogischen Flick-
werks aufgegeben. Obwohl sich viele Menschen mit diesem System
etwas schwer tun, hat es sich doch im Laufe von zwei Jahrtausenden
erfolgreich über den größten Teil der Welt verbreitet.

Ursprünglich begann der römische Kalender im Frühjahr, am 1.
März, was sich noch heute in den Monatsnamen von September bis
Dezember zeigt, jedoch traten die für ein Jahr gewählten Konsuln
seit 153 v. Chr. ihr Amt am 1. Januar an, so daß der Beginn des römischen Jahres auf diesen Tag gelegt wurde. Aufgrund der traditionell
mit diesem Datum verbundenen Feierlichkeiten hielt die Kirche diese
Wahl später für heidnisch. Sie zog es statt dessen vor, das neue Jahr
mit dem 25. März (Mariä Verkündigung), zu beginnen, obwohl diese
Regelung keineswegs allgemein anerkannt wurde. (Die Astronomen
behielten in der Regel den 1. Januar als Jahresbeginn bei. Insgesamt
läßt sich sagen, daß die Geschichte des bürgerlichen Neujahrs überaus kompliziert ist.[57] In Venedig beispielsweise begann das Jahr bis
zum Sturz der Republik 1797 mit dem 1. März.) Im Jahre 312 n. Chr.
führte Kaiser Konstantin zu Steuerzwecken die sogenannten »Indik-
tionszyklen« von fünfzehn Jahren ein, was dazu führte, daß das
byzantinische Neujahr auf den 1. September festgelegt wurde, den
Tag, mit dem jedes Jahr eines Indiktionszyklus begann. Im Abendland erfreuten sich diese Steuerzyklen noch im Mittelalter großer Beliebtheit und wurden sogar vom höchsten Gericht des Heiligen Römischen Reiches bis zu seiner Abschaffung durch Napoleon im Jahre
1806 verwendet.

Die Römer zählten die Jahre nach einer einzigen Epoche; eine Methode, die von Seleukos I., dem hellenistischen Herrscher Babyloniens, im Jahr 312/311 v.Chr. eingeführt worden war. Im folgenden Jahrhundert begann man in Griechenland damit, die erste Olympiade im Jahre 776 v.Chr. als den Ausgangspunkt der Zeitrechnung anzunehmen und alle Ereignisse nach den aufeinanderfolgenden Olympiaden zu datieren. Entwickelt wurde dieses System entweder von dem Geschichtsschreiber Timaios von Sizilien oder von Eratosthenes, dem berühmten Bibliothekar des Museums von Alexandrien, zu dessen Leistungen es u.a. gehört, den Erdumfang recht genau bestimmt zu haben. Dieses System bildete in der Folgezeit die Grundlage der griechischen Zeitrechnung. Das römische System der Datierung *ab urbe condita* (d.h. seit der Gründung Roms) wurde von Varro im 1. Jahrhundert v.Chr. eingeführt und beruhte auf dem Datum, an dem der Sage nach Rom gegründet wurde. Obwohl dieses System im Jahre 46 v.Chr. von Julius Cäsar festgeschrieben wurde und weite Verbreitung fand, war es doch ungewiß, welche Beziehung zwischen den Daten römischer und denen griechischer Zeitrechnung bestand.[58] Dem Geschichtsschreiber Polybios zufolge wurde Rom zur Zeit der Olympiade von 750 v.Chr. gegründet. Doch gibt es auch andere Angaben. So wurde zum Beispiel in der Zeit des Augustus eine Liste der Magistrate der römischen Republik erstellt, derzufolge die Gründung Roms 752 v.Chr. stattfand. Allgemeine Anerkennung fand im Laufe der Zeit das ursprünglich von Varro (116-27 v.Chr.) vorgeschlagene Jahr 753 v.Chr. Traditionell wurde der Geburtstag Roms am 21. April, dem Tag des Pariliafestes, begangen. An jenem Tag im Jahr 247 n.Chr. feierte Rom also sein tausendjähriges Bestehen. Aus diesem Anlaß wurden Münzen geprägt, die die berühmte Aufschrift »Roma aeterna« trugen — »Rom, die ewige Stadt«.

Eine der aus der römischen Kaiserzeit erhaltenen Konventionen der Zeiteinteilung ist die Siebentagewoche. Ihr Ursprung kann bis zu den Sumerern und Babyloniern zurückverfolgt werden. Auch die Juden verwendeten eine siebentägige Woche (siehe S. 93), während die Griechen den Monat in drei Teile à zehn Tage unterteilten. Ursprünglich gliederten die Römer den Monat nach einem sehr komplizierten System. Es gab die Kalenden (hiervon leitet sich unser heutiges Wort Kalender ab), dies war der jeweils erste Tag eines Monats, die Iden, der jeweils fünfzehnte Tag der Monate März, Mai, Juli und Oktober und der jeweils dreizehnte Tag der übrigen Monate, sowie die Nonen, die jeweils acht Tage vor den Iden lagen. Ursprünglich waren die Kalenden die Tage des Neumonds und die Iden die Tage des Vollmonds. Das Jahr war in zehn Monate unterteilt, von März bis Dezember, wobei die Zeit von Mitte des Winters bis Frühjahrsbeginn ausgelassen wurde, da in dieser Zeit wenig landwirtschaftliche Arbeiten anfielen. Später unterteilte man diese Periode in die Monate Januar und Februar. In der Frühzeit Roms kannte man in der Tageslichtperiode nur drei Zeitangaben: Sonnenaufgang, Mittag und Sonnenuntergang. Die Nacht war hingegen in vier *vigilae* (Wachen) aufgeteilt, ein Brauch, der vermutlich militärischen Ursprungs war. Die Tage wurden jeweils von den Kalenden, Nonen oder Iden rückwärts gezählt. Dabei wurde sowohl der Tag, der als Ausgangspunkt diente, wie auch der Tag, den man bezeichnen wollte, in die Zählung eingeschlossen. Der 2. Januar wurde beispielsweise wie folgt bezeichnet: *ante diem IV Non. Jan.* Die Nonen erhielten ihren Namen, weil sie »neun« Tage vor den Iden lagen. Die Tage nach den Iden wurden als Tage *vor* den Kalenden des folgenden Monats gerechnet. In Westeuropa verwendete man dieses System sogar noch bis in das 16. Jahrhundert! [59]

Unter dem zunehmenden Einfluß der Astrologie wurde es in der Kaiserzeit üblich, die sieben Tage der Woche nach ihren jeweiligen »Planeten« zu benennen. [60] Inschriften, die man in Pompeji fand, bezeichnen die »Tage der Götter«: Saturn, Sonne, Mond, Mars, Merkur, Jupiter und Venus. Diese Reihenfolge, die sich in unserer Bezeichnung der Wochentage widerspiegelt (z. B. im Französischen), scheint auf den ersten Blick keinen tieferen Sinn zu besitzen, da sie anscheinend nicht mit den Positionen zusammenhängt, die die »Planeten« in der präkopernikanischen Kosmologie relativ zur Erde einnahmen: Saturn, Jupiter, Mars, Sonne, Venus, Merkur, Mond. Sie erklärt sich aber folgendermaßen: Die Römer glaubten, daß die Planeten nicht nur die Tage der Woche, sondern auch die Stunden des

Tages beeinflußten. Jeder Tag war mit dem Planeten verknüpft, der seine erste Stunde bestimmte. Die erste Stunde des Samstags wurde von Saturn beherrscht, ebenso die achte, fünfzehnte und zweiundzwanzigste. Die dreiundzwanzigste Stunde wurde Jupiter zugeordnet, die vierundzwanzigste Mars und die erste Stunde des nächsten Tages der Sonne, die folglich den Sonntag beherrschte. So wurde die gesamte Woche unterteilt. Dies erklärt übrigens auch, warum es seit dem 3. Jahrhundert n. Chr. üblich wurde, bei wichtigen Daten den Wochentag mit anzugeben.[61]

Aufgrund der Verwurzelung ihrer Religion im Judentum hielten die Christen zunächst an der jüdischen siebentägigen Woche fest, in der die Tage, mit Ausnahme des Sabbats, numeriert, aber nicht mit eigenen Namen bezeichnet wurden. Im Laufe der Zeit machte sich jedoch allmählich der Einfluß der zum Christentum bekehrten Heiden bemerkbar. Die Bedeutung der Astrologie wuchs, und so kam es, daß die Christen schließlich die planetarische Woche übernahmen. Unterdessen hatte jedoch unter dem Einfluß des Mithraskults der *Dies Solis* (der Sonnen-Tag) den *Dies Saturnis* (Saturn-Tag oder Samstag) als den ersten Tag der Woche ersetzt. Diese Änderung fand bei den Christen großen Anklang, da sie ohnehin seit langem den Sonntag, den Tag des Herrn (*Dies Dominica*), an dem Christus von den Toten auferstanden war — und nicht den hebräischen Sabbat —, als den ersten Tag der Woche gefeiert hatten. Die planetarische Woche wurde offiziell im Jahre 321 n. Chr. von Kaiser Konstantin eingeführt, der ebenfalls die christliche Sitte befolgte und anstelle des Samstags den Sonntag als den ersten Tag der Woche ansah. Feierlich erließ er das Dekret, daß alle Magistrate, Bürger und Handwerker »an dem ehrwürdigen Tag der Sonne« von ihren Arbeiten ruhen sollten und erlaubte nur eine einzige Ausnahme: die Feldarbeit. Bereits im 1. Jahrhundert n. Chr. hatte die römische Gesellschaft unter dem Einfluß des Judentums einen wöchentlichen Ruhetag eingeführt. Damit unterschied sie sich wesentlich von der hellenistischen Gesellschaft, in der es außer zu besonderen Gelegenheiten wie etwa dem Ehrentag Apollos oder Poseidons keine eigentlichen Ferienperioden und auch keinen wöchentlichen Ruhetag gab.[62] Tertullian (ca. 155-

222) war der erste Kirchenvater, der erklärte, daß sich die Christen am Sonntag aller weltlichen Pflichten und Beschäftigungen enthalten sollten, damit der Teufel keinen Gefallen an ihnen finde.

Nach dem, was wir heute wissen, wurde Weihnachten im römischen Kalender erstmals im Jahre 354 erwähnt. Vorher hatte man den 6. Januar als das Fest der Erscheinung des Herrn bzw. als den Jahrestag der Taufe Christi begangen, von der man annahm, daß sie an seinem dreißigsten Geburtstag stattfand. Die Wahl ausgerechnet dieses Datums geht auf die gnostischen Christen Ägyptens zurück, die mit diesem Tag auch die traditionelle Segnung des Nils verbanden. Das Fest der Geburt Christi wurde für die Kirche erst bedeutsam, als die Kindtaufe allmählich die Erwachsenentaufe ersetzte und man zu dem Glauben gelangte, daß Christus nicht erst durch die Taufe, sondern bereits bei seiner Geburt von göttlichem Wesen war. Folglich betrachtete man Weihnachten etwa seit dem Jahre 400 als einen bedeutsamen Tag im christlichen Jahr. Der 25. Dezember wurde gewählt, um das große heidnische Fest der Sonnenwende zu verdrängen.

Gegen Ende des 4. Jahrhunderts setzte der letzte große Kaiser des römischen Westreiches, der aus Spanien stammende Theodosius, den heidnischen römischen Kalender mit seinem Wirrwarr verschiedener Festtage offiziell außer Kraft. Er durchtrennte damit eine der engsten Verbindungen, die das römische Volk zu seiner Vergangenheit besaß und schuf so die Voraussetzung dafür, daß die europäische Welt einen auf dem christlichen Jahr beruhenden einheitlichen Kalender besitzt, der den Bedürfnissen einer universalen Gesellschaft gerecht wird. Im Jahre 386 bekräftigte er seinen Erlaß und verhängte harte Sanktionen gegen jene, die den Tag des Herrn entweihten. [63] Die Ansicht, daß der Tag des Herrn im wesentlichen dem jüdischen Sabbat entspreche, der als ein Tag der Tabus vom siebten auf den ersten Tag der Woche verlegt worden sei, spiegelt sich gelegentlich in der mittelalterlichen Gesetzgebung und Theologie wider. Ihren Höhepunkt fand diese Auffassung in den Exzessen des englischen und schottischen Puritanismus, der eine strikte Einhaltung der Sabbatruhe forderte, sowie in der Sonntagsgesetzgebung, die allerdings nach dem Ersten Weltkrieg weitgehend gelockert wurde.

114

Das Osterfest wurde in Rom um das Jahr 160 eingeführt und wie in Alexandrien an dem Sonntag gefeiert, der dem hebräischen Passahfest folgte. Dieses fand in der Regel an dem Sonntag nach dem ersten Frühlingsvollmond statt. Die von Kyrill von Alexandria (376- 444) erstellten Ostertafeln bezogen sich auf einen Zeitraum, der mit dem Kaiser Diokletian und seiner Christenverfolgung im Jahre 284 n. Chr. begann. Als jedoch im Jahr 525 ein in Rom lebender skythischer Mönch namens Dionysius Exiguus von Papst Johannes I. beauftragt wurde, die Tafeln des Kyrill fortzusetzen, fand dieser es höchst unangemessen, die Zählung der Jahre mit der Herrschaft eines Feindes des Christentums zu beginnen. Statt dessen beschloß er, als Grundlage der Datierung die Geburt Christi anzunehmen.[64] Astronomische Anhaltspunkte deuten darauf hin, daß dieses Ereignis in der ersten Hälfte des Jahres 5 v. Chr. anzusiedeln ist. (Die Astronomen rechnen im Gegensatz zu Historikern und Chronologen mit einem Jahr 0.) Obwohl das System des Dionysius der heute verwendeten Zeitrechnung »nach Christi Geburt« zugrunde liegt, wurde es zunächst mehr als zweihundert Jahre lang überhaupt nicht beachtet. Das älteste bekannte Werk, dem es schließlich als Grundlage diente, war Bedas *Kirchengeschichte der Angelsachsen*, das im frühen 8. Jahrhundert entstand. Die Datierungsmethode, die sich auf die Zeit »vor Christi« erstreckt, wurde von Beda gelegentlich verwendet, fiel jedoch nach ihm bis ins 15. Jahrhundert in Vergessenheit. Allgemeinere Verbreitung fand diese Datierung erst in der späten Hälfte des 17. Jahrhunderts.

5

Der Zeitbegriff im Mittelalter

Das mittelalterliche Europa

Im Jahre 430 belagerten die Wandalen, die das Mittelmeer erst wenige Jahre zuvor überquert hatten, die Stadtmauern von Augustinus' Heimatstadt, in der dieser im Sterben lag. Dies kann als ein symbolhaftes Ereignis betrachtet werden. Denn in seiner Blütezeit, insbesondere in der Epoche der Antoninen im 2. Jahrhundert n. Chr., war das Römische Reich vor allem eine städtische Zivilisation gewesen. Seine Städte unterschieden sich beträchtlich von den eher zufälligen Konstruktionen des mittelalterlichen Europas. Im Gegensatz zu diesen wurden sie sorgfältig geplant, wobei die Straßen in einem rechtwinkligen Netz angelegt waren wie in den großen Städten hellenistischer Zeit, zum Beispiel Alexandria und Antiochia. Der Verfall des Römischen Reiches zeigte sich am deutlichsten im Niedergang der Städte und in der zunehmenden Verländlichung, ein Prozeß, der hauptsächlich die nördlichen und westlichen Provinzen betraf. Schon immer hatten diese das Römische Reich eher belastet, im Gegensatz zu den Süd- und Ostprovinzen, die den Wohlstand des Reiches mehrten und bedeutende kulturelle Zentren darstellten. Afrika beispielsweise belieferte Rom mit zwei Dritteln seines Getreidebedarfs.

Es wurde in riesigen Schiffen transportiert, die wohl zu den beeindruckendsten Anblicken des Altertums gehört haben müssen. Die Nord- und Westprovinzen dagegen waren vergleichsweise wenig entwickelt und ihre wichtigsten Städte wie etwa Segovia, Arles, York und Köln dienten in erster Linie als militärische Stützpunkte.

Eine Ursache für den Niedergang des Römischen Reiches bildeten die häufigen Angriffe durch barbarische Völkerstämme. Zwar war es den beiden großen byzantinischen Generälen Belisar und Narses unter Kaiser Justinian im 6. Jahrhundert gelungen, große Teile des ehemaligen Westreiches zurückzuerobern, so daß das Mittelmeer für eine kurze Zeit wieder zu einem römischen Binnensee wurde, doch sah sich Europa im folgenden Jahrhundert einem gefährlichen Feind gegenüber. Fanatische Krieger, angespornt durch eine neue und kämpferische Religion, den Islam, führten den endgültigen Bruch zwischen Ost und West herbei. Um das Jahr 700 gab es in Westeuropa nur noch einige wenige Zentren der Gelehrsamkeit in Klöstern so abgelegener Gegenden wie Irland und Northumbrien. In einem dieser Klöster, das um 682 in Jarrow von Benedict Biscop, einem wohlhabenden northumbrischen Adligen und späteren Mönch, gegründet wurde, finden wir »den ersten wissenschaftlichen Geist, der von den germanischen Völkern Europas hervorgebracht wurde.«[1]

Beda Venerabilis (673-735), ein benediktinischer Mönch, verbrachte den größten Teil seines Lebens in Jarrow, wo er sich dem Gebet, dem Studium und dem Unterrichten der lateinischen, griechischen und hebräischen Sprache widmete. Er wurde von dem Heiligen Johannes von Beverley zum Priester geweiht und erhielt den Titel »Venerabilis«, der Ehrwürdige, ein Beiname, der unter Mönchen eine seltene Auszeichnung bedeutete, jedoch die gewöhnliche Anredeform für einen Priester jener Zeit darstellte. Als ein ungemein begabter Gelehrter erhielt Beda die einmalige Gelegenheit, seine Fähigkeiten zu entwickeln, da es Biscop gelungen war, in Süditalien etwa 200 bis 300 antike Bücher zu erwerben, die er dem Kloster in Jarrow vermachte. Darüber hinaus hatte Beda auch Zugang zu der Bibliothek des Bischofs Acca von Hexham.[2] Dies versetzte ihn in die Lage, die Literatur der Antike, darunter die Werke des Heiligen Augustinus und die wissenschaftlichen Abhandlungen Plinius des Älteren, zu studieren und ein für seine Zeit ungewöhnlich breites Wissen zu erwerben.

Beda hatte es sich zum wichtigsten Lebensziel gesetzt, sein Wissen in verständlicher Form an seine Zeitgenossen und Nachfahren weiterzugeben, und darin war er außerordentlich erfolgreich. Wie Sir Arthur Bryant anschaulich beschreibt: »Dieser große Mensch, der sein Leben der Gelehrsamkeit und der Arbeit weihte, der selbst noch in den Pausen zwischen Gebet und Unterricht unermüdlich schrieb, der steifgefroren manchmal kaum die Feder halten konnte, gehört zu den stolzen Erinnerungen Englands.«[3] Insgesamt verfaßte Beda 35 Werke, darunter 20 Kommentare zu Büchern der Bibel — etwa zum Zweiten Buch Mose, zum Buch der Sprichwörter etc. — sowie sechs Abhandlungen über die Chronologie. Sein berühmtestes Buch, *Die Kirchengeschichte der Angelsachsen*, stellt das erste in England geschriebene Werk zur Geschichte dar. In lateinischer Sprache verfaßt, wurde es gegen Ende des 9. Jahrhunderts von König Alfred dem Großen ins Englische übersetzt. Im Vergleich zur Kirchengeschichte des Eusebios, in der weltliche Angelegenheiten nicht sehr stark beachtet werden, behandelt Beda auch diese Aspekte ausführlich. Sein Werk stützt sich sowohl auf schriftliche Aufzeichnungen wie auf Erinnerungen seiner Zeitgenossen. Ein beträchtlicher Teil der mittelalterlichen Geschichtsschreibung beruht auf diesem Werk. Insbesondere beeinflußte Beda durch seinen Schüler Egbert, den späteren Erzbischof von York und Lehrer des Alkuin, die karolingische Renaissance des 9. Jahrhunderts. Alkuin gründete unter Karl dem Großen die fränkischen Schulen, die maßgeblich zur Verbreitung der Bildung auf dem europäischen Festland beitrugen.

Bedas Schriften sind für die Geschichte der Chronologie, die im Laufe des 7. Jahrhunderts bereits eine wichtige Rolle spielte, von großer Bedeutung. Obwohl Penda, der heidnische König von Mercia, im Jahr 655 im Kampf fiel und dadurch der Sieg des Christentums über das Heidentum besiegelt wurde, überschattete die Unstimmigkeit zwischen der Römischen und der Keltischen Kirche dieses bedeutsame Ereignis. Grund für die Verstimmung war die Festlegung des

Ostertermins. Die Regeln, nach denen wir heute den Ostertermin bestimmen (siehe Anhang 3) entsprechen der römischen Tradition, wonach das Osterfest am ersten Sonntag nach dem ersten Frühlingsvollmond gefeiert wird. Dieses Ereignis tritt gewöhnlich am 21. März oder kurz danach ein. Fällt der Vollmond auf einen Sonntag, so wird der Ostertag auf den folgenden Sonntag gelegt. Man wollte auf diese Weise verhindern, daß Ostern auf das jüdische Passahfest fiel. (Der Ausdruck »Vollmond« bezeichnet stets den vierzehnten Tag des Mondes gerechnet vom Zeitpunkt seines ersten Erscheinens.) Die Keltische Kirche, die im 6. Jahrhundert von Sankt Columban und anderen in Irland ausgebildeten Mönchen gegründet wurde, feierte Ostern wie die Römische Kirche stets an einem Sonntag; dadurch unterschied sie sich von den östlichen Kirchen. Aufgrund ihrer Abgelegenheit war es für die Keltische Kirche jedoch schwer, über alle in Rom gefaßten Beschlüsse, die Änderungen der Lehre oder sonstige Dinge betrafen, vollständig informiert zu sein. Im Gegensatz zum Bischof von Canterbury mißachtete sie deshalb jene römische Regelung, die sich auf den Fall bezog, daß der vierzehnte Tag des Mondes auf einen Sonntag fiel. Dies führte dazu, daß sich um die Mitte des 7. Jahrhunderts in Northumbrien ein Problem ganz besonderer Art ergab: Während nämlich König Oswy den Ostertermin nach keltischer Sitte bestimmte, richtete sich seine Gemahlin, Königin Eanfleda, die von einem aus Kent stammenden Priester namens Romanus beraten wurde, nach der römischen Praktik. Lange Zeit ergab sich daraus keine besondere Schwierigkeit, bis schließlich eines Jahres die Freude des Königs am Osterfest dadurch verdorben wurde, daß seine Gemahlin den Zeremonien fernblieb, da für sie erst Palmsonntag war und sie noch fastete.

Um das Problem des Ostertermins und andere strittige Fragen zwischen den Kirchen zu klären, berief Oswy 664 die Synode von Whitby ein. Beda berichtet darüber in Kapitel 25 seiner *Kirchengeschichte*. Oswy, der vermutlich den abstrusen Argumenten, die ihm unterbreitet wurden, nicht im Detail folgen konnte, beschloß letztendlich, die römische Regelung anzuerkennen, denn, so seine Begründung, mit Petrus, der die Schlüssel zum Himmelstor in Händen hielte, könne er nicht streiten.«Als der König so gesprochen, stimmten ihm Alle bei, die da saßen und da standen, die Vornehmen wie die Niedrigen. Sie entsagten der minder guten Einrichtung und gingen alsbald zu dem über, was sie als das Bessere erkannt.«[4] Von nun an sollten die englischen Kirchen die Vorteile der vom Römischen Kaiserreich übernommenen Einheit und Disziplin genießen.

Beda berichtete nicht nur ausführlich über diese bedeutsame Synode, sondern erstellte in seiner Abhandlung *De temporum ratione* (*Über die Zeitrechnung*) auch selbst Ostertafeln für den Zeitraum von 532 bis 1063. Dieses im Jahre 725 entstandene Werk gilt allgemein als sein wissenschaftliches Meisterwerk. Beda versucht sich darin auch an einer ersten allgemeinen Chronologie der Welt, in der er den Zeitraum bis zur Herrschaft des damaligen byzantinischen Kaisers Leon des Syrers abdeckte. Kapitel 29 dieses bemerkenswerten Buches verdient ebenfalls Beachtung, da es die erste wissenschaftliche Untersuchung der Gezeiten enthält. Wir finden darin auch die früheste Ermittlung des Hochwasserintervalls, d.h. des mittleren Abstands zwischen dem Zeitpunkt des Hochwassers und dem Zeitpunkt, da der Mond das letzte Mal den Meridian überschritten hat.

Auch die Einführung der nachchristlichen Zeitrechnung in England geht auf Beda zurück. Dieses System der Datierung nach Christi Geburt war zwei Jahrhunderte zuvor von Dionysius Exiguus entwickelt worden, dessen Jahreszyklus mit dem 25. März (Mariä Verkündigung) begann. Seit der Zeit Bedas setzte es sich allmählich durch, Urkunden nach der christlichen Ära zu datieren, zunächst jedoch nur in England. Wie R. L. Poole berichtet, verbreitete sich diese Zeitrechnung durch angelsächsische Missionare und Gelehrte schließlich auch auf dem europäischen Festland, so zum Beispiel durch Sankt Bonifatius, der die nachchristliche Datierung im Frankenreich einführte. Bis zum Ende des 9. Jahrhunderts scheint die königliche Kanzlei allerdings eher unregelmäßig Gebrauch von ihr gemacht zu haben. Einen festen Bestandteil der Urkunden bildete sie erst danach.[5] Mit Papst Johannes XIII., der 965 gewählt wurde, verwendete auch das Papsttum allmählich die Datierung »nach Christi Geburt«, doch setzte sie sich erst unter Papst Leo IX., der 1048 sein Amt übernahm, allgemein durch.

In Kapitel 35 seines Werkes *De temporum ratione* beschäftigt sich Beda mit dem Begriff der »Menschenalter«; das ist die im Mittelalter übliche Unterteilung der Lebensspanne eines Menschen in eine Reihe einzelner Perioden. Heute ist uns dies vielleicht am besten aus der Rede des Jaques über die »sieben Alter des Menschen« in Shakespeares *Wie es euch gefällt* bekannt (Akt II, Szene 7). Die meisten Schriftsteller der Antike und des Mittelalters stellten sich das Leben des Menschen nicht als eine kontinuierliche Entwicklung vor, sondern als eine Folge von plötzlichen Veränderungen, die von einem Lebensabschnitt in den nächsten überleiteten. (Der Sozialanthropologe A. van Gennep übertrug diesen Gedanken 1909 auf die Frühgeschichte und prägte den Begriff *les rites de passage* für die Riten, die ursprünglich mit den Veränderungen im Leben des Individuums verknüpft waren.) Beda war der erste Engländer, der die Theorie der *vier* »Menschenalter« beschrieb. Ihr Ursprung geht auf die Pythagoreer im 6. Jahrhundert v. Chr. zurück, deren kosmologische Spekulationen auf der *Tetraktys* beruhten, jenem geometrischen Symbol, das aus zehn in einem gleichseitigen Dreieck symmetrisch angeordneten Punkten besteht, wobei die Seiten des Dreiecks von jeweils vier Punkten gebildet werden. Die Zahl vier wurde im Laufe der Zeit mit vielen Phänomenen der Natur in Verbindung gebracht, so zum Beispiel mit den vier Jahreszeiten, den vier Himmelsrichtungen sowie den vier Elementen der griechischen Urstofftheorie von Empedokles bis Aristoteles.

Über zwei Jahrtausende hindurch maß man der Zahl vier große Bedeutung bei. So beschreibt zum Beispiel John Russell in seinem Buch *Boke of Nurture* die vier Gänge eines aufwendigen Fischmenüs, das er für seinen Herrn und dessen Gäste mit allerlei Raffinessen zubereiten ließ. John Russell, der lange nach Beda lebte, war Marschall am Hofe des Herzogs Humphrey von Gloucester (1391-1447), des jüngsten Sohnes von König Heinrich IV., der nebenbei bemerkt ein großer Förderer der Wissenschaften war. Der erste Gang dieses ausgeklügelten Festessens war so angerichtet, daß die Gäste die Gestalt eines »galanten jungen Mannes« erkennen konnten, der auf einer Wolke stehend den Frühling begrüßte. Die Wolke symbolisierte dabei das Element »Luft« und der Frühling das sanguinische Temperament. Der zweite Gang wurde in der Form eines »Kriegers« serviert, der im Feuer, dem Symbol des Sommers und des cholerischen Temperaments, stand. Der dritte Gang war so dekoriert, daß man einen Mann »mit einer Sichel in der Hand« im Fluß stehend erkennen konnte, ein Symbol für das Wasser und das phlegmatische Temperament, das mit dem Herbst und der Erntezeit in Verbindung gebracht wurde. Der vierte und letzte Gang, der mit Wein und Gewürzen gereicht wurde, stellte den Winter in der Gestalt eines Mannes dar, der »mit grauem Haar, schwach und alt« auf einem kalten, harten Stein saß, dem Symbol des Elements »Erde« und der Melancholie. J. A. Burrow zufolge waren die Gäste des Herzogs Humphrey mit jedem Gang dieses symbolträchtigen Mahles eingeladen, die vier Perioden ihres eigenen Lebens zu erkennen.[6]

Obwohl sich Beda mit der Theorie der »vier Menschenalter« auseinandersetzte und gelegentlich auch auf die alternative Vorstellung der »sechs Alter« einging, finden wir bei ihm keinen Hinweis auf die später von Shakespeare beschriebenen »sieben Menschenalter«. Er konnte sie nicht erwähnen, da sie im Abendland vor dem Wiederaufleben der Wissenschaften in der sog. »Renaissance des 12. Jahrhunderts« unbekannt waren. (Dieser sehr nützliche Begriff geht übrigens auf den amerikanischen Mediävisten Charles Homer Haskins zurück, der ihn 1927 einführte.) Der Gedanke der »sieben Menschenalter« ist im Gegensatz zu dem der vier astrologischen Ursprungs. Er geht auf den Astronomen Ptolemäus von Alexandria (ca. 150 n. Chr.) zurück und bezieht sich auf die sieben »Planeten«, einschließlich der Sonne und des Mondes, die nach damaliger Auffassung die Erde umkreisten. Ausführlich beschrieben wird diese Vorstellung in Ptolemäus sog. *Viererbuch* (*Tetrabiblos*, IV. 10).

Durch die Bemühungen Karls des Großen, der im Jahre 800 vom Papst zum Heiligen Römischen Kaiser gekrönt wurde, verlagerte sich das Zentrum der europäischen Kultur allmählich vom Mittelmeerraum gen Norden. Allerdings verhinderten die Beutezüge der

Berikn ander

Wikinger im 9. und 10. Jahrhundert, daß die Auswirkungen dieser Entwicklung vor dem Beginn des 11. Jahrhunderts in vollem Ausmaß spürbar wurden. Besonders England hatte unter den Angriffen der Wikinger zu leiden, so daß es, R. W. Southern zufolge, zur Zeit der »Renaissance des 12. Jahrhunderts« unter der geistigen Herrschaft Frankreichs stand. England war zwar in seiner Weise durchaus bedeutsam und auch recht produktiv, dennoch spielte es nur eine untergeordnete Rolle.[7] Die wichtigste schöpferische Leistung der englischen Klöster lag in der Geschichtsschreibung. Zwar hatten sich die früheren Generationen mit Ausnahme Bedas und der Verfasser der *Angelsächsischen Chronik* nicht sehr für historische Dokumente und die Aufzeichnung von Geschichte interessiert, doch änderte sich dies grundlegend mit der Eroberung Englands durch die Normannen. Die Normannen legten großen Wert auf Besitzurkunden und drohten damit, jene Ländereien zu konfiszieren, für die keine Dokumente vorgelegt werden konnten. Unter den gegebenen Umständen setzte sich in den englischen Klöstern die Überzeugung durch, daß ihr gemeinsames Überleben auf der Entdeckung und der Bewahrung der Vergangenheit beruhte. Die Geschichte war folglich nicht nur ein schmückendes Beiwerk, sondern eine dringende Notwendigkeit.[8]

Eines der wichtigsten Kennzeichen der »Renaissance des 12. Jahrhunderts« war die zunehmende Verbreitung der Geschichtsschreibung, die nicht nur eine Folge der Eroberung Englands durch die Normannen war, sondern auch durch die Kreuzzüge und den Aufstieg der norditalienischen Stadtstaaten gefördert wurde. Außerdem gab es Männer, wie den großen Kirchenarchitekten Abt Suger von Saint-Denis (ca. 1081-1151), die Geschichtsschreibung nicht so sehr um der Wiedergabe der historischen Fakten willen betrieben, sondern weil sie die Menschen für etwas begeistern wollten. So schrieb Suger von Saint Denis in späteren Jahren eine Laudatio auf das Leben des französischen Monarchen Ludwig VI. (1081-1137), der praktisch ein zweiter Gründer des kapetingischen Königtums war. Die historischen Schriften Sugers weckten bei den Mönchen seiner Abtei das Interesse an Geschichte, so daß sie in der Folgezeit selbst eine Reihe von Chroniken verfaßten. In dieser Zeit beschäftigte man sich auch intensiv mit dem Schicksal der Welt, wobei es jedoch hauptsächlich um die zeitliche Bestimmung des Weltuntergangs ging, denn das Jahr 1000 war vergangen, ohne daß das erwartete Weltende eingetreten war. Natürlich orientierte sich diese Art der Geschichtsschreibung stärker an der Theologie als an der Politik. Der Einfluß der apokalyptischen Geschichtsschreiber des 12. Jahrhunderts sollte allerdings bald von der Bedeutung Joachims von Fiore übertroffen werden (vgl. S. 132 f.).

Unter den technischen Fertigkeiten, die England nach der Eroberung durch die Normannen allmählich vom europäischen Festland übernahm, ist besonders das Messen und Zählen zu erwähnen. Haskins hat in diesem Zusammenhang auf ein autobiographisches Fragment aufmerksam gemacht, das von einem benediktinischen Prior, Walcher von Malvern, stammt, dessen uns erhaltener Grabstein das Datum 1125 trägt. In diesem Fragment bezieht sich Walcher auf die von ihm am 30. Oktober 1091 in Italien zufällig beobachtete Mondfinsternis. Verwirrt durch die Tatsache, daß er bei seiner Rückkehr nach England feststellen mußte, daß der Zeitpunkt der Mondfinsternis in England von dem Zeitpunkt in Italien scheinbar um mehrere Stunden abwich, bemühte er sich, den Zeitpunkt der nächsten Mondfinsternis, die er völlig unerwartet am 18. Oktober des darauffolgenden Jahres beobachten konnte, sehr genau zu notieren:

»Ich ergriff sofort mein Astrolabium und notierte sorgfältig den Zeitpunkt der vollständigen Mondfinsternis, die nur wenig später als drei Viertel nach der elften Stunde in der Nacht eintrat. Rechnet man diese Zeit in die Äquinoktialzeit um, so war es kurz vor 12.45 Uhr. In Übereinstimmung mit der Regel, die ich bereits erklärt habe, begann der Mondzyklus folglich am 3. Oktober um 19.30 Uhr.« [9]

Wie Southern bemerkt, verdeutlicht diese hier nur in Auszügen wiedergegebene Passage die Schwierigkeiten, die hinsichtlich der Zeitbestimmung in jener Epoche bestanden. Sie macht ferner deutlich, mit welcher Sorgfalt Walcher zu Werke ging, um die exakte Beziehung zwischen Mondphasen und Sonnenkalender zu ermitteln.

Die Menschen im Mittelalter brachten der Astronomie ein besonderes Interesse entgegen, da sie das beste Hilfsmittel darzustellen schien, um irdische Ereignisse verstehen und möglicherweise sogar steuern zu können. Ein wichtiges Instrument, das es den Astronomen erlaubte, über den Kenntnisstand Bedas hinauszugehen, war das Astrolabium, ein Instrument, das im 11. Jahrhundert über den Islam nach Europa gekommen war. In jener Zeit war die islamische Welt dem Westen in kultureller, wissenschaftlicher und technischer Hinsicht weit überlegen. Jeder Nordeuropäer, der zu einem umfassenden Verständnis der Wissenschaften im Islam gelangen wollte, mußte ins Ausland reisen. Unter den ersten, die dieses Ziel verfolgten, war Adelard von Bath (1090-ca. 1160), der zunächst nach Paris ging. Nachdem er dort jedoch nicht fand, was er suchte, zog er weiter nach Salerno in Süditalien und später nach Sizilien, wo er Arabisch lernte. Spätere Reisen führten ihn vermutlich auch nach Spanien. Durch seine Übersetzungen aus dem Arabischen, die sich als ungemein fruchtbar erwiesen, leistete Adelard einen entscheidenden Beitrag zur Entwicklung der Wissenschaften in Europa.

Die Welt des Islam

Der Ursprung des islamischen Wissensdrangs läßt sich auf die von Justinian angeordnete Schließung der neuplatonischen Akademie in Athen im Jahre 529 zurückführen. Viele der griechischen Gelehrten, die dort tätig gewesen waren, folgten einer Einladung nach Persien und verbreiteten dort ihr Wissen. Das Interesse, das sie in den gebildeten Kreisen Westasiens an der Forschung weckten, führte schließlich zur Gründung einer Akademie in Bagdad, das wie ein großer Teil der umliegenden Region bereits islamisch war. Den Höhepunkt seines Ruhms erreichte das Institut unter der Herrschaft des Kalifen und Astronomen al-Ma'mun (813-833), der ein Sohn des berühmten Harun ar-Raschid war, den die meisten wohl aus den Erzählungen von »Tausendundeiner Nacht« kennen werden. Bis zum Ende des 9. Jahrhunderts waren bereits viele der hellenistischen Werke zu Wissenschaft und Technik ins Arabische übersetzt worden, darunter das große astronomische Werk des Ptolemäus, *Syntaxis mathematike,* welches uns heute eher unter seinem arabischen Titel *Almagest* bekannt ist. Aufgrund dieser regen Tätigkeit galt Bagdad als die wahre Nachfolgerin Alexandrias, der ehemaligen geistigen Hauptstadt der hellenistischen Welt. Die Kenntnisse, die sich die islamischen Gelehrten von der griechischen Wissenschaft und Technik aneigneten, verbanden sich mit iranischen und indischen Traditionen und führten zu weiteren wissenschaftlichen Untersuchungen und Erfindungen, die auch andere Teile des islamischen Reiches beeinflußten, so zum Beispiel Sizilien, Süditalien und das maurische Spanien, wo sich bis zum 12. Jahrhundert Cordoba und Toledo als die wichtigsten Zentren der Gelehrsamkeit herausbildeten.

In allen Teilen der islamischen Welt waren die Moslems auf mathematisch geschulte Personen angewiesen, die sowohl die astronomisch definierten Gebetsstunden wie auch die Richtung nach Mekka bestimmen konnten. Es kann daher nicht überraschen, daß tragbare Instrumente zur Zeitbestimmung, wie etwa das Astrolabium, das wichtigste Handwerkszeug der arabischen und römischen Astronomen, sehr gefragt waren. Dieses Instrument war bereits Ptolemäus im 2. Jahrhundert n. Chr. bekannt, und die diesem Gerät zugrundeliegende mathematische Theorie der stereographischen Projektion läßt sich sogar bis zu Ptolemäus' großem Vorgänger Hipparch (2. Jahrhundert v. Chr.) zurückverfolgen.

Das im mittelalterlichen Europa gebräuchliche Astrolabium geht jedoch auf die in Spanien verbreitete moslemische Form zurück. Sie wurde in der zweiten Hälfte des 14. Jahrhunderts von dem englischen Dichter Chaucer beschrieben. Das Astrolabium bestand aus einer kreisförmigen Metallplatte (gewöhnlich aus Messing), die entlang ihres Randes eine Gradeinteilung aufwies. Die Platte besaß weiter eine Datumslinie (den Durchmesser) sowie einen am Mittelpunkt befestigten, drehbaren Zeiger. Tragbare Modelle konnten mittels einer Öse am Rand so aufgehängt werden, daß die Datumslinie eine horizontale Stellung einnahm. Indem man den Zeiger auf einen bestimmten Stern richtete, konnte dessen Höhe über dem Horizont an der Randskala mit einer Genauigkeit von etwa einem Grad abgelesen werden. Für jede gegebene Breite besitzt der Polarstern praktisch eine konstante Höhe und die anderen Sterne scheinen ihn zu umkreisen, ein Eindruck, der durch die tägliche Drehung der Erde entsteht. Auf der Vorderseite des Astrolabiums war eine dünne Platte angebracht, das Tablett oder Tympanon, in das eine stereographische Projektion der Höhen- und Azimutlinien eingraviert war. (Das Azimut gibt den Winkelabstand entlang des Horizonts an.) Diese Projektion mußte auf die geographische Breite des Betrachters abgestimmt sein. Über dem Tympanon befand sich die stereographische Projektion einer durchbrochenen Sternkarte (die Rete), die über den Höhen- und Azimutlinien drehbar war.

Das Astrolabium, eine frühe Form des Analogcomputers, sollte in erster Linie Probleme der sphärischen Trigonometrie lösen und astronomische Berechnungen verkürzen.[10] Mit Hilfe seiner Skalen konnten die Positionen der sogenannten »Fixsterne« relativ zum Horizont und die Positionen von Sonne, Mond und Planeten relativ zu den Sternen bestimmt werden. Die wichtigste Verwendung des Astrolabiums, das für eine bestimmte geographische Breite konstruiert werden mußte, war die Bestimmung der genauen Tages- oder Nachtzeit, indem man die Höhe der Sonne oder eines anderen auf der Rete abgebildeten Sterns beobachtete. Gemessen am heutigen Standard war das Ergebnis natürlich nicht sehr genau. Außerdem trug das Astrolabium zwar durchaus dazu bei, lange Rechnungen zu vermeiden, doch erforderte die Ermittlung von Planetenpositionen, zum Beispiel für die Erstellung von Horoskopen, immer noch beträchtliche Arbeit.

Was andere Zeitmeßinstrumente betrifft, so sind in der Nähe von Fez in Marokko die Überreste zweier monumentaler islamischer Wasseruhren erhalten.[11] Ein vermutlich nach 1150 in arabischer Sprache erschienenes Buch *Über die Konstruktion von Wasseruhren* führt die Erfindung des Mechanismus der Wasseruhr auf Archimedes zurück. Dieses Buch, das zum Teil wahrscheinlich auf der Übersetzung eines griechischen Werkes zum gleichen Thema beruht, beschreibt außerdem einige spätere, sehr sinnreiche Verbesserungen des Mechanismus, die von byzantinischen oder islamischen Handwerksleuten eingeführt wurden. D. R. Hill, der das Buch kürzlich bearbeitete und ins Englische übersetzte, bemerkte: »Vom Standpunkt der Uhrmacherkunst stellt es eine wichtige Verbindung zwischen den Wasseruhren der hellenistischen Welt und denen der islamischen Welt her.«[12] Andere islamische Uhren werden ausführlich in einem um 850 in Bagdad entstandenen Werk diskutiert, welches ebenfalls von D. R. Hill ins Englische übersetzt wurde.[13]

Ein besonderes Beispiel für den Einfluß, den der Islam auf die Entwicklung zeitlicher Vorstellungen in Europa ausübte, betrifft die Musik. Die frühmittelalterliche Kirchenmusik war ein einfacher Gesang, in dem die Noten fließende Zeitwerte besaßen. Die Mensuralmusik, in der die Noten in einem genauen zeitlichen Verhältnis zueinander stehen, scheint eine islamische Erfindung gewesen zu sein, die im 12. Jahrhundert nach Europa gelangte. Ungefähr um die gleiche Zeit tauchte auch in Europa erstmals ein Notationssystem auf, in dem der exakte Zeitwert einer Note durch ein Fähnchen am Notenhals ausgedrückt wird.

Was die theoretische und philosophische Analyse von Zeit angeht, so bestand der wichtigste und originellste Beitrag der islamischen Gelehrten des Mittelalters in ihrer Theorie einer diskontinuierlichen, atomistischen Zeit.[14] Der berühmteste Vertreter dieser Vorstellung, jedoch keineswegs ihr Urheber, war Moses Maimonides, der zwar in arabischer Sprache schrieb, aber ein gläubiger Jude war. In seinem berühmtesten Werk, *Führer der Unschlüssigen*, schrieb er: »Die Zeit besteht aus Zeitatomen, d. h. aus vielen Teilen, die aufgrund ihrer geringen Dauer nicht weiter zerteilt werden können. [...] Eine Stunde beispielsweise läßt sich in sechzig Minuten unterteilen, eine Sekunde wird ebenfalls in sechzig Teile untergliedert und so weiter. Nach zehn oder mehr solcher fortlaufenden Teilungen durch sechzig erhält man schließlich Zeitelemente, die nicht weiter untergliedert werden können, die in der Tat unteilbar sind.«[15] Diese atomistische Zeitauffassung ging mit einem streng kontingenten und akausalen Weltbild einher, demzufolge die Existenz der Welt zu einem beliebigen Zeitpunkt keineswegs den Schluß auf ihre Existenz zu irgendeinem späteren Zeitpunkt zuließ.

D. B. MacDonald befaßte sich mit der schwierigen Frage nach dem Ursprung dieser Auffassung und äußerte die Vermutung, daß sie als

Folge einer islamischen Häresie »in jener dunklen, aber intensiven Periode theologischer und geistiger Entwicklung entstand, die nach dem Tode Mohammeds anbrach und mindestens zweieinhalb Jahrhunderte andauerte.« [16] Die atomistische Theorie Epikurs, die Methoden der griechischen Skeptiker oder auch die Zenonschen Paradoxien von Zeit und Raum, sie alle mögen die fragliche Häresie beeinflußt haben, doch konnte MacDonald keine griechische Theorie entdecken, in der ein stofflicher mit einem zeitlichen Atomismus verbunden wird. Er hat statt dessen versucht, das Auftreten dieser Strömung im islamischen Denken auf indische Einflüsse zurückzuführen.

Der islamische Kalender ist einer der wenigen erhaltenen reinen Mondkalender. Das Jahr ist um etwas mehr als zehn Tage kürzer als das tropische Jahr bzw. das Jahr der Jahreszeiten. Die islamische Ära begann am 16. Juli 622, dem Tag, als Mohammed seine Flucht nach Medina antrat. Die Umstände, die dazu führten, daß weder das Geburtsdatum des Propheten noch der Zeitpunkt, als er mit seiner göttlichen Mission beauftragt wurde, noch sein Sterbetag als der Beginn der islamischen Zeitrechnung angenommen wurden, sondern ausgerechnet dieses Ereignis gewählt wurde, sind in dem großen Werk von al-Biruni (973-ca. 1050), *Chronologie orientalischer Völker,* erklärt. [17] Der zentrale Augenblick im islamischen Leben ist das Erscheinen des Neumonds, der von zwei »Zeugen des Augenblicks« erwartet und bestätigt wird. [18] Der »vollkommene Augenblick« ist indes die Stunde des Jüngsten Gerichts, denn der »Zeuge« dieses Zeitpunkts ist der göttliche Richter selbst.

Die Periodisierung der Geschichte und die Lehre von der tausendjährigen Herrschaft Christi

Natürlich war diese Art der eschatologischen Zeitauffassung nicht auf den Islam beschränkt; wir finden sie auch in Zoroastrismus, im Judentum sowie im frühen und mittelalterlichen Christentum. Im Falle des Christentums führte sie dazu, daß man sich die Geschichte in einzelne Perioden aufgeteilt dachte, eine Methode der Chronologie, die wir auch heute noch verwenden, obwohl wir Geschichte heute unter rein weltlichen Gesichtspunkten betrachten. Die Geschichtsschreiber des Mittelalters teilten die Weltgeschichte wie Augustinus in sechs Ären ein, entsprechend den sechs Schöpfungstagen, die im Ersten Buch Mose beschrieben sind. Augustinus, der in der unruhigen Periode des späten 4. und frühen 5. Jahrhunderts lebte, betrachtete die christliche Ära als eine Epoche der Senilität und des Verfalls, die schließlich in das siebte Zeitalter münden werde, jene Ära, in der alle Zeit enden würde, obwohl er sich hütete, ein genaues Datum dafür anzugeben. Die wichtigste Veränderung, die sich in der christlichen Geschichtsauffassung mit dem Übergang vom apostolischen in das augustinische Zeitalter vollzog, war die allmähliche Erkenntnis, daß das Ende der Welt nicht unmittelbar bevorstand. Augustinus wies wiederholt auf jene Passagen im Neuen Testament (z.B. Markus 13,32) hin, in denen nachdrücklich davon die Rede ist, daß wir nicht wissen, wann Christus wiederkehren wird. Auch Beda glaubte, daß der Zeitpunkt des Jüngsten Gerichts der Menschheit verborgen sei.

Wie schon Beryl Smalley sagte: »Die Vorstellung der sechs Zeitalter bürdete den mittelalterlichen Geschichtsschreibern ein düsteres Bild ihrer Zeit auf.« [19] Für Optimismus oder den Glauben an Fortschritt blieb kein Raum. Trotzdem lastete die Vorstellung nicht allzu schwer auf den Geschichtsschreibern jener Zeit. Dies lag vor allem daran, daß das von vielen mit einer Mischung aus Hoffnung und Bangen erwartete Jahr 1000 verstrichen war, ohne daß es die geringsten Anzeichen für ein bevorstehendes Weltende gegeben hatte. Viele Propheten im 10. Jahrhundert hatten geglaubt, daß die Welt im Jahre 1000 untergehen werde. Die Legenden von den Massenpsychosen, zu denen es in Europa mit dem Herannahen dieses Zeitpunkts gekommen sein soll, entstanden jedoch A.J. Gurjewitsch zufolge erst gegen Ende des 15. Jahrhunderts, als die Menschen wirklich fürchteten, das Ende der Welt stehe unmittelbar bevor. [20]

Der Chiliasmus, das heißt der Glaube an die tausendjährige Herrschaft Christi auf Erden, entstand aus der Verbindung zweier auf der Bibel beruhender Auffassungen. Dies war zum einen die in den Psalmen geäußerte Vorstellung, daß für den Herrn tausend Jahre wie ein Tag seien (Ps. 89,4), und zum anderen die Interpretation des Sabbat bzw. des siebten Tages als eines Symbols der Ruhe des Herrn, wie dies im *Brief an die Hebräer* zum Ausdruck kommt (4,4-9). Der einflußreichste Vertreter einer solchen Lehre des Milleniums im Mittelalter war Joachim von Fiore (1145-1202), der zunächst als Mönch und später als Abt im Zisterzienserkloster Corazzo im süditalienischen Kalabrien wirkte. Dies war ein Gebiet, in dem griechische Kultur und römische Kirche aufeinandertrafen und in dem darüber hinaus ein starker sarazenischer Einfluß spürbar war. Es war folglich eine Region, in der die verschiedensten Strömungen und Glaubensrichtungen nebeneinander existierten. Etwa um 1190 trennte sich Joachim von den Zisterziensern und zog in eine einsame Gegend Kalabriens, wo sich allmählich Jünger um ihn scharten. Schließlich erhielt er vom Papst die Erlaubnis, einen eigenen Orden zu gründen. Joachims Idealvorstellung von einer religiösen Gemeinschaft, die allem Weltlichen entsagte, schien sich kurz nach seinem Tode in der Ordensgemeinschaft des heiligen Franziskus von Assisi zu verwirklichen, doch machten viele Franziskaner bald Zugeständnisse an die Anforderungen des Alltagslebens.[21] Die von Joachim gegründete Gemeinschaft vereinigte sich im Jahr 1570 wieder mit dem Zisterzienserorden.

Joachim, der sich eingehend mit der Heiligen Schrift, insbesondere mit der Offenbarung des Johannes, beschäftigte, nannte sein Kloster in Erwartung des neuen Lebens, das bald erblühen sollte, San Giovanni in Fiore (oder Floris).[22] Während er in seinem einsamen kalabrischen Domizil über das Mysterium der Dreifaltigkeit meditierte und zu ergründen suchte, wie dieses mit dem Ablauf der Zeit zusammenhing, erlebte er Augenblicke intensiver geistiger Erleuchtung, die ihn dazu führten, eine neue Milleniumslehre zu formulieren. Er legte großes Gewicht auf die Einheit der Dreifaltigkeit und begründete dies mit dem Vergleich, daß Wurzel, Stamm und Rinde zusammen einen Baum ausmachten. Allerdings vertrat Joachim die Ansicht, daß es drei verschiedene Zeitalter oder Reiche gebe: das Zeitalter des Vaters bzw. des Alten Testaments, das von Furcht und

Knechtschaft gekennzeichnet war; das Zeitalter des Sohnes bzw. des Neuen Testaments, eine von Glauben und Gehorsam geprägte Zeit; und schließlich das Zeitalter des ewigen Evangeliums bzw. des Heiligen Geistes, welches das Alte und Neue Testament ablösen und eine Zeit der Liebe, Freude und Freiheit einleiten würde. Sein leidenschaftlicher Glaube an das bevorstehende Zeitalter des Heiligen Geistes ist möglicherweise von der jüdischen Vorstellung der messianischen Heilszeit beeinflußt, denn wie die Juden glaubte auch er, daß das Zeitalter des Heiligen Geistes seinem Wesen nach in der Geschichte und nicht jenseits von ihr lag, ja daß es vielmehr den Höhepunkt der Geschichte bildete. Diese Überzeugung war völlig unvereinbar mit der augustinischen Auffassung, derzufolge das Reich Gottes, insoweit es überhaupt auf Erden in Erfüllung gehen konnte, bereits in der Kirche verwirklicht sei. [23]

Joachims Geschichtsbild war dynamischer als das des Heiligen Augustinus. Wie eine Autorität auf dem Gebiet des Joachimitismus bemerkte:

»Was die christlich revolutionäre Tradition von Joachim von Fiore bis Johannes Hus, von Thomas Müntzer bis zu den Hoffnungstheologien und politischen Theologien unserer Zeit kennzeichnet, ist die ihnen eigene Vorstellung vom Reich Gottes: dies ist keine andere Welt in Raum und Zeit, sondern eine andersartige Welt, eine durch unsere Anstrengungen veränderte Welt [...] Dies bedeutet, es ist letztendlich die Geschichte des Menschen, von der alles abhängt.« [24]

Noch bis gegen Ende des 17. Jahrhunderts übte Joachim von Fiore einen starken Einfluß auf die prophetische Geschichtsdeutung aus. Für uns heute ist es schwer nachvollziehbar, warum so viele ernstzunehmende Gelehrte jener Zeit an Prophetie glaubten. Sogar Isaac Newton (1642-1727) beschäftigte sich eingehend mit der Beziehung zwischen Prophetie, Geschichte und Weltende, obschon er nicht direkt vom Chiliasmus beeinflußt war. [25] *Nimmt man seine Grundvoraussetzungen als gegeben an*, so waren Newtons Berechnungen auf diesem Gebiet tatsächlich ebenso streng der wissenschaftlichen Methode verpflichtet wie seine berühmten Abhandlungen zur mathematischen Physik und Astronomie.

Die Messung von Zeit

In seinem berühmten Werk *Die Feudalgesellschaft* führt der Historiker Marc Bloch das für die Menschen im Mittelalter charakteristische, mangelnde Bewußtsein von der Bedeutung der Zeit darauf zurück, daß sie Zeit nur schlecht zu messen wußten. Wasseruhren waren selten und kostspielig, und Sonnenuhren erwiesen sich besonders in Ländern wie England, den Niederlanden, Deutschland oder in Nordfrankreich als unzureichend, da der Himmel oft bewölkt war. Von Asser, einem Biographen König Alfreds, erfahren wir, daß dieser gebildete Monarch Kerzen gleicher Länge nacheinander abbrennen ließ, um die Zeit zu messen. Doch stellte ein solches »Bemühen um Gleichmäßigkeit in der Tageseinteilung« eine Ausnahme in jenem Zeitalter dar.[26] Zur Veranschaulichung seiner These beschreibt Bloch eine Anekdote aus der Chronik von Hainault, bei der es um einen gerichtlich angeordneten Zweikampf geht, der im Morgengrauen stattfinden sollte. Es erscheint jedoch nur einer der beiden Kontrahenten, der, nachdem die vorgeschriebene Wartezeit verstrichen ist, die Vertreter des Gerichts auffordert, das Nicht-Erscheinen seines Gegners zu Protokoll zu nehmen. Die Richter, die nun entscheiden mußten, ob tatsächlich die neunte Stunde erreicht und damit die vorgeschriebene Wartefrist abgelaufen war, beratschlagten, blickten zur Sonne und befragten dann die anwesenden Geistlichen, da diese durch die liturgische Praxis und das regelmäßige Läuten der Kirchenglocken eine weitaus zuverlässigere Kenntnis des Stundenablaufs erlangt hatten als die Richter. Bloch kommentiert dies folgendermaßen: »Wie entfernt von unserer Kultur, scheint uns, die wir gewohnt sind, ständig auf die Uhr zu sehen, diese Gesellschaft, in der ein Gerichtshof beratschlagen und Untersuchungen anstellen mußte, um die Tageszeit zu erfahren.«[27]

Eine Eigentümlichkeit, die sich in vielen uns erhaltenen Dokumenten des Mittelalters offenbart, ist die mangelnde zeitliche Genauigkeit bei der Aufzeichnung von Ereignissen, und zwar sowohl was das Datum eines Ereignisses als auch seine Dauer anbelangt. In seinen 1956 gehaltenen Wiles Lectures gelangte John Nef zu der Schlußfolgerung, daß die Ursprünge unserer modernen, quantitativ-orientierten Zeitauffassung in den letzten Jahrzehnten des 16. Jahrhunderts zu suchen seien.[28] Vor dieser Zeit gibt es wenige Anzeichen für eine solche quantitative Wahrnehmung, und so kann es nicht überraschen, daß dieser Aspekt für das Zeitbewußtsein des gewöhnlichen Menschen keine Rolle spielt. In seinen *Studien zur Geschichte des französischen Zeitbegriffs* macht Richard Glasser darauf aufmerksam, daß an keiner Stelle im *Rolandslied* Bezug auf die Zeit genommen wird. Der Dichter dieses Epos war sich weder des Fallens der Blätter im Herbst bewußt noch des Hinscheidens der Generationen. Dieses waren Phänomene, die seine Aufmerksamkeit nicht erregten. Die wesentliche Eigenschaft der Welt war ihre Vergänglichkeit gegenüber Gott und nicht der sichtbare Wandel, der sich unaufhörlich in der Welt vollzog.[29] Bis ins 14. Jahrhundert interessierte sich nur die Kirche für die Messung und Einteilung von Zeit. Selbst der Begriff der Stunde als einer Einheit der Zeitdauer fand erst im Mittelfranzösischen allgemeine Verwendung. Bis dahin diente die Stunde im Volksmund ausschließlich der Bezeichnung eines Zeitpunkts.[30]

Angesichts der Langsamkeit, mit der sich in jener Zeit Wandlungen im Weltbild vollzogen, ist es nicht überraschend, daß sich die meisten Menschen auch nach der Einführung der mechanischen Uhr im 14. Jahrhundert in ihrem täglichen Leben weitaus weniger Gedanken um die Zeit machten, als wir dies heute tun. Dies galt auch für viele der gebildeteren Menschen. Ein treffendes Beispiel liefert der berühmte Hersteller astronomischer Instrumente, Jean Fusoris, der im Jahre 1415 während der Besetzung Nordfrankreichs durch Heinrich V. unter dem Verdacht des Verrats festgenommen wurde. Innerhalb eines Jahres wurde er zweimal verhört. Beim ersten Mal gab er an, »um die fünfzig Jahre« alt zu sein, beim zweiten Mal, »um die sechzig Jahre«![31]

Im Jahre 1538 wurde in England das Kirchenregister, in dem die Geburten einer Gemeinde verzeichnet werden, gesetzlich eingeführt. Wenn man vor dieser Zeit das Alter einer Person offiziell bestimmen wollte, mußte eine Art Kommission einberufen werden, der sowohl einige Ortsansässige angehörten, die die betreffende Person kannten, wie auch der Sheriff der jeweiligen Grafschaft, ein königlicher Beamter mit richterlichen Befugnissen. Ein solches Verfahren war beispielsweise notwendig, wenn ein Minderjähriger behauptete, volljährig zu sein und sein Erbe antreten wollte, oder wenn es darum ging, rechtsverbindlich festzustellen, ob jemand alt genug war, um zu heiraten. Allerdings galt die den Menschen des Mittelalters im allgemeinen zugeschriebene Gleichgültigkeit gegenüber der Zeit nicht uneingeschränkt. Bereits um das Jahr 1200 gab es zahlreiche Anzeichen für einen wirtschaftlich bedingten Zeitdruck, und sogar schon zwei Jahrhunderte zuvor scheinen Bauern und Handwerker in der Nähe von Fleury Feiertage nicht beachtet zu haben, weil sie ihre Felder bestellen mußten. [32]

Ein weiterer Hinweis darauf, daß unsere mittelalterlichen Vorfahren ganz andere Maßstäbe an die Aufzeichnung von Zeit anlegten als wir, zeigt sich in ihrer Datierung von Briefen. Noch im 15. Jahrhundert ist fraglich, ob die Menschen im allgemeinen wußten, welches Jahr man nach der christlichen Zeitrechnung schrieb, denn diese beruhte auf einer kirchlichen Berechnung, die im alltäglichen Leben nicht sehr verbreitet war. Briefe wurden selten datiert und wenn dies geschah, dann meistens nach dem Regierungsjahr des Königs. Nannte ein zeitgenössischer Chronist tatsächlich das Jahr des Herrn, so war es oft genug das falsche. Dies ist angesichts der regional unterschiedlichen Jahreszählung nicht überraschend. Zur Veranschaulichung beschreibt R. L. Poole das folgende hypothetische Beispiel:

»Stellen wir uns einen Reisenden vor, der Venedig am 1. März 1245 verläßt, dem ersten Tag des venezianischen Jahres, und sich nach Florenz begibt. Bei seiner Ankunft müßte er feststellen, daß man dort noch das Jahr 1244 schreibt. Reist er nach kurzem Aufenthalt nach Pisa weiter, wäre dort aber schon das Jahr 1246 angebrochen. Setzt er seine Reise westwärts fort, so wäre er in der Provence wieder in das Jahr 1245 zurückversetzt, während in Frankreich, wenn er dort noch vor Ostern (16. April) ankäme, das Jahr 1244 geschrieben würde.« [33]

So verwirrend dieses Durcheinander von Jahreszahlen auch sein mag: Der Reisende hätte in der Regel doch nur den Monat und den Tag notiert. Hätte er tatsächlich einmal die Jahreszahl berücksichtigen wollen, so wäre dies diejenige seines üblichen Wohnortes gewesen. In der Praxis beschäftigten sich jedoch nur die Verfasser von Urkunden sowie Chronisten mit der Jahreszahl.

Die Angabe des Datums nach Monat und Tag war natürlich mit einer größeren Wahrscheinlichkeit korrekt, und Briefe wurden auch häufig in dieser Weise datiert. Wesentlich verbreiteter war jedoch die Datierung nach besonderen Fest- und Heiligentagen. In seiner Einführung zu den *Paston Letters* wies J. Gairdner darauf hin, daß Briefe häufig in bezug auf ein bestimmtes Fest datiert wurden, so zum Beispiel Montag oder Mittwoch *vor* oder *nach* einer bestimmten Feierlichkeit. Agnes Paston datierte einen Brief (Nr. 25) sogar nach der Kollekte des vorangegangenen Sonntags: »Geschrieben in aller Eile zu Paston, am Mittwoch nach *Deus qui errantibus*.«[34] Die heute übliche Methode, die Tage eines Monats fortlaufend zu numerieren, gelangte während der zweiten Hälfte des 6. Jahrhunderts über Syrien und Ägypten in den Westen. Papst Gregor VII. ließ sie in seiner Kanzlei verwenden, doch kehrten seine Nachfolger wieder zur römischen Methode zurück. Die Erneuerung der Wissenschaften unter Karl dem Großen (um 800) stand ganz in der römischen Tradition, so daß auch hier die kaiserliche Kanzlei wieder zu der römischen Methode zurückfand, die daraufhin in den nächsten Jahrhunderten bestimmend sein sollte.

Eine weitaus modernere Haltung gegenüber Zeit und Datierung nahm im 14. Jahrhundert der berühmte italienische Dichter Petrarca (1304-1374) ein, der die klassische Literatur zu neuer Blüte führte. Das Phänomen der Zeit beflügelte ihn schon als jungen Mann, und dies sollte auch während seines weiteren Lebens so bleiben. Da er die einschneidenden Ereignisse seines Lebens zeitlich sehr genau festhielt, wissen wir über ihn mehr als über jeden anderen Menschen, der vor ihm lebte. In all seinen Schriften, Dichtung wie Prosa, strebte Petrarca nach einer Genauigkeit in der Zeitangabe, die als überaus erstaunlich beschrieben wurde.[35] Er widmete sich mit großem Bedacht dem Datum einschließlich der Stundenangabe, so als ob er betonen wolle, wie wichtig es sei, sich in der Zeit zu orientieren. Damit unterscheidet er sich von den meisten mittelalterlichen Schriftstellern und auch von uns, die wir heute unsere Briefe in aller Eile dahinschreiben, ohne uns Gedanken über die Zeit zu machen. So achtete Petrarca in einem 1364 geschriebenen Brief sorgsam darauf, die genaue Ankunftszeit des Schiffes anzugeben, das die Nachricht vom Sieg Venedigs über Kreta brachte: »Es war, glaube ich, die sechste Stunde des vierten Juni im Jahre 1364.« Obwohl Petrarca der Zeit stets große Bedeutung beimaß, schätzte er sie mit zunehmenden Alter noch höher, da er erkannte, daß sie, wie alles andere, immer wertvoller wird, je knapper sie zur Verfügung steht. Durch seine Sensibilität gegenüber zeitlichen Vorgängen unterschied sich Petrarca von vielen seiner Zeitgenossen; er kann deshalb in der Literatur als ein Vorläufer Spensers und Shakespeares betrachtet werden, die sich eingehend mit den unabänderlichen Auswirkungen der Zeit auf den menschlichen Geist und die menschliche Seele beschäftigten.

Obwohl sich in der abendländischen Gesellschaft des Mittelalters keine allgemeine Vorstellung von Fortschritt herausbildete, kam es doch zu einigen bedeutenden Neuerungen. Was die Technik betrifft, hatten die Europäer die Römer sogar weit überholt. Diese waren zwar in mancher Hinsicht gute Ingenieure gewesen, wie die ausgeklügelten Heizungssysteme mit Warmwasserversorgung oder die gut ausgebauten Straßennetze erkennen lassen, doch waren sie in anderer Beziehung erstaunlich primitiv. Abgesehen von den Erfindungen, die aus China nach Europa gelangten, zählen zu den mittelalterlichen Errungenschaften zum Beispiel die Lesebrille, das Spinnrad, besseres Eisenwerkzeug, der schwere Pflug sowie die Verwendung von Kohle als Brennstoff. Auch beim Bau der großen gotischen Kathedralen kamen viele neue Methoden zum Einsatz, so zum Beispiel das Strebensystem. Einige der bedeutsamsten Neuerungen des Mittelalters hängen mit der Nutzung des Pferdes als Antriebskraft zusammen. Neben dem primitiven Joch, das für Zugochsen durchaus brauchbar war, wurde im 9. Jahrhundert ein verbessertes Geschirr eingeführt. Gegen Ende des neunten Jahrhunderts vermerkt Alfred der Große mit offensichtlichem Erstaunen, daß in Norwegen Pferde für das Pflügen eingesetzt wurden.[37] Dies wäre mit dem Joch als Geschirr unmöglich gewesen, denn sobald das Pferd begonnen hätte zu ziehen, hätte der Halsgurt auf die Luftröhre des Tieres gedrückt und so nicht nur die Blutzufuhr zum Kopf unterbunden, sondern das Tier auch erdrosselt!

Eine weitere wichtige Entwicklung stellte das Hufeisen dar, das auf den Huf genagelt wurde. Bis dahin war es üblich gewesen, das Hufeisen nur festzubinden, und dies hatte den Gang des Tieres sehr behindert. Die erste nachweisliche Verwendung genagelter Hufeisen geht auf das 9. Jahrhundert zurück. Die Entwicklung und Verbesserung von Rüstungen als Schutz im Krieg und bei Turnieren führte zu einem beträchtlichen Aufschwung der Schmiedekunst. Dies erwies sich für die Zeitmessung als sehr bedeutsam, da der Schmied der Vorläufer jener Handwerker war, die die erste mechanische Uhr konstruierten. Nicht zufällig war einer der größten Uhrenbauer des frühen 14. Jahrhunderts, Richard von Wallingford, Abt von St. Albans, der Sohn eines Schmieds.

6

Der Zeitbegriff im Fernen Osten und in Mittelamerika

Indien

Im fünften Kapitel wurde bereits angedeutet, daß die atomistische Zeittheorie des Islam möglicherweise auf indische Einflüsse zurückgeht. MacDonald, der sich mit dieser Vermutung auseinandersetzte, hat in diesem Zusammenhang auf einen Artikel von Hermann Jacobi über »Atomismustheorie (Indien)«[1] aufmerksam gemacht, in dem der Verfasser auf die Theorie der Augenblicklichkeit aller Dinge eingeht. Diese Lehre wurde von den Sautrânkitas formuliert, einer buddhistischen Sekte, die im 2. oder 1. Jahrhundert v. Chr. entstand. Dieser Lehre zufolge existiert jedes Ding nur für einen einzigen Augenblick und wird dann durch eine Kopie seiner selbst ersetzt, so daß es wie ein Kinofilm aus einer Folge von vielen einzelnen Momentaufnahmen besteht. Die Vorstellung von Entitäten, die nur einen Moment lang existieren und dann verschwinden, wurde im Buddhismus als ein Beweis dafür angesehen, daß alles Schein ist und daß die absolute Wirklichkeit nicht in die Domäne des Intellekts fällt. Wie und warum diese vom Buddhismus für seine Zwecke entwickelte atomistische Zeitvorstellung in den Islam gelangte, der doch eine ganz andere Zielsetzung verfolgte, bleibt eine offene Frage.

Lange bevor Alexander sein Weltreich bis in den nordwestlichen Teil des indischen Subkontinents ausdehnte, bestanden in der klassischen Antike Beziehungen zwischen Europa und Indien. Bereits im 6. Jahrhundert v. Chr., zur Zeit Buddhas und Mahaviras, wurde dieser Teil Indiens von der persischen Dynastie der Achaimeniden beherrscht. Persien hat seitdem stets einen wichtigen Einfluß auf Indien ausgeübt. Philosophische Spekulationen über die Zeit bildeten wie im Zurvanismus den wesentlichen Bestandteil der Kalavada, einer indischen Lehre, die später von anderen philosophischen Strömungen absorbiert wurde. Der Begriff *kala* bezeichnete in der Rigveda ursprünglich den »richtigen Augenblick« für ein Opferritual. Später verwendete man das Wort jedoch auch in der allgemeinen Bedeutung von »Zeit«, und es war diese Bedeutung, die in den Sanskritschriften üblicherweise vorherrschte. In der vedischen Periode betrachtete man die abstrakte Vorstellung der Zeit als das fundamentale Prinzip des Universums. Es ist jedoch ungewiß, ob die Zeit als eine Gottheit verehrt wurde. Das Wort *kala* wird auch mit der »schwarzen Göttin« Kali, einer der Erscheinungsformen der Gemahlin des Gottes Schiwa, in Verbindung gebracht. Die Zeit galt als hart und erbarmungslos; sie wurde deshalb mit der Farbe schwarz und mit Schiwa, dem Gott der Zerstörung, assoziiert.

Anindita Balslev wies kürzlich auf die Subtilität mancher philosophischer Kontroversen im Hinduismus hin und führte als Beispiel die Diskussion um die Wahrnehmbarkeit von Zeit im 11. Jahrhundert an. Während die Bhatta-Mimamsaka Schule behauptete, daß Zeit wahrnehmbar sei, vertrat die Nyaya-Vaiseka Schule die Ansicht, daß man auf die Zeit, da sie keine sinnlich wahrnehmbaren Eigenschaften wie Farbe oder Form besitze, nur indirekt schließen könne. Der ersten Lehre zufolge sind sinnlich wahrnehmbare Eigenschaften nicht die einzigen Kriterien für Wahrnehmbarkeit; Zeit werde stets als eine nähere Bestimmung sinnlich wahrnehmbarer Objekte erfaßt. Anders ausgedrückt, Ereignisse werden als schnell, langsam etc. empfunden, und diese Eigenschaften bringen einen direkten Bezug auf die Zeit mit sich. Ihre Kontrahenten wandten dagegen ein, daß Zeit *an sich* nicht wahrgenommen werden könne, und daß wir nur durch indirektes Schließen in der Lage sind, Zeit als eine ontologische Realität zu begreifen. [2] Andere philosophische Diskussionen von bemerkenswertem Scharfsinn betrafen den Gegensatz zwischen der objektiven Realität des Augenblicks und dem idealen Wesen zeitlicher Dauer. Letztere wurde als ein Konstrukt unseres Geistes angesehen, während ersterer als erfahrbar galt. (Im Westen vertreten wir heute genau die gegenteilige Auffassung.)

Geschichtliche Bücher mit numerischen Zeitangaben waren in Indien unüblich. Das Leben des einzelnen wurde als eines von vielen aufeinanderfolgenden Leben dieses Individuums betrachtet. Diese wiederholten sich unendlich oft in der endlosen Zeit. Der Gedanke der Metempsychosis oder Seelenwanderung tauchte nur gelegentlich im Westen auf, so zum Beispiel in der Schule des Pythagoras, der als Zeitgenosse Buddhas und Zarathustras möglicherweise von östlichem Gedankengut beeinflußt war. Obwohl ein geringfügiger Fehler bei der Rezitation der Veden mit großer Mißbilligung aufgenommen wurde, betrachteten die Hindus vorübergehende Ereignisse als letztlich bedeutungslos. Es ist daher nicht überraschend, daß sie der Datierung solcher Ereignisse kein großes Gewicht beimaßen. Sie beschäftigten sich vielmehr damit, kosmische Zyklen von wahrlich unvorstellbarem Ausmaß zu ersinnen. Mit ihrer Vorliebe für hohe Zahlen ordneten sie einem einzigen Zyklus 12 000 göttliche Jahre von jeweils 360 Sonnenjahren zu, was insgesamt 4 320 000 Jahre ergab. 1 000 solcher kosmischen Zyklen machten ein *kalpa* aus, was gerade einem einzigen Tag im Leben des Brahma entsprach. [3]

Die Zeitauffassung der Inder spiegelt sich in der Art wider, wie kausale Beziehungen im Sanskrit ausgedrückt wurden. Um die Kausalität zweier Begriffe aufzuzeigen, wurde ein Kompositum so gebildet, daß es natürlich schien, von der Wirkung ausgehend die Ursache zu verfolgen. Da sowohl die Wirkung wie auch die Ursache als im Geiste gleichermaßen gegenwärtig angesehen werden, scheidet der Aspekt der Zeit aus einer solchen Betrachtung im allgemeinen aus. Jede Folge kausal verbundener Phänomene wird somit als vollständig angesehen. Diese rückwärtsgerichtete Betrachtungsweise, die charakteristisch für Länder wie Indien und China ist, kann dem Denkprozeß in der westlichen Wissenschaft gegenübergestellt werden. Hier geht man davon aus, daß der Lauf der Dinge eine eindeutige zeitliche Richtung besitzt, die von Ursache zu Wirkung führt.

China

Die Chinesen interessierten sich mehr für eine praxisorientierte Zeitmessung als die Inder. Obwohl die Klepsydra nicht in China erfunden wurde, ist ihre Verwendung bereits sehr früh in der chinesischen Geschichte nachgewiesen. Vermutlich wurde sie aus Babylonien übernommen, wo die einfachste Art des Auslauftyps bereits vor der Zeit der frühen Shang-Dynastie (ca. 1500 v. Chr.) verwendet wurde. Die Chinesen kannten auch eine andere archaische Form der Wasseruhr: eine schwimmende Schale mit einer Öffnung in ihrem Boden, die gerade so groß war, daß das Gefäß in einer bestimmten Zeit nach unten sank.[4] Seit der Han-Dynastie (ca. 200 v. Chr.) dominierte jedoch der Einlauftypus. Man erkannte bald, daß mehrere Wasserbehälter erforderlich waren, um ein Nachlassen der Strömungsgeschwindigkeit bei abnehmendem Druck zu verhindern, wie dies bei nur einem Wasserreservoir zwangsläufig der Fall war. Daneben gab es verschiedene andere Verbesserungen, so zum Beispiel die Verwendung von Quecksilber, das nicht wie Wasser bei niedrigen Temperaturen im Winter einfror. Die Konstruktion komplizierter Wasseruhren zwischen dem 2. und dem 11. Jahrhundert n. Chr. erlebte ihren Höhepunkt in einem bemerkenswerten Instrument, welches 1088 von Su Sung (1020-1101), einem chinesischen Mandarin, erdacht und erbaut wurde.

Zwar ist die Uhr selbst nicht erhalten, doch kennen wir sie aus der Beschreibung, die ihr Erfinder hinterlassen hat. Diese wurde Mitte der fünfziger Jahre von Joseph Needham aus Cambridge, der führenden Autorität auf dem Gebiet der Wissenschaft und Technik Chinas, wiederentdeckt.[5] Das wesentliche Merkmal dieses Zeitmeßinstruments war seine besondere Art der Ketten-Hemmung, die sich von der in Europa gegen Ende des 13. Jahrhunderts erfundenen

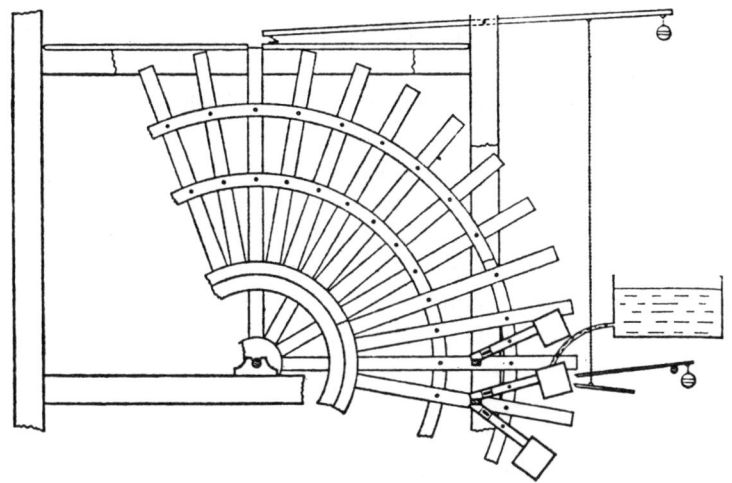

Eine mittelalterliche chinesische Wasseruhr.
Obwohl die Wasseruhr des Su Sung keine mechanische Uhr im strengen
Sinne war, enthielt sie doch eine frühe Form der Hemmung. Alle
24 Sekunden füllte sich ein kleiner Behälter mit Wasser und drückte durch
sein Gewicht das Rad um genau eine Speiche weiter nach unten, wo-
durch der nächste Behälter unter den Wasserstrahl rückte. Das Rad besaß
36 Speichen und vollführte 100 Umdrehungen in 24 Stunden.

Spindelhemmung mit Waag stark unterschied (vgl. Kapitel 7). Aus einem Reservoir, dessen Wasserhöhe konstant blieb, floß Wasser auf
die Schaufeln eines großen Antriebsrades. Jede Schaufel konnte sich
jedoch erst dann nach unten bewegen, wenn sie gefüllt war. Bei der
Abwärtsbewegung wurden zwei Hebel oder Waagebalken betätigt,
die durch ein Kettensystem eine Sperre am oberen Teil des Antriebsrades lösten, so daß sich das Rad um genau eine einzige Schaufel wei-
terbewegte. Die Zeitmessung erfolgte also im Grunde dadurch, daß
das Instrument gleich große Mengen Flüssigkeit abwog. Eine astronomische Überprüfung der Zeitmessung wurde durch ein Sichtrohr
gewährleistet, das auf einen bestimmten Stern gerichtet war. Da die
Zeitmessung hauptsächlich über den Wasserfluß und nicht so sehr
über die Hemmung reguliert wurde, stellt dieses System ein »fehlen-

des Glied« zwischen den Eigenschaften der Zeitmessung durch ausströmende Flüssigkeiten und denen des mechanischen Oszillierens dar. Die chinesische Wasserraduhr unterschied sich nicht nur technisch beträchtlich von den ersten in Europa gefertigten mechanischen Uhren; sie war auch wesentlich genauer. In dieser Beziehung wurde sie vielleicht erst von den im 17. Jahrhundert eingeführten Pendeluhren übertroffen. Trotz ihres hohen technischen Standards diente die Uhr in erster Linie astrologischen Zwecken; sie sollte gewährleisten, daß die Positionen der Himmelskörper auch bei bewölktem Wetter zur Verfügung standen. Dies war besonders wichtig, wenn die kaiserlichen Gemahlinnen und Konkubinen Nachwuchs erwarteten.

Als die ersten europäischen Missionare im 16. und 17. Jahrhundert China erreichten, deutete nichts mehr auf die fünfhundert Jahre zuvor erbaute astronomische Himmelsuhr des Su Sung hin. Die mechanischen Uhren, die die Missionare den chinesischen Herrschern überreichten, wurden von diesen staunend und mit Entzücken entgegengenommen. Ein andere weit verbreitete Form der Zeitmessung, die auf der Verwendung von Feuer und Weihrauchstäbchen beruhte, blieb unterdessen erhalten. Diese Tradition läßt sich bis in das 6. Jahrhundert n. Chr. zurückverfolgen. Da Räucherstäbchen mit gleichmäßiger Geschwindigkeit und ohne Flamme abbrennen, eigneten sie sich gut zur Zeitmessung in Tempeln für religiöse, aber auch andere Zwecke. In der Tat scheinen die Duftuhren in China ebenso gebräuchlich gewesen zu sein wie die Sonnen- und Wasseruhren. Räucherstäbchen und Kerzenuhren waren während der Sung-Dynastie (960-1279) als Zeitmesser weit verbreitet. Beide wurden später auch in Japan eingeführt. Wie Silvio Bedini bemerkt, wird die Erfindung der Kerzenuhr zwar traditionell Alfred dem Großen von England zugeschrieben, doch scheint sie im Orient auf eine viel längere Geschichte zurückblicken zu können.[7] Da Räucherstäbchen eine billige Methode der Zeitmessung darstellten, fanden sie noch bis in unser Jahrhundert Verwendung. Manche dieser Uhren bestanden aus verschiedenen Weihrauchmaterialien, so daß sich beim Abbrennen verschiedene Düfte bildeten. Menschen mit einer feinen Nase konnten also allein anhand des Aromas ungefähr die Zeit bestimmen.

Die chinesische Haltung zur Geschichte wurzelte in der Überzeugung, daß der Aufstieg und der Niedergang von Dynastien vom Himmel befohlen sei. Ein Mann bescheidener Herkunft konnte sich durchaus zum Träger des himmlischen Auftrags aufschwingen und Sohn des Himmels werden, doch wenn seine Nachkommen seinem Vorbild nicht mehr die geziemende Ehrfurcht erwiesen, verloren sie die Unterstützung des Himmels und ihre Dynastie ging unter. Waren die himmlischen Zeichen offenkundig, so galt es nicht als illoyal, sich einem neuen Kaiser zuzuwenden und ihm Treue zu geloben, denn dieser stand unter dem Segen der Geister der chinesischen Ahnen. Die Vergangenheit diente in China also einem klaren gesellschaftlichen Zweck: Indem man sich auf den Gedanken des himmlischen Auftrags berief, trug sie zur Sicherung der Kontinuität in einer Welt des politischen Wandels bei. J. H. Plumb hat die interessante Frage gestellt, warum ein Begriff von Geschichte in Europa entstand, während sich die Geschichte in China nie aus der eisernen Umklammerung einer Vergangenheit befreien konnte, die im Dienste der Gegenwart stand.[8] Zwar sammelten die Chinesen eine Unmenge Akten und Schriftstücke, die sich über einen langen Zeitraum erstreckten, doch entwickelten sie niemals etwas, was man mit der modernen westlichen Geschichtsvorstellung vergleichen könnte. Plumb begründet dies wie folgt: »Was die Chinesen gegen das historische Problem verschloß, war gerade das Fehlen eines solchen.« Die europäische Vergangenheit, so reich an Wechselwirkungen zwischen konfligierenden Zivilisationen, Religionen und Kulturen, besaß nicht die Einheit und die »allumfassende Sicherheit« der Chinesen und war somit historischen Problemen ausgesetzt, die China überhaupt nicht kannte. Auch die Säkularisierung der Geschichte, die in Europa mit dem Ende der kirchlichen Vorherrschaft in der Renaissance und der Reformation einsetzte, fand in China keine Entsprechung. Durch seine Bürokratie übte China eine Kontrolle sowohl über die historischen Quellen als auch über ihre Interpretation aus, während sich die Geschichtskritik in Europa viel freier entfalten konnte.

Was die philosophische Vorstellung von Zeit betrifft, so neigten nur die Mehisten, die Anhänger des im 5. Jahrhundert v. Chr. lebenden Philosophen Meh Ti, zu einer atomistischen Zeitauffassung. Die Theorie eines stofflichen Atomismus spielte im chinesischen Denken dagegen nie eine bedeutsame Rolle, da die Chinesen die Vorstellung des Kontinuums vertraten.[9] Noch bemerkenswerter als die atomistische Zeitauffassung ist freilich die Tatsache, daß die Schule der Mehisten der Formulierung einer funktionalen Abhängigkeit im Verhältnis von Bewegung und Zeit sehr nahe kam, eine Vorstellung, die in Europa noch bis zur wissenschaftlichen Revolution im 17. Jahrhundert nicht vollständig entwickelt war. Im allgemeinen stellten sich die Chinesen jedoch verschiedene Zeitintervalle als abgegrenzte Einheiten vor. Das Universum wurde als ein riesiger Organismus betrachtet, der einem zyklischen Muster von Veränderungen unterworfen ist, wobei abwechselnd verschiedene Komponenten bestimmend sind. Bei diesem Gedanken war der Aspekt der zeitlichen Folge dem der wechselseitigen Abhängigkeit untergeordnet. So wie der Raum in einzelne Gebiete aufgeteilt war, wurde die Zeit in Jahreszeiten, Epochen und Ären untergliedert. Needham folgerte daraus: »In dem Maße, in dem die traditionelle chinesische Naturphilosophie an eine Zeitvorstellung in verschiedenen Unterteilungen gebunden war, konnte sich ein Galileo, der die Zeit in eine abstrakte geometrische Koordinate, in eine kontinuierliche mathematisierbare Dimension verwandelte, vielleicht nur schwer entwickeln.«[10]

China war so weit entfernt von Europa, daß zu der Zeit, als die wohlhabenderen Schichten im kaiserlichen Rom erstmals Seide kaufen konnten, niemand wußte, woher sie kam. Die Tatsache, daß sie überhaupt in Rom erhältlich war, zeigt andererseits, daß die beiden Zivilisationen nicht völlig ohne Verbindung waren. Im Mittelalter gelangten zahlreiche Erfindungen von China nach Europa, so zum Beispiel das Schießpulver, das Papier und der Kompaß.

Die Maya

Eine Kultur, die der Zeit besondere Aufmerksamkeit widmete und die bis lange nach ihrem Verfall vollkommen isoliert von Europa und

Asien lebte, war die Kultur der Maya in Mittelamerika, die ihren Höhepunkt zwischen 600 und 900 n. Chr. erreichte. Die Maya waren ein ackerbautreibendes Volk, das mit einem überaus schwierigen Klima zu kämpfen hatte. Dies muß in ihnen den Wunsch erweckt haben, so etwas wie einen Bauernalmanach zu besitzen, denn sie begannen, ein Verzeichnis der Tage zu erstellen und die Tage mit besonderen Symbolen zu belegen. Die Maya kannten zweierlei Arten Götter, die Gütigen, Wohlwollenden, die man verehrte, und jene mit einem zwiespältigen Wesen, die zum richtigen Zeitpunkt besänftigt werden mußten. Noch weitaus wichtiger war es jedoch, überhaupt zu wissen, wann die bösen Götter die Macht hatten, damit Schwierigkeiten so weit wie möglich dadurch vermieden werden konnten, daß man an solchen Tagen keine Tätigkeiten verrichtete. Um diesen Gegebenheiten gerecht zu werden, ersannen die Maya ein Kalendersystem von beträchtlicher Komplexität, was insbesondere dadurch erleichtert wurde, daß sie über ein bemerkenswertes Zahlensystem verfügten.

In der Tat gehörten die Maya zu den mathematisch höchstentwickelten Kulturen überhaupt. Sie arbeiteten bereits mit einem Stellenwertsystem und kannten ein Symbol für die Null. Statt unseres heutigen Dezimalsystems oder des babylonischen Sexagesimalsystems verwendeten die Maya ein System, das auf der Zahl 20 beruhte. Ein Monat besaß 20 Tage, von denen jeder als göttlich betrachtet und mit einem bestimmten Omen in Verbindung gebracht wurde. Dreizehn Monate von je zwanzig Tagen ergaben einen Zyklus von 260 Tagen, den Kern des Maya-Almanachs. Es ist vermutet worden, daß der Grund für diese Wahl darin bestand, daß das längere der beiden jährlichen Intervalle zwischen zwei Durchgängen der Sonne durch den Zenit in der Nähe von Copán genau 260 Tage betrug. Copán war eine der bedeutendsten Maya-Städte und lag auf der geographischen Breite von 15 Grad Nord.[11] Jedem der 260 Tage des »heiligen Jahres« war eine Zahl zwischen eins und dreizehn zugeordnet; außerdem gab es 20 verschiedene Tagesnamen. Diese wurden so miteinander kombiniert, daß die Bezeichnungen sich nur alle 260 Tage wiederholten. Den 260 Tagen des Zyklus entsprachen verschiedene Götter. Diese stellten so etwas wie Schutzheilige für die Menschen dar, die an diesem Tag geboren wurden. Später scheint es üblich geworden zu sein, die Menschen nach dem Tag ihrer Geburt zu benennen. Es scheint sogar, daß zwei Menschen nicht heiraten durften, wenn ihre Geburtstage dieselbe Numerierung aufwiesen.[12]

Neben dem 260tägigen Zyklus, dem »heiligen Jahr«, verwendeten die Maya das Sonnenjahr von 365 Tagen, das unter Archäologen als »angenähertes Jahr« bekannt ist. Es bestand aus achtzehn Monaten von jeweils zwanzig Tagen und fünf Schalttagen. Der nächstgrößere Zyklus im Kalendersystem (»Calendar Round«) der Maya betrug 18 980 Tage; dies entsprach der Verbindung des 260tägigen mit dem 365tägigen Zyklus. Die Zahl 18 980 ist das kleinste gemeinsame Vielfache von 260 und 365. Sie entspricht 52 »angenäherten Jahren« oder 73 »heiligen Jahren«. Das *katun*, das zwanzig Jahre à 360 Tage umfaßte und jeweils nach dem Tag benannt wurde, an dem es endete, war die wichtigste Zeiteinheit der Maya. Sie waren davon überzeugt, daß die Ereignisse in einem *katun*, das denselben Namen wie ein früheres hatte, jenen des früheren glichen.

Ein berühmtes Charakteristikum des Maya-Kalenders ist die als »Lange Rechnung« (»Long Count«) bekannte Ära, eine von einem legendären Anfangsdatum ausgehende Tag-Zählung. Dieses Datum, das, wie man glaubt, dem 10. August 3113 v. Chr. unserer Zeitrechnung entspricht, symbolisierte vermutlich die jüngste Erschaffung der Welt, denn die Maya glaubten, daß die Welt bereits mehrmals erschaffen und zerstört worden sei. Man nimmt heute an, daß die »Lange Rechnung« der Datierung historischer und nicht astronomischer Ereignisse diente. Seit etwa 1960 hat unser Wissen über die Maya-Kultur rapide zugenommen. Von vielen Inschriften, die bislang ausschließlich kalendarischen Inhalts zu sein schienen, weiß man heute, daß sie an bestimmte Ereignisse von großer historischer Bedeutung erinnern.[13] Die einzigen drei Maya-Bücher, die uns erhalten sind, beschäftigen sich jedoch allesamt mit Astronomie.

Das wichtigste dieser Werke ist der sogenannte *Codex Dresdensis*, der sich durch eine Reihe verblüffend genauer Tabellen für den Planeten Venus auszeichnet.[14] Dieser Planet wurde mit Kukulcan identifiziert, der das Gegenstück der Maya zum unheilverkündenden gefiederten Gott Quetzalcoatl der Azteken war. Die Vorhersage des heliakischen Aufgangs der Venus nach unterer Konjunktion, das heißt die Vorhersage ihres Wiedererscheinens als »Morgenstern« nach einer Periode der Unsichtbarkeit, war für die Maya von größter Bedeutung, da sie diesen Augenblick besonders fürchteten. Jeder Zyklus der Maya begann stets an einem bestimmten Tag des 260tägigen heiligen Jahres; für die Venus war dies der Tag 1 Ahau. Das wichtigste Problem dabei war, zu ermitteln, wie oft die Venus als »Morgenstern« wiedererscheinen mußte bzw. wieviele synodische Umläufe erforderlich waren, bis dieses Phänomen wieder am Tag 1 Ahau eintrat. Wenn die synodische Periode der Venus genau 584 Tage wäre, dann bräuchte man exakt 65 Umläufe bzw. 146 Umläufe im 260tägigen Zyklus. Dies hängt damit zusammen, daß das kleinste gemeinsame Vielfache von 584 und 260 die Zahl 37960 ist, das Produkt von 65 und 584 sowie von 146 und 260. Die Priester der Maya entdeckten jedoch, daß die synodische Periode der Venus mit 584 Tagen etwas zu hoch angesetzt war. (Der korrekte Wert ist auf zwei Dezimalstellen genau 583,92 Tage.) Das Problem der Bestimmung dieser Diskrepanz lösten die Maya erstaunlich gut. Obwohl ihre Arithmetik keine Brüche kannte und die Beobachtung der Gestirne aufgrund häufiger Frühnebel und starker Bewölkung in der Regenzeit erschwert war, gelang es ihnen, die synodische Umlaufzeit der Venus schließlich so genau zu bestimmen, daß der Fehler in fünftausend Jahren in der Größenordnung von einem Tag lag. Ein solcher Grad an Genauigkeit wurde in der europäischen Planetenastronomie erst in moderner Zeit erreicht. Der Kalender der Maya war damit etwa doppelt so genau wie der heutige Gregorianische Sonnenkalender und etwa vierzig Mal so genau wie der damals in Europa verbreitete Julianische Kalender. Um eine derart bemerkenswerte Leistung zu vollbringen, müssen viele Generationen von Astronomen geduldig den Himmel beobachtet und ihre Erkenntnisse zusammengetragen haben.

Unter allen alten Kulturen scheinen die Maya das Volk gewesen zu sein, das am stärksten von der Idee der Zeit besessen war. Es gibt Anzeichen dafür, daß sich auch einige der früheren Völker Mittelamerikas, zum Beispiel die Olmeken, mit dem Phänomen Zeit beschäftigten, doch keines in dem gleichen Maße wie die Maya. [15] Während man in der europäischen Antike glaubte, daß die Wochentage unter dem Einfluß der wichtigsten Himmelskörper standen — Saturn-Tag (Saturday), Mond-Tag, Sonnen-Tag etc. —, betrachteten die Maya die Tage selbst als göttlich. Die Maya stellten die Zeitabschnitte als Lasten dar, die von einer Hierarchie von göttlichen Trägern geschleppt wurden. Diese verkörperten dabei jeweils die Zahl, durch die sich die einzelnen Zeiteinheiten — Tage, Monate, Jahre etc. — unterschieden. Die Lasten wurden mit Hilfe eines über die Stirn laufenden Gurtes auf dem Rücken getragen. Am Ende jedes Zeitabschnitts gibt es eine kurze Pause, bevor der nächste Gott die Bürde aufnimmt. Anschaulich beschrieben wurde dies von einem der führenden Wissenschaftler auf dem Gebiet der Maya-Forschung, J. E. S. Thompson:

»Während ein Gott seine Hand zum Kopf hebt, um den Gurt mit der Last abzustreifen, haben andere ihre Bürde bereits abgesetzt und halten sie im Schoß. Der Nachtgott, der am Ende des Tages die Wanderschaft aufnimmt, steht im Begriff, sich mit seiner Last zu erheben. Mit der linken Hand vermindert er das auf den Stirngurt drückende Gewicht, mit der rechten stützt er sich beim Aufstehen mit seiner schweren Last auf dem Boden ab. In der Anspannung, die sich in den Zügen des Gottes abzeichnet, vermittelt der Künstler einen Eindruck der körperlichen Anstrengung, die es kostet, sich mit einer Last zu erheben. Es ist das typische Bild des seine Reise wiederaufnehmenden indianischen Trägers, das jedem vertraut ist, der das Hochland von Guatemala besucht hat.« [16]

Trotz der ständigen Beschäftigung mit zeitlichen Phänomenen gelangten die Maya nie zu der Vorstellung von Zeit als der Reise eines einzigen Trägers mit seiner Last. Ihr Zeitbegriff war magisch und polytheistisch. Der Weg, den die sich ablösenden göttlichen Träger mit ihrer Last entlangwanderten, kannte weder Anfang noch Ende. Die Ereignisse bewegten sich in einem Kreis, dargestellt in den wiederkehrenden Pflichten gegenüber jedem Gott in der Reihenfolge der Träger. Tage, Monate, Jahre, sie alle waren Mitglieder einander ablösender Mannschaften, die durch die Ewigkeit wanderten. Die Bürde jedes Gottes entwickelte sich allmählich zu dem besonderen Omen für den entsprechenden Zeitabschnitt. In einem Jahr mochte die Last Dürre bedeuten, in einem anderen vielleicht eine gute Ernte. Indem sie berechneten, welche Götter an einem bestimmten Tag zusammen wanderten, konnten die Priester das Zusammenwirken der Einflüsse aller auf Wanderschaft befindlichen Götter ermitteln und somit das Schicksal der Menschheit vorhersagen. Die Hierarchie der Zyklen für jeden Zeitabschnitt führte dazu, daß die Maya der Vergangenheit mehr Aufmerksamkeit widmeten als der Zukunft. Zwar mochten sich die besonderen Einzelheiten zweier *katuns* unterscheiden, doch glaubte man, daß sich die Geschichte im allgemeinen in jedem *katun* wiederholte und daß die bedeutenden Ereignisse einem vorbestimmten allgemeinen Muster folgten. In der Weltanschauung der Maya gab es somit keinen Fortschrittsgedanken, sondern nur eine Überlagerung von Vergangenheit, Gegenwart und Zukunft, die zu einem einzigen Ganzen verschmolzen.

Die klassische Periode der Maya-Kultur scheint etwa sechs Jahrhunderte vor der Eroberung Mittelamerikas durch die Spanier zu Ende gegangen zu sein. Aber auch wenn sie überlebt hätte, ist anzunehmen, daß die Besessenheit der Maya von der Zeit eine historische Kuriosität geblieben wäre, die keinen Einfluß auf die moderne Welt ausgeübt hätte. Denn trotz der erstaunlichen mathematischen und astronomischen Sachkenntnis, die die Maya-Priester an den Tag legten, war ihr Weltbild magisch und nicht wissenschaftlich. Sie interessierten sich zwar weitaus mehr für das Phänomen der Zeit als die Griechen, doch ist der das Denken der Maya beherrschende Zeitbegriff ausschließlich astrologisch zu verstehen. Dies zeigt sich in dem Umstand, daß jeder Augenblick als die Manifestation übernatürlicher Kräfte betrachtet wurde. Für eine Zivilisation, die das Rad nicht kannte, war es ausgeschlossen, die mechanische Uhr zu erfinden [17], doch scheinen die Maya noch nicht einmal die Sonnen- oder Wasseruhr zur Messung der Zeit entwickelt zu haben. Kurzum, sie besaßen zwar den Kalender, nicht aber die Uhr.

In seinem Buch über die Geschichte der Uhr und ihres Einflusses auf die moderne Welt vermutet der Verfasser D. S. Landes, daß wohl jeder, der die im 11. Jahrhundert in der Welt verbreiteten Techniken der Zeitmessung miteinander verglichen hätte, zu dem Schluß gekommen wäre, daß die Chinesen die mechanische Uhr vor den Europäern erfinden würden.[18] Aber die Chinesen entwickelten ihre horologischen Techniken nicht weiter, und als die Jesuiten im 16. Jahrhundert ihre Uhren nach China brachten, waren die Erfindungen Su Sungs und anderer längst vergessen. Wie die präzisen astronomischen Beobachtungen der Maya erwiesen sich diese technischen Errungenschaften als eine Sackgasse. Statt dessen tauchte die erste mechanische Uhr, und damit eine vollkommen neue, auf der Zeitmessung beruhende Form der Zivilisation in Europa auf.

Teil III

Die Zeit in der modernen Welt

7

....

Die Entwicklung und Verbreitung
der mechanischen Uhr

Die Erfindung der Spindelhemmung

Im Altertum waren Wasseruhren die einzigen mechanischen oder, streng genommen, quasi-mechanischen Instrumente zur Zeitmessung. Der grundlegende Unterschied zwischen Wasseruhren und mechanischen Uhren im eigentlichen Sinne des Wortes besteht darin, daß erstere auf einem kontinuierlichen Prozeß beruhen, zum Beispiel dem Strömen von Wasser durch eine Öffnung, während die letzteren von einer mechanischen Bewegung abhängen, die sich ständig wiederholt und die auf diese Weise Zeit gleichförmig in abgegrenzte Segmente unterteilt. Viele der alten Wasseruhren waren höchst komplexe Instrumente, insbesondere wenn sie so konstruiert waren, daß sie die im Laufe des Jahres variierenden Temporalstunden anzeigten. Obwohl es in der Antike keine mechanischen Uhren gab, scheinen mechanische Modelle gebaut worden zu sein, um die Bewegung der Himmelskörper relativ zueinander darzustellen. Cicero, der im 1. Jahrhundert v. Chr. lebte, erwähnt in seinem Werk *De republica* (I. XIV. 22) ein solches Instrument, das Archimedes in Syrakus (287- 212 v. Chr.) erfunden haben soll. Welcher Art das Getriebe war, ist uns nicht bekannt, aber die — leider verlorengegangene — Abhand-

157

lung des Archimedes *Über die Konstruktion von Himmelsgloben,*
d.h. über die Nachbildung des Himmels, könnte die notwendigen
mathematischen Berechnungen enthalten haben. Ein bemerkenswertes hellenistisches Zahnradgetriebe aus dem 1. Jahrhundert ist uns jedoch erhalten. Es wurde im Jahre 1900 in dem Wrack eines griechi-
sches Schiffes gefunden, das nahe der kleinen unfruchtbaren Insel
Antikythera vor der griechischen Südküste gesunken war. D.J.de
Solla Price berichtete 1974 über die Ergebnisse einer mit Hilfe von
Röntgen- und Gammastrahlen durchgeführten Untersuchung der
korrodierten Überreste dieses Bronzemechanismus und gelangte zu
der Schlußfolgerung, daß es sich um ein Instrument zur Kalender-
berechnung gehandelt haben muß.[1] Mit Hilfe gewisser Vorrichtun-
gen scheint es möglich gewesen zu sein, die Positionen von Sonne
und Mond im Tierkreis zu bestimmen. Außerdem enthielt es eine
Räderkonstruktion mit fester Übersetzung zur Mechanisierung des
Metonischen Zyklus, in dem 19 Sonnenjahre 235 Mondmonaten entsprechen (siehe Anhang 2). Nach heutigem Wissen gibt es kein anderes Instrument der Antike, das der Erfindung der mechanischen Uhr
näher kam.

Bis vor kurzem glaubte man, daß der Antikhytera-Mechanismus
das einzige noch erhaltene Beispiel für die mathematische Verzah-
nungslehre hellenistischer Tradition darstelle. 1983 erwarb das
Science Museum in London jedoch vier Fragmente eines Zahnradin-
struments aus der frühen byzantinischen Epoche, das wahrscheinlich
während oder kurz vor der Regierungszeit des Kaisers Justinian I.
(527-556) hergestellt wurde.[2] Das Instrument konnte vollständig re-
konstruiert werden; es handelte sich um eine tragbare Sonnenuhr mit
einem mechanisch angetriebenen Kalender, der die ungefähre Gestalt
des Mondes und sein Alter in Tagen anzeigte und möglicherweise
auch die Position des Mondes und der Sonne im Tierkreis angeben
konnte. Zwei der Fragmente enthalten Räder: Sie zählen jeweils 59
und 19 Zähne bzw. 10 und 7 Zähne. Diese entsprechen Teilen eines
mechanischen Kalenders, der von dem persischen Gelehrten al-Biruni (973-1048) um das Jahr 1000 beschrieben wurde. Auf diese
Weise konnte eine praktische Verbindung zwischen der hellenisti-

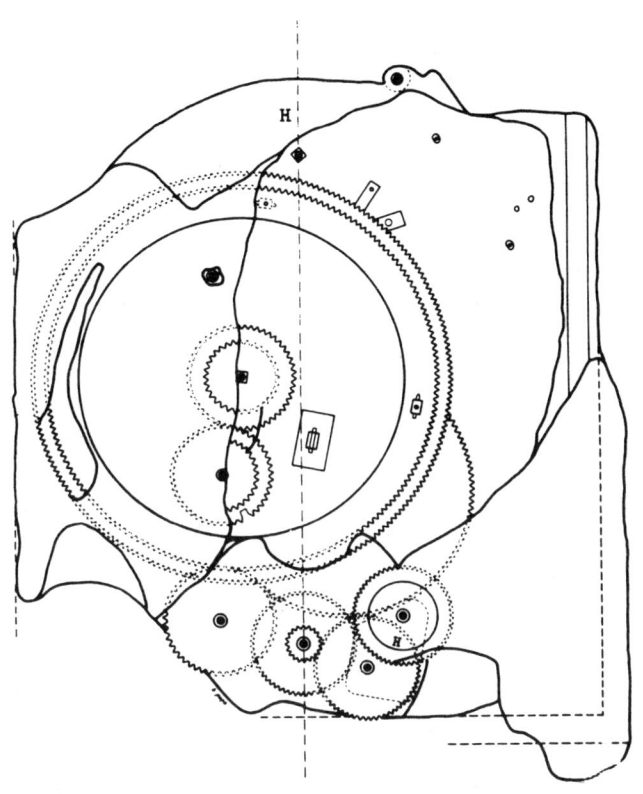

Rekonstruktion des Antikythera-Getriebes.

Diese Skizze zeigt das Zahnradgetriebe des Antikythera-Mechanis-
mus, wie ihn D. J. de Solla Price aus den vier stark korrodierten Bronze-
fragmenten rekonstruierte. Sie scheinen die Überreste von 31 Zahnrädern zu enthalten. Aus der Anzahl der Zahnradzähne schloß er, daß die
Funktion dieses Instruments kalendarischer Natur war, denn in dem
Gesamtmechanismus scheinen die Zahlen 19 und 235 eine Rolle gespielt zu
haben, was auf den Metonischen Zyklus hindeutet (siehe Anhang 2).
Es ist möglich, daß dieser Mechanismus nach der Eroberung Athens durch
die Truppen Sullas im Jahre 86 v. Chr. als Teil der Kriegsbeute nach
Rom gebracht werden sollte.

159

schen Tradition der mathematischen Verzahnung und der des mittelalterlichen Islam nachgewiesen werden. Das einzige noch erhaltene Beispiel eines islamischen Getriebes ist ein mechanischer Kalender, der die Form und das Alter des Mondes in Tagen sowie die Positionen von Sonne und Mond im Tierkreis anzeigte. Er ist an einem persischen Astrolabium aus dem frühen 13. Jahrhundert befestigt, das sich heute im Museum of the History of Science in Oxford befindet. Das früheste noch erhaltene Getriebe aus dem abendländischen Kulturkreis befindet sich an einem französischen Astrolabium aus dem Jahre 1300 und ist heute im Science Museum in London ausgestellt.

Obwohl zwischen den ersten mechanischen Uhren und den frühen zahnradgetriebenen astronomischen Modellen und Automaten bislang keine eindeutige Verbindung hergestellt werden konnte, ist zu vermuten, daß solche Uhren das Ergebnis einer langen Tradition sind. Darauf deutet zum Beispiel die Art hin, wie die aus dem späten 14. Jahrhundert stammende Uhr an der Kathedrale von Wells (Grafschaft Somerset) die Mondphasen anzeigt und wie jeweils zur vollen Stunde die Figuren erscheinen. Diese Ansicht wird auch von Quellentexten gestützt. Der eigentliche Ursprung der mechanischen Uhr liegt jedoch nach wie vor im dunkeln, auch wenn vermutet wird, daß sie gegen Ende des 13. Jahrhunderts erfunden wurde.

Zu Beginn jenes Jahrhunderts war der Markt für Wasseruhren bereits so groß, daß es in Köln eine eigene Uhrmacherzunft gab, die seit 1220 eine besondere Straße bewohnte, die Urlogengasse.[3] Da es in den kälteren Breiten häufig vorkam, daß Wasseruhren im Winter einfroren, entwickelte sich im 14. Jahrhundert allmählich die Sanduhr. Diese Erfindung geht auf die Einführung eines neuen, feineren »Sandes« zurück, der aus gemahlener Eierschale bestand. Grober Sand kann für diesen Zweck nicht verwendet werden, da er die Öffnung des Sandgefässes, durch die er rinnt, sehr schnell vergrößern würde. Es zeigte sich, daß die Sanduhr nur für die Messung kurzer Zeitperioden geeignet war, und so fand sie vor allem auf Schiffen zur Messung der Fahrtgeschwindigkeit Verwendung. Dies geschah, indem man die Knoten einer achteraus ablaufenden Logleine zählte, während mit der Sanduhr eine bestimmte Zeit, in der Regel eine halbe Minute, abgemessen wurde. Außerdem wurde die Sanduhr dazu benutzt, die Wachablösung auf See zu regeln. Als ein Attribut allegorischer Zeitdarstellung bürgerte sich die Sanduhr erst gegen Ende des 15. Jahrhunderts ein.[4]

Entscheidend gefördert wurde die Entwicklung der mechanischen Uhr vielleicht dadurch, daß in den mittelalterlichen Klöstern ein großes Bedürfnis nach zuverlässiger Zeitmessung bestand. Pünktlichkeit war eine Tugend, die als unabdingbar galt, und Verspätungen zum Gottesdienst oder zu den Mahlzeiten wurden streng geahndet. Die Bedeutung, die der Pünktlichkeit beigemessen wurde, entsprang keineswegs dem Wunsch, »Zeit zu sparen«, sondern lag vielmehr darin begründet, daß zur Aufrechterhaltung der Disziplin im klösterlichen Leben eine strenge Zeiteinteilung erforderlich war. Aber auch ungeachtet dessen erscheint es zwangsläufig, daß die Entwicklung der mechanischen Uhr in erster Linie auf die Kirche zurückzuführen ist, denn obwohl die Kraftübertragung mittels eines Seils seit langem allgemein bekannt war, blieb das Wissen um die Berechnung von Zahnrädern ausschließlich den gebildeten Schichten vorbehalten. Und Bildung war natürlich eine Domäne der Kirche.

Das englische Wort *clock* ist etymologisch verwandt mit dem mittellateinischen Wort *clocca* und dem französischen Wort *cloche*, die beide Glocke bedeuten. Glocken spielten eine wichtige Rolle im mittelalterlichen Leben, und die Mechanismen, die es gab, um sie zu bedienen, so etwa Zahnräder und schwingende Hebel, mögen dazu beigetragen haben, die Erfindung der mechanischen Uhr vorzubereiten. Als eine mögliche Untermauerung dieser Ansicht kann die einzige aus dem 13. Jahrhundert erhaltene Abbildung einer abendländischen Wasseruhr dienen, die um 1250 in Paris am Hofe von König Ludwig IX. Verwendung fand. Es handelte sich dabei im wesentlichen um eine Vorrichtung, die die Stunden läutete. Das einzige sichtbare Rad scheint 24 Zähne besessen zu haben, was darauf hin deutet, daß es täglich eine Drehung beschrieb. Der Antrieb erfolgte durch ein sich langsam absenkendes Gewicht, das an einem Seil hing, welches um eine Achse gewickelt war. Es ist dies das früheste Beispiel einer Uhr mit Gewichtsantrieb. Etwa zwanzig Jahre später sagte

Robertus Anglicus (»Robert der Engländer«) in seinem Kommentar zur *Abhandlung über die Sphäre* von Sacrobosco ein rein mechanisches Chronometer voraus. Er stellte sich dieses als ein gut ausbalanciertes Rad vor, das von einem an der Radachse hängenden Bleigewicht angetrieben würde, so daß es sich zwischen Sonnenaufgang und Sonnenuntergang genau einmal drehen würde. Allerdings bemerkte er, daß die Uhrmacher, die sich an einem solchen Zeitmeßgerät versuchten, bislang noch nicht erfolgreich gewesen seien. [5]

Unter der Schirmherrschaft von Alfons X. von Kastilien, der auch den Beinamen »der Weise« trug, stellte der Rabbi Isaac ben Sid von Toledo eine Sammlung verbesserter astronomischer Tabellen zusammen, die als die »Alfonsinischen Tabellen« bekannt sind. Sie wurden in den *Libros del saber de astronomica* im Jahre 1277 veröffentlicht. In Band IV dieses in Madrid 1866 neuaufgelegten Werkes sind verschiedene Erfindungen beschrieben, darunter auch eine »Quecksilberuhr«, die durch ein Gewicht angetrieben wurde und mit einer Bremse ausgestattet war. Diese Bremse bestand aus einer Trommel, die in zwölf Kammern unterteilt war, wobei die Zwischenwände winzige Öffnungen aufwiesen. Die unteren sechs Kammern waren mit Quecksilber gefüllt. Während das Antriebsgewicht die Trommel dreht, wird das Quecksilber angehoben, bis es ein Gegengewicht zum Antriebsgewicht bildet. Da das Quecksilber nun durch die Trennwände in die anderen Kammern fließt, kann das Antriebsgewicht langsam wieder absinken. Die gleichförmige Bewegung der Trommel hängt von der Viskosität des Quecksilbers ab. Die Bewegung kann reguliert werden, indem man das Gewicht und/oder die Größe der Trommel variiert. Das wesentliche Merkmal einer mechanischen Uhr, das diesem interessanten Instrument noch fehlt, ist die »Hemmung«. Die Erfindung der mechanischen Uhr wurde vermutlich nach 1277 gemacht, denn sonst wäre sie sicherlich im vierten Band der *Libros del saber de astronomica* erwähnt worden. Es scheint also, daß der Zeitpunkt der Erfindung der mechanischen Uhr zwischen 1280 und 1300 lag.

Die entscheidende Entdeckung, die die mechanische Uhr überhaupt erst ermöglichte, war die der Spindelhemmung mit Waag-

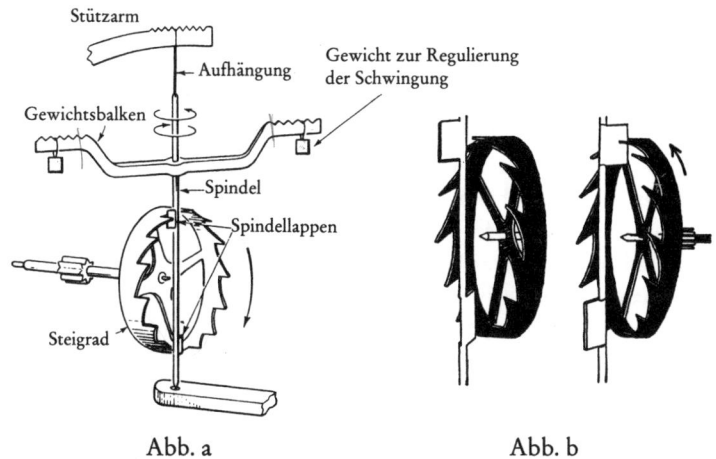

Stützarm

Aufhängung

Gewicht zur Regulierung
der Schwingung

Gewichtsbalken

Spindel

Spindellappen

Steigrad

Abb. a   Abb. b

Spindelhemmung mit Waagbalken.

Die Waag *oder* Foliot *(dieser Begriff leitet sich vom lateinischen Wort
für »Blatt« ab) ist ein horizontaler Schwingbalken mit einem Gewicht an
jedem Ende (Abb. a). In ihrer Mitte ist die* Waag *mit der* Spindel *verbunden, einer senkrechten Stange, an der sich zwei Klauen, die* Spindellappen, *befinden. Diese greifen wechselseitig in ein Zahnrad, das die
Spindel erst in die eine und dann in die andere Richtung dreht (Abb. b).
Dadurch entsteht die Schwingbewegung der* Waag. *Das Rad selbst
bewegt sich mit jeder vollen Schwingung um einen Zahn weiter. Die
Schwingungsfrequenz kann durch Veränderung der Gewichte oder
durch Veränderung ihres Abstands von der Spindel reguliert werden. Dieser geniale Mechanismus war robust und nahezu unempfindlich gegen
Verschleiß. Solange seine beweglichen Teile gut geölt wurden, war er un-
begrenzt funktionstüchtig. Sein Hauptnachteil bestand darin, daß der
Schwingbalken im Gegensatz zum Pendel keine eigene natürliche
Schwingungsperiode besitzt.*

balken. Dabei war ein waagerechter Stab, der Waagbalken, in seiner
Mitte mit einer vertikalen Stange, der Spindel, drehbar verbunden.
An der Spindel waren zwei Sperrklinken, die Spindellappen, angebracht. Diese griffen in ein Zahnrad, welches mit Hilfe eines über
eine Trommel laufenden Gewichts die Spindel erst in die eine Rich-

tung und dann in die andere Richtung bewegte, wodurch der Waagbalken hin und her schwang. Mit jeder vollen Schwingbewegung des Waagbalkens rückte das Rad um genau einen Zahn vor. Der Waagbalken war mit jeweils einem Gewicht an jeder Seite, den Regulatoren, ausgestattet. Durch Variation der Gewichte oder ihrer Entfernung von der Spindel war es möglich, die Frequenz der Schwingung zu verändern. (In Italien wurde der Waagbalken bisweilen durch ein Hemmrad mit ähnlicher Wirkung ersetzt.) Das System enthielt darüber hinaus einen Mechanismus zur Zählung der Schwingungen.

Es ist nicht bekannt, wer der Erfinder dieser genialen Vorrichtung war, doch datiert sie wahrscheinlich aus dem späten 13. Jahrhundert. C. F. C. Beeson zufolge wird eine Uhr mit mechanischer Hemmung in Europa erstmals 1283 in den *Annals of Dunstable Priory* von Bedfordshire erwähnt.[6] Andere Quellen nennen ferner die Kathedrale von Exeter (1284), die alte St. Pauls Kathedrale von London (1286), Merton College in Oxford (1288?), die Kathedrale von Norwich (1290), die Abtei von Ely sowie die Kathedrale von Canterbury. J. D. North, der auf diese Dokumente aufmerksam machte, bemerkt dazu: »Für sich allein genommen kann jeder dieser Hinweise mit Skepsis betrachtet werden, in ihrer Gesamtheit überzeugen sie uns jedoch davon, daß die mechanische Uhr in der Tat auf der Bildfläche erschienen war; dies gilt besonders angesichts der großen Geldsummen, die aufgewendet werden mußten, um die erforderlichen Materialien zu beschaffen.«[7]

Obwohl allgemein angenommen wird, daß die erste rein mechanische Hemmung die Spindelhemmung mit Waagbalken war, die man in verschiedenen Kirchenuhren in ganz Europa fand, ist die früheste urkundlich belegte Hemmung doch eine andere. Dies ist nämlich die Hemmung jener Uhr, die der spätere Abt Richard von Wallingford (ca. 1292-1336), der Sohn eines Schmieds, um 1328 für die Abtei von St. Albans entwarf. (Der Beruf seines Vaters ist von besonderer Bedeutung, da die Erfindung der mechanischen Uhr vermutlich eine Gemeinschaftsleistung war: Die Idee hatte ein Gelehrter, wahrscheinlich ein Mönch, während ein Schmied die Konstruktion ausführte.) Diese Hemmung beruhte auf einem Schwingmechanismus, der im

Vergleich zur Spindelhemmung mit Waagbalken über ein zusätzliches Rad verfügte. Mit Hilfe einer alten Handschrift, in der die St. Albans-Hemmung beschrieben ist, gelang es J.D. North, den Mechanismus zu rekonstruieren.[8] Er ist der Spindelhemmung in mancher Beziehung überlegen. North entdeckte außerdem, daß Leonardo da Vinci mehr als anderthalb Jahrhunderte später eine ähnliche Hemmung kannte. Zeichnungen dieses Mechanismus finden sich in seinem *Codex Atlanticus*, der etwa aus dem Jahr 1495 stammt. Allerdings kann Leonardo da Vinci nicht länger als ihr Erfinder gelten. Die Uhr von St. Albans war mit zwei einander sehr ähnlichen Hemmungen ausgestattet, eine zur Regelung des Laufwerks und eine zum Läuten der Stunde, wobei jede Stunde durch eine entsprechende Zahl von Schlägen angegeben wurde. (Dieser Uhr lag noch das 24-Stunden-System zugrunde.) North zufolge ist es denkbar, daß ein solches schwingendes Schlagwerk, das in bestimmten Intervallen durch eine hydraulische Uhr ausgelöst wurde, den Weg zur ersten wirklich mechanischen Hemmung bereitete.

Die älteste erhaltene Uhr in England ist die Uhr der Kathedrale von Salisbury, die nicht später als 1386 hergestellt wurde. Sie besitzt weder Zifferblatt noch Zeiger, sondern schlägt nur die Stunden. Die Spindelperiode für eine halbe Schwingung beträgt vier Sekunden. Diese Uhr wurde 1956, nachdem sie 72 Jahre stillgestanden hatte, von Grund auf restauriert und wieder in Betrieb genommen.[9] Eine wahrscheinlich von dem gleichen Konstrukteur stammende, vollständigere Uhr, die um 1392 für die Kathedrale von Wells gebaut wurde, befindet sich heute im Science Museum in London. (Beide Uhren sind im Laufe der Zeit zu Pendeluhren umgerüstet worden.)

Da Waagbalken und Zahnrad keine eigene Schwingungsperiode besitzen und außerdem Verluste durch Reibung auftreten, ließ die Genauigkeit der frühen mechanischen Uhren zu wünschen übrig. In diesem Zeitalter vorwärtsstrebender Zivilisation nahmen jedoch Zahl und Kunstfertigkeit der metallverarbeitenden Handwerker ständig zu. Eine leidenschaftliche Begeisterung für die Konstruktion ausgefeilter astronomischer Uhren setzte ein. Wie ein führender Wissenschaftshistoriker und Experte auf dem Gebiet mittelalterlicher Technik bemerkte: »Keine Gemeinde in Europa hätte sich noch für vollwertig gehalten, wenn nicht in ihrer Mitte die Planeten ihre Kreise gezogen hätten, während die Engel Posaune bliesen, Hähne krähten und Apostel, Könige und Propheten beim Schlag der Uhr hin- und widerzogen.«[10] Eines der herausragendsten Beispiele solcher Uhren stellt das zwischen 1348 und 1364 von Giovanni de' Dondi aus Padua konstruierte Astrarium dar. Dieses komplexe Instrument mit seinen fein gearbeiteten Zahnrädern und dem komplizierten Getriebe war aus Messing hergestellt und kleiner als die frühen englischen Uhren, die aus geschmiedetem Eisen gefertigt wurden und insgesamt schwerfälliger waren. Die Funktion der Zeitmessung erfüllte es nur nebenbei. In erster Linie diente es der mechanischen Darstellung des Universums und war somit eine Art Planetarium. Im Vergleich zu der etwa gleichzeitig in Betrieb genommenen astronomischen Uhr des Straßburger Münsters, der ersten einer Reihe berühmter Uhren dieser Art, war sie weitaus kunstvoller. Die um 1350 gebaute ursprüngliche Uhr des Straßburger Münsters enthielt wahrscheinlich neben beweglichen Figuren eine immerwährende Kalenderscheibe, möglicherweise auch eine Mondscheibe und ein Astrolabium. Das von Giovanni de' Dondi konstruierte Instrument verfügte dagegen über einen immerwährenden Kalender aller religiösen Feiertage, der beweglichen wie der unbeweglichen. Es zeigte außerdem die Bewegungen der Sonne, des Mondes und der Planeten an, ebenso die Bewegungen der Schnittpunkte der Mondumlaufbahn, die über achtzehn Jahre benötigen, um sich einmal vollständig um die Ekliptik zu drehen.

Es ist nicht überraschend, daß diese bemerkenswert vollständige astronomische Uhr die Aufmerksamkeit höchster Persönlichkeiten auf sich zog. So wurde sie im Jahre 1381 vom Grafen Giangaleazzo Visconti erworben, einem Intellektuellen, der als ein bedächtiger, aber schlauer Herrscher mit einer großen Liebe für Ordnung und Genauigkeit geschildert wird.[11] Er ließ sie in seinen Palast nach Pavia bringen, wo sie Berichten aus dem Jahre 1420 zufolge in der gräflichen Bibliothek aufgestellt wurde. Sie betriebsfähig zu halten, war außerordentlich schwierig, und als Kaiser Karl V. sie 1529 in Pavia er-

Eine Skizze der astronomischen Uhr von de' Dondi.

Diese Zeichnung aus dem Jahre 1461 ist einem Manuskript der Bodleian Library, Oxford, entnommen (MS. Laud Misc. 620, fol. 10v.). Sie
zeigt einen Teil der astronomischen Uhr von de' Dondi. Das komplizierte gewichtgetriebene Instrument wurde 1364 in Padua fertiggestellt
und durch eine waagerechte, wie eine Königskrone geformte Radunruh
reguliert. Zwei Spindellappen waren an der Achse dieses Rades befestigt.
Der obere war so angebracht, daß er von einem der 24 Zähne des Steig-
rades bewegt werden konnte, wodurch sich die Spindel und die Radunruh
drehten. Dies führte dazu, daß der obere Spindellappen frei schwang,
während gleichzeitig der untere Spindellappen in das Rad eingriff, wodurch Spindel und Unruh wieder zurückdrehten. Dieser Vorgang wiederholte sich mit einer Periode von 2 Sekunden. In den vergangenen Jahren wurden viele Modelle dieser Uhr gebaut; eines befindet sich im Museum of the Smithsonian Institution in Washington, DC.

blickte, bedurfte sie dringend der Reparatur. Karl V., der eine Vorliebe für technische Geräte hatte, beauftragte Gionallo Torriano von Cremona damit, sie zu reparieren. Aufgrund der starken Korrosion stellte sich dies jedoch als unmöglich heraus, so daß Torriano den Auftrag erhielt, ein ähnliches Instrument zu bauen. Als sich Karl V. 1555 mit einer reichen Sammlung von Uhren aller Art in das Kloster von San Yuste zurückzog, wurde er von Torriano begleitet. Nach dem Tode Karls V. im Jahre 1558 trat Torriano in die Dienste Philipps II., des Sohnes von Karl V., und zog nach Toledo, wo er 1585 starb. Vor wenigen Jahren entdeckte man alte Handschriften, die die Vermutung nahelegen, daß sich die Torrianische Nachbildung der Dondischen Uhr noch im 17. Jahrhundert in seinem Haus in Toledo befand. Entgegen der früheren Annahme ging sie also wahrscheinlich nicht mit dem Kloster San Yuste in Flammen auf, als dieses im Jahre 1809 von den Franzosen mitsamt seinen Kunstschätzen in Brand gesetzt wurde. In den vergangenen Jahren hat man übrigens eine Reihe von funktionsfähigen Nachbildungen der Dondischen Uhr hergestellt.

Im Laufe des 14. Jahrhunderts nahm die Zahl der mechanischen Uhren in Europa stetig zu; die meisten von ihnen waren entweder Kirchenuhren oder öffentliche Uhren. Zu den letzteren gehörte eine Schlaguhr, die von Giovanni de' Dondis Vater, Jacopo, gebaut wurde, der den Beinamen »Dall Orologio« trug. Sie wurde 1344 im Eingangsturm des Carrara Palastes in Padua errichtet, wo sie bis zu ihrer Zerstörung bei einem Angriff durch die Mailänder im Jahre 1390 stand. Obwohl die öffentlichen Uhren recht teuer waren, hielt man sie im allgemeinen für sehr nützlich. Während die Kirchenglocken dazu dienten, die Gläubigen an die verschiedenen religiösen Pflichten zu erinnern, war die Gemeindeuhr ein weltliches Instrument, das die Stunden läutete. Gegen Ende des 14. Jahrhunderts gab es auch bereits Uhren, die viertelstündlich läuteten, doch bedeutete dies keineswegs, daß sie genauer waren. Oftmals gingen sie bis zu einer Viertelstunde pro Tag falsch oder waren gar ganz defekt. Dies ist nicht überraschend, da alle Zahnräder mit der Hand ausgefeilt werden mußten.

Die Auswirkungen der mechanischen Uhr
auf die Gesellschaft

Mit der Verbreitung der mechanischen Uhr wurde es in weiten Teilen Westeuropas üblich, die gleichförmige Stunde von sechzig Minuten anzunehmen. Die frühesten urkundlich belegten Uhren, wie etwa die von St. Albans oder die der Palastkapelle der Visconti in Mailand, schlugen bis zu vierundzwanzig Mal. Es scheint, daß Dante eine solche Schlaguhr kannte, lange bevor die Uhr der Visconti im Jahre 1335 aufgestellt wurde. Möglicherweise hatte er die 1309 im Kirchturm von Sant' Eustorgio in Mailand installierte Eisenuhr gesehen, die erste uns bekannte öffentliche Uhr Italiens. In dem zwischen 1317 und 1320 entstandenen dritten Teil der *Göttlichen Komödie* (»Paradies«) bezieht sich Dante jedenfalls in einer berühmten Passage auf das Schlagwerk einer Uhr (24; 13-15): »Wie wohlgefügt der Uhren Räder tun — In voller Eil' zu fliegen scheint das letzte. Das erste scheint, wenn man's beschaut, zu ruh'n.« (E come cerchi in tempra d'oriuoli si giran si che il primo, a chi pon mente, quieto pare, e l'ultimo che voli …)

Trotz der Unannehmlichkeit, beim Glockenläuten auf große Zahlen achten zu müssen, hielt Italien noch viele Jahrhunderte an dem 24-Stunden-System fest. In den meisten anderen Ländern Westeuropas bürgerte es sich dagegen ein, den Tag in zwei Abschnitte von je zwölf Stunden zu unterteilen und die Stunden jeweils von Mitternacht und von Mittag an zu zählen. In der Textilmanufaktur ersetzte die gleichförmige, sechzigminütige Stunde schon bald den Tag als Grundeinheit der Arbeitszeit. So gestattete es im Jahre 1335 der Gouverneur von Artois den Einwohnern von Aire-sur-la-Lys, einen Stadtturm mit besonderer Glocke zu bauen, um die Arbeitsstunden der Textilarbeiter ein- und auszuläuten.[12] Das Problem der Länge des Arbeitstages war besonders in der Textilmanufaktur von großer Bedeutung, da die Löhne dort einen beträchtlichen Teil der Produktionskosten ausmachten.

Trotz der Erfindung der mechanischen Uhr blieb die Zeit für die meisten Menschen auch weiterhin ein sehr unregelmäßiges Phänomen. Niemand förderte diesen Eindruck mehr als die Kirche mit ihrem Kirchenkalender und ihren Bestimmungen darüber, was an bestimmten Tagen zu tun und zu lassen sei. Sogar für das Sprechen von Gebeten wurden genaue zeitliche Regeln aufgestellt. Bekannt als die kanonischen Horen oder Stundengebete folgten sie dem System der Temporalstunden. So gab es die Matutin, ein Morgengebet, das um Mitternacht gesprochen wurde, die Prim, ein Gebet, das bei Sonnenaufgang, zur ersten Stunde, gesprochen wurde, die Terz, das Gebet zur dritten Stunde, die Sext, das Gebet zur sechsten Stunde, die Non zur neunten Stunde, die Vesper zur elften Stunde (wobei die vier letztgenannten jeweils von Sonnenaufgang gerechnet wurden) und die Komplet, das Nachtgebet, das nach Sonnenuntergang gesprochen wurde. Im Laufe der Zeit wurde die Non um drei Stunden zurückverlegt, so daß sie schließlich auf den Mittag fiel. Dies erklärt übrigens, woher das englische Wort »noon« (Mittag) stammt.

Gottesfürchtige Menschen, die nicht dem Klerus angehörten, die aber dennoch an diesen Handlungen teilhaben wollten, benötigten ihre eigenen Gebetbücher, sogenannte »Stundenbücher«, die für die Andacht allein oder im Familienkreis gedacht waren. Das Wort »Stunde« bezeichnete dabei nicht den Zeitraum von sechzig Minuten, sondern weniger präzise Tagesabschnitte, die religiösen oder anderen Pflichten vorbehalten waren. Ursprünglich wurden Bücher dieser Art nur von Königen und hochadligen Persönlichkeiten in Auftrag gegeben, doch entstanden im 15. Jahrhundert besonders in Paris und anderen Städten Frankreichs und der Niederlande weltliche Werkstätten, die solche Bücher auch für eine breitere Öffentlichkeit herstellten. Als die größte einzelne Textgattung mittelalterlicher Schriften, die uns erhalten ist, sind sie das Vorbild aller späterer Gebetbücher.[13] Gewöhnlich begannen die Stundenbücher mit Abbildungen der monatsspezifischen Beschäftigungen, woran sich Auszüge aus den Evangelien und den liturgischen Horen von der Matutin und der Laudes bis zur Vesper und der Komplet anschlossen. Vervollständigt wurden sie in der Regel durch Miniaturen zum Leben der Jungfrau Maria. Das berühmteste dieser Stundenbücher ist das im frühen 15. Jahrhundert entstandene Werk *Très riches heures*, das die Brüder Limburg für den Herzog von Berry, den dritten Sohn König Johann II. von Frankreich, schufen.[14]

Die abergläubische Vorstellung von glück- und unglückbringenden Tagen, von der schon im Zusammenhang mit der römischen Gesellschaft die Rede war, erhielt im Mittelalter durch die schwarzlettrigen Tage im Kirchenkalender neuen Auftrieb. So betrachtete man im 15. Jahrhundert besonders den 28. Dezember, den Tag der Unschuldigen Kinder, der an den Kindermord von Bethlehem erinnert, als überaus unheilvoll. Doch nicht nur dieses Datum selbst, sondern auch der Wochentag, auf den der 28. Dezember fiel, galt im ganzen folgenden Jahr als unglückbringend und wurde deshalb ebenfalls als Tag der Unschuldigen Kinder bezeichnet. Diejenigen, die sich von diesem Glauben leiten ließen, brachen an jenem Wochentag weder zu einer Reise auf noch begannen sie irgendeine größere Arbeit. Ein interessantes Beispiel dieses Aberglaubens liefert die Krönung Eduards IV. von England am 4. März 1461. Da der 28. Dezember des vorangegangenen Jahres auf einen Sonntag gefallen war, mußte die Krönung Eduards, die sonntags stattgefunden hatte, an einem anderen Wochentag wiederholt werden![15] Sogar noch in der zweiten Hälfte des 16. Jahrhunderts war es nicht ungewöhnlich, daß der erste Minister Königin Elisabeths von England, Lord Burghley, seinen Sohn ermahnte, neue Unternehmungen nicht an einem der drei besonders unheilvollen Tage des Kirchenkalenders zu beginnen. Dies waren der erste Montag im April, der Tag, an dem Abel ermordet wurde, der erste Montag im August, der Tag der Zerstörung Sodom und Gomorrhas, sowie der letzte Montag im Dezember, der Geburtstag des Judas Ischarioth.

Eine besondere Klasse von Tagen (und Wochen), die sich sowohl in der römisch-katholischen als auch in der anglikanischen Kirche erhalten hat, ist die der »Quatembertage« und »Quatemberwochen«, die mit den vier Jahreszeiten verknüpft sind. Die erste der vier Quatemberwochen beginnt am Tag der Heiligen Lucia (13. Dezember), die zweite am ersten Sonntag in der Fastenzeit, die dritte am Pfingstsonntag und die letzte am Tag der Kreuzerhöhung (14. September). Als Quatembertage gelten jeweils der Mittwoch, der Freitag und der

Samstag der betreffenden Wochen. Traditionell wurde an diesen Tagen gefastet und gebetet. Die auf die Quatembertage folgenden Sonntage, wie etwa der Dreifaltigkeitssonntag (Trinitatis), waren der Priesterweihe vorbehalten, ein alter Brauch, den Papst Gregor VII. um das Jahr 1085 kirchenrechtlich verankerte.

Der Glaube an die Gleichförmigkeit der Zeit wurde in England maßgeblich von den Puritanern beeinflußt, die die Gebräuche der römisch-katholischen Kirche, vor allem die Vorstellung besonderer Tage im Kirchenkalender, vehement ablehnten. Sie traten statt dessen für einen geregelten Wochenablauf mit sechs Arbeitstagen und einem Ruhetag am Sonntag ein. Obwohl der Puritanismus nach der Wiedereinsetzung der Monarchie im Jahre 1660 rigoros zurückgedrängt wurde, gewann diese sogenannte nonkonformistische Ethik stark an Einfluß. Bis gegen Ende des 17. Jahrhunderts hatte sie sich allgemein durchgesetzt. Keith Thomas bemerkte dazu: »Dieser Wandel in den Arbeitsgewohnheiten stellte einen bedeutsamen Schritt auf dem Weg zur gesellschaftlichen Akzeptanz unserer modernen Vorstellung von einer gleichförmigen Zeit dar, einer Vorstellung, die im Gegensatz zur primitiven Wahrnehmung von Zeit als ungleichförmig und unregelmäßig steht.« [16]

In Frankreich ergriff König Karl V. bereits im Jahre 1370 erste Maßnahmen, um die Vorherrschaft der liturgischen Praxis der Kirche zu brechen. Er ordnete an, daß alle Glocken in Paris nach der kurz zuvor von Heinrich von Wiek (Henri de Vic) erbauten königlichen Palastuhr zu stellen und in stündlichen Abständen zu läuten seien. Obwohl die meisten Uhren bis in die Mitte des 17. Jahrhunderts aufgrund der mit der Zeitmessung verbundenen praktischen Schwierigkeiten nur einen Zeiger und eine grobe Zifferblatteinteilung in Stunden und Viertelstunden besaßen, setzte sich das abstrakte Grundgerüst einer gleichförmig unterteilten Zeit allmählich als das Medium eines neuen Lebensgefühls durch.

Diese in den Städten einsetzende bedeutsame Entwicklung wurde durch den Handel und die Entstehung einer Geldwirtschaft wesentlich gefördert. Solange Macht mit dem Besitz von Land verbunden war, hatte man Zeit keineswegs für ein knappes Gut gehalten; viel-

172

mehr assoziierte man Zeit mit dem unveränderlichen Rhythmus der Scholle. Durch den verstärkten Geldumlauf und die Entstehung von Handelsorganisationen wurde jedoch Mobilität immer wichtiger. Zeit wurde nicht länger nur mit Naturkatastrophen und Festtagen in Verbindung gebracht, sondern auch mit dem ganz alltäglichen Leben. Viele Angehörige der mittleren Gesellschaftsschichten gelangten daher zu der Einsicht, daß Zeit Geld sei und dementsprechend sorgfältig und sparsam eingesetzt werden müsse. Wie Lewis Mumford festgestellt hat: »Die Zeitmessung ging über in ein Zeit-Sparen, in ein Zeit-Einteilen, in eine Rationierung der Zeit. Gleichzeitig verlor die Ewigkeit ihre Bedeutung als Maßstab und Mittelpunkt aller menschlichen Handlungen.«[17]

Ein typisches Beispiel für die spätmittelalterliche Einstellung zur Zeit ist ein Brief, den die Gattin des »Kaufmanns von Prato« im Jahre 1399 an ihren alternden Gemahl, Francesco di Marco Datini, schrieb: »Angesichts all der Aufgaben, die Du zu bewältigen hast, erscheint mir jede Stunde, die Du verschenkst, wie tausend. [...] Denn nichts halte ich in Deinem Interesse für so kostbar für Leib und Seele wie die Zeit, und es scheint mir, daß Du sie zu gering achtest.«[18] Zwei Jahre später äußerte sich Datini in ähnlicher Weise gegenüber einem seiner Geschäftspartner in Spanien, Cristofano di Bartolo, den er in einem Brief überzeugen wollte, nach Hause zurückzukehren. In ähnlicher Weise äußert sich Chaucer in der Einführung des Wirtes zu der »Erzählung des Rechtsanwalts«, die ein Bestandteil seiner um das Jahr 1400 entstandenen *Canterbury Tales* ist:

Und aus dem Schatten schloß er dann ganz scharf,
Daß Phöbus, der so hell heut schien und klar
Auf fünfundvierzig Grad geklommen war.
So folgert' er, es sei an diesem Tage,
Bei dieser Breite, zehn Uhr ohne Frage.
Sein Pferd umwendend, hielt er plötzlich an.
»Herrschaften«, sprach er warnend, »denkt daran,
Der vierte Teil des Tags ist schon entflohn;
Drum bitte ich euch bei Gott und bei Sankt John,

Verliert nicht Zeit und eilt euch, was ihr könnt,
Da Tag und Nacht die Zeit von dannen rennt,
Teils, wenn wir schlafen, heimlich sich entzieht,
Teils, wenn wir wach, uns ungenützt entflieht,
So wie der Strom talabwärts sich ergießt,
Doch nie zurück zu dem Gebirge fließt.«

Für viele Unternehmungen und Handlungen galt Zeit zunehmend als wertvoll. Im frühen und hohen Mittelalter war es möglich gewesen, viele Jahrzehnte, ja sogar Jahrhunderte, auf den Bau einer Kathedrale, einer Burg oder eines Rathauses zu verwenden. Dies lag daran, daß das menschliche Leben in erster Linie als das Leben der Gemeinschaft betrachtet wurde, in dem eine Generation still der nächsten folgte, so daß es nicht zwingend notwendig war, den Bau schnell zu vollenden. All dies sollte sich im späten Mittelalter und in der Renaissance ändern. Sogar in der Malerei machte sich der Faktor Zeit bemerkbar. Zwar wurden in vielen Gemälden jener Epoche aufeinanderfolgende Szenen in einem Bild dargestellt, doch spielten zeitliche Erwägungen in anderer Hinsicht eine entscheidende Rolle. Sie führten zum Beispiel dazu, daß die *a secco* Malerei die reine *a fresco* Malerei verdrängte, denn die lange Lehrzeit, die ein Schüler benötigte, bis er die Freskomalerei beherrschte, war nicht länger aufrechtzuerhalten. Ein erfolgreicher Maler mußte schnell arbeiten, um allen Aufträgen, die er erhielt, nachkommen zu können. Sogar ein so großartiger Künstler wie Michelangelo (1475-1564) war nicht in der Lage, diese Entwicklung aufzuhalten. Er konnte sich zwar darin durchsetzen, daß das ursprünglich als Ölgemälde in der *a secco* Technik geplante *Jüngste Gericht* in der Sixtinischen Kapelle als Fresko ausgeführt wurde, denn Michelangelo betrachtete die Ölmalerei als eine Technik, die nur für Frauen und schlampige Leute geeignet war, doch befand er sich mit seiner Auffassung im Widerspruch zum Zeitgeist. Trotz seines Beispiels starb die großartige Kunst der reinen Freskomalerei aus, da sie sich als unvereinbar mit der neuen gesellschaftlichen Einstellung zur Zeit erwies.
Dieses neue Zeitverständnis führte auch auf dem Gebiet der Uhrentechnik zu einer Neuerung, die weitreichende Auswirkungen auf

die Gesellschaft haben sollte. Die ersten mechanischen Uhren waren groß und unhandlich gewesen, so daß schon bald der Wunsch nach kleineren, tragbaren Mechanismen laut wurde. Um diesem Bedürfnis Rechnung zu tragen, ging man im 15. Jahrhundert dazu über, Uhren mit Federn statt mit Gewichten anzutreiben. Diese Entwicklung war überaus bedeutsam, da sie der Erfindung der Haus- und Taschenuhr den Weg bereitete. Eines der frühesten Beispiele einer tragbaren Uhr ist die goldene Dose »darinnen sich eine Uhr befindet«, die König Heinrich VIII. im Jahre 1540 Catherine Howard, seiner fünften Gemahlin, schenkte.[19] Öffentliche Uhren, die sich entweder an Kirchen, Türmen oder öffentlichen Gebäuden befanden, erinnerten die Menschen nur sporadisch an den Verlauf der Zeit. Haus- und Taschenuhren waren dagegen ständig sichtbare Zeitmesser. Wie D. S. Landes bemerkte, dienten öffentliche Uhren dazu, Märkte zu eröffnen und zu beschließen, Anfang und Ende der Arbeitszeit zu verkünden und Menschen zusammenzurufen, doch signalisierten sie immer nur einen bestimmten Augenblick und keinen kontinuierlichen Zeitverlauf. Zimmer- und Taschenuhren waren dagegen ständig sichtbar und gemahnten ihre Besitzer fortwährend an die Zeit, die vergangen war, an die Zeit, die sie verschenkt, verloren oder verschwendet hatten. Sie waren somit zugleich Ansporn und Schlüssel für persönliche Leistung und Produktivität.[20]

Trotzdem sollten noch Jahrhunderte vergehen, ehe diese Erfindung allgemeine Verbreitung fand. In der Tat war der Besitz einer Haus- oder Taschenuhr lange Zeit auf die wohlhabenderen Bevölkerungsschichten beschränkt, die Uhren als ein Zeichen ihres Reichtums und weniger als eine soziale Notwendigkeit betrachteten. Noch bis in die Mitte des 17. Jahrhunderts stellen wir fest, daß auch wichtige Regierungsbeamte, wie etwa der dreißigjährige Samuel Pepys (1633-1703), keine Uhr besaßen. Statt dessen richtete sich Pepys wie die meisten seiner Zeitgenossen nach dem Läuten der Kirchenglokken in London und gelegentlich nach einer Sonnenuhr. Folglich wurden nur wenige Verabredungen getroffen. Pepys pendelte vielmehr ständig zwischen öffentlichen Gebäuden, Kaffee- und Wirtshäusern hin und her, in der Hoffnung, irgendwelche Geschäfte tätigen zu können. Häufig suchte er auch den Lord High Admiral, James, Herzog von York, zuhause auf, nur um dann festzustellen, daß dieser auf die Jagd gegangen war. Jedoch äußerte Pepys bei solchen Anlässen niemals Überraschung oder gar Verärgerung. Die Zeit hatte für ihn und die meisten seiner Zeitgenossen einen völlig anderen Stellenwert als für uns.

Da Uhren über lange Zeit hinweg ein Spielzeug der Reichen darstellten, ist es nicht überraschend, daß die gewöhnlichen Leute, wenn sie einmal ein solches Instrument zu Gesicht bekamen, verwirrt reagierten, es oftmals sogar für gefährlich und für ein Machwerk des Bösen hielten. Ein amüsantes Beispiel erzählt John Aubrey: Thomas Allen (1542-1632), ein Professor an der Universität Oxford und Besitzer zahlreicher mathematischer und technischer Instrumente, besuchte einmal während der Semesterferien einen Freund auf dem Lande. Eines Tages ließ er zufällig seine Taschenuhr auf dem Fensterbrett seines Zimmers liegen. Laut Aubrey trug sich daraufhin die folgende Begebenheit zu: »Als die Dienstmädchen sein Zimmer betraten, um das Bett zu machen, hörten sie etwas aus einer Dose Ticktack, Tick-tack rufen. Sofort schlossen sie, daß dies nur der Teufel sein könne, packten die Dose an ihrer Kette und warfen sie aus dem Fenster in den Bach, um den Teufel zu ertränken. Wie der Zufall es wollte, verfing sich die Kette jedoch in dem Ast eines Holunderbaumes, der am Bach wuchs, was die Dienstmädchen noch mehr in ihrer Überzeugung bestätigte, hier den Teufel vor sich zu haben. Der alte Herr erhielt jedoch auf diese Weise seine Uhr zurück.«[21]

Als die Menschen noch keine Uhren besaßen, zudem in weitaus größerer Zahl als heute auf dem Lande lebten, achtete man viel stärker auf die mit den verschiedenen Pflanzen und Tieren verknüpften zeitlichen Rhythmen. So gab es sogar Pflanzen, die nach ihren besonderen zeitlichen Eigenschaften benannt waren, zum Beispiel das Gänseblümchen, das auf englisch *daisy* bzw. *day's eye* heißt. Der Name ist eine Anspielung darauf, daß die Blume morgens ihre Blüte öffnet, wodurch das gelbe Innere sichtbar wird, während sie sich abends wieder verschließt. Die beachtlichste natürliche Zeitanzeige ist der Hahnenschrei. In der »Erzählung des Nonnenpriesters« zollt

Chaucer den horologischen Fähigkeiten des Hahns Chanteklär Respekt:

> Viel sichrer konnte man nach seinem Krähen
> Als nach der Kirchen- und Abteiuhr gehen.
> Er kannte von Natur in der Umgebung
> Des Orts der Sonne Senkung und Erhebung;
> Er krähte, wenn die Sonne fünfzehn Grad
> Erklommen hatte, laut und akkurat.

Obwohl tragbare Uhren bis gegen Ende des 17. Jahrhunderts außerordentlich selten anzutreffen waren, machte sich doch der Einfluß der mechanischen Zeitmessung in mancherlei Beziehung bemerkbar. Auf einige Folgen sind wir bereits eingegangen. Andere betreffen zum Beispiel den Bergbau. Wie dem 1555 erschienenen Werk *De re metallica* (*Vom Bergkwerck*) von Georgius Agricola (Georg Bauer) zu entnehmen ist, war der Bergbau im 16. Jahrhundert bereits streng von der Uhr beherrscht. So beschreibt Agricola ausführlich, wann die einzelnen Schichten der Bergleute beginnen. Auch viele studierte Menschen, wie Richter und Lehrer, begannen ihre Arbeit zu festgelegten Zeiten, und im späten Mittelalter mußten sich sogar die ungebärdigen Studenten an den Universitäten, zum Beispiel in Oxford, der Disziplin eines festen Stundenplans unterwerfen. Die ersten Vorlesungen begannen im Sommer oft schon zwischen fünf und sechs Uhr morgens (im Winter um sieben Uhr) und dauerten ohne Frühstückspause bis etwa zehn Uhr. [22]

Es ist interessant zu beobachten, wie sich im Laufe der Jahrhunderte unsere Essenszeiten verändert haben, zumal uns im alltäglichen Leben nicht nur die Uhr verrät, in welchem Abschnitt des Tages wir uns befinden, sondern auch das Essen, das wir zu uns nehmen. So beginnt der »Nachmittag« heutzutage im allgemeinen Sprachgebrauch eine oder mehrere Stunden, nachdem es der Uhr zufolge Mittag war. Auch das Abendessen hat sich immer weiter nach hinten verschoben. Die faszinierenden Details dieser geschichtlichen Entwicklung sind von Arnold Palmer anschaulich beschrieben worden. [23]

Obwohl die meisten Menschen im 16. Jahrhundert keineswegs im gleichen Maße unter der Herrschaft der Uhr standen wie wir heute, fühlte sich Rabelais doch veranlaßt, den Bruder Hannes in seinem Werk *Gargantua* (1535) sagen zu lassen: »Die Stunden sind für den Menschen da und nicht der Mensch für die Stunden.«[24]

8

··

Der Zeit- und Geschichtsbegriff in der
Renaissance — die wissenschaftliche Revolution

Die Kalenderreform

Schon immer orientierte sich die Zeitmessung letztlich an astronomischen Beobachtungen. Dies führte im Laufe der Geschichte dazu, daß Stunden, Minuten und Sekunden als Bruchteile einer Umdrehung der Erde um die eigene Achse definiert wurden. Da es sich im täglichen Leben als vorteilhaft erwies, diese Rotation auf die Sonne zu beziehen, definierte man den »mittleren Sonnentag« als die Zeit, die die Erde benötigt, um sich relativ zur Sonne einmal um ihre eigene Achse zu drehen, wobei man Korrekturen für alle bekannten Unregelmäßigkeiten vornahm. Da die Erde bei ihrem Umlauf um die Sonne nämlich nur annähernd eine Kreisbahn beschreibt, ist die relative Geschwindigkeit der Sonne nicht vollkommen gleichförmig. Außerdem verläuft die scheinbare Bewegung der Sonne am Himmel nicht entlang des Himmelsäquators (der eine Projektion des Erdäquators an das Himmelsgewölbe darstellt), wodurch die parallel zum Äquator gerichtete Bewegungskomponente der Sonne variiert. Für die Zwecke der gewöhnlichen Zeitmessung definiert man deshalb eine sogenannte »mittlere Sonne«, die sich mit konstanter Geschwindigkeit, der mittleren Geschwindigkeit der wahren Sonne,

179

gleichmäßig bewegt. Die Differenz zwischen der mittleren und der wahren Sonnenzeit (wie sie durch eine Sonnenuhr angezeigt wird) heißt »Zeitgleichung«. Sie ist vier Mal im Jahr gleich Null und zwar stets um die folgenden Daten: 15. April, 15. Juni, 31. August und 24. Dezember. Zur höchsten Abweichung zwischen dem wahren Mittag und dem mittleren Mittag kommt es um den 3. November, wenn die wahre Zeit im Vergleich zur mittleren Zeit etwa 16,5 Minuten vorgeht. Der höchste Wert, um den der mittlere Mittag gegenüber dem wahren Mittag vorgeht, ist etwa 14,5 Minuten, ein Ereignis, das um den 12. Februar eintritt. Die »mittlere Sonnensekunde« wird als der entsprechende Bruchteil des mittleren Sonnentages definiert: nämlich ein 86 400stel.

Obwohl wir es im alltäglichen Leben praktischer finden, die Zeit nach der Position der Erde relativ zur Sonne zu bestimmen, ist es in Wirklichkeit doch wesentlich genauer, die Meridiandurchgänge bestimmter Sterne zu messen. Der Meridian ist der an den Himmel projizierte Längengrad des Ortes auf der Erdoberfläche, von dem die Beobachtungen gemacht werden. Die Zeitspanne zwischen zwei aufeinanderfolgenden Durchgängen eines Sterns oder einer Gruppe von Sternen durch den Meridian wird »siderischer Tag« oder »Sterntag« genannt. Da das Jahr einen siderischen Tag mehr besitzt als Sonnentage, folgt daraus, daß der Sonnentag etwa vier Minuten länger ist als der siderische Tag. Dieser kann mit Hilfe einer numerischen Formel, die aufgrund zweihundertjähriger Beobachtungen auf zehn Dezimalstellen genau ist, in einen Sonnentag umgerechnet werden.

Die den Jahreszeiten und dem Kalender zugrundeliegende Zeiteinheit heißt das »tropische Jahr«. Es ist definiert als die Zeitspanne zwischen zwei aufeinanderfolgenden Durchgängen der Sonne durch den Frühlingspunkt. Der Frühlingspunkt ist der Punkt, an dem die Ekliptik, das heißt die Bahn der Sonne auf ihrem scheinbaren Weg durch die Sternbilder, zur Frühlings-Tagundnachtgleiche den Himmelsäquator schneidet. Da der Frühlingspunkt eine rückläufige Bewegung von etwas über 50 Bogensekunden pro Jahr durchführt, ist das tropische Jahr kürzer als der Zeitraum zwischen zwei Durchgängen der Sonne durch denselben Punkt der Himmelskugel. Dieses

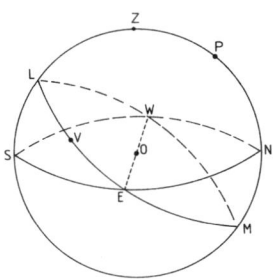

Die Himmelskugel.

Im Gegensatz zu den Planeten, Satelliten und Kometen sind die sogenannten »Fixsterne« so weit von der Erde entfernt, daß man sie als festste-
hende Punkte auf einer Kugel ansehen kann, deren Halbmesser viel
größer ist als der Radius der Umlaufbahn der Erde um die Sonne. Die Ver-
bindungslinien, die zwischen irgendeinem gegebenen Stern und beliebigen irdischen Beobachtern gezogen werden, durchstoßen diese sogenannte
»Himmelskugel« in demselben Punkt. Daher kann jeder Beobachter
O als im Mittelpunkt der Himmelskugel befindlich angesehen werden.
Aufgrund der täglichen Umdrehung der Erde scheint es, als ob die
Himmelskugel um die Gerade rotiert, die Nord- und Südpol der Erde ver-
bindet. Im mathematischen Sprachgebrauch heißt jeder Kreis auf der
Kugeloberfläche, der O zum Mittelpunkt hat, Großkreis. So sind die Län-
genkreise entlang der Erdoberfläche Großkreise, während die Breiten-
kreise mit Ausnahme des Äquators keine sind; sie sind nur sogenannte
Kleinkreise. In der obigen Abbildung entspricht der Großkreis
E-N-W-S dem Horizont des Beobachters O mit dem Zenit Z als Pol.
Analog dazu stellt der Großkreis E-L-W-M den Himmelsäquator,
d. h. die Projektion des Erdäquators auf die Himmelskugel dar. In der
Nähe ihres Nordpols P befindet sich der sogenannte Polarstern. V ist
der Frühlings- oder Widderpunkt. Aufgrund des Umlaufs der Erde um die
Sonne scheint sich die Sonne vor dem Hintergrund der Fixsterne zu bewegen. Die Projektion ihrer Bahn auf die Himmelskugel, die Ekliptik, ist
ein Großkreis durch V und liegt in einer Ebene, die die Äquatorebene
in einem Winkel von etwa 23,5 Grad schneidet. Die Linie O-P bestimmt
die Achse der täglichen Erdrotation. Die Himmelskugel dreht sich
kreiselartig um die Verbindungslinie zwischen O und den Polen der
Ekliptik. Diese »Präzession der Äquinoktien« hat eine Periode von
etwa 26 000 Jahren.

Phänomen der »Präzession der Äquinoktien« ist eine Folge der Gravitationsanziehung der Sonne und des Mondes auf den Äquatorwulst der Erde. Diese führt nämlich dazu, daß die Erdachse mit einer Periode von 25 800 Jahren eine Kreisbewegung beschreibt, eine Erscheinung, die mit der Achsenverlagerung eines Kreisels vergleichbar ist. Die Entdeckung der Präzession der Äquinoktien geht auf den großen griechischen Astronomen Hipparch zurück. Ihre Kenntnis ist für eine genaue Bestimmung des Kalenders unerläßlich. In der Antike maß man die Länge des tropischen Jahres mit der Hilfe eines Gnomons, einer Art Sonnenuhr, die immer am gleichen Ort aufgestellt war. Wenn die Sonne an aufeinanderfolgenden Sonnenwenden mittags ihren kürzesten Schatten warf, wußte man, daß ein Jahr vergangen war. Die Länge des siderischen Jahres wurde dagegen durch die Beobachtung sukzessiver heliakischer Aufgänge eines hellen Sterns bestimmt. Modernen Messungen zufolge hat das tropische Jahr ungefähr 365,2422 mittlere Sonnentage, während das siderische Jahr etwa 365,2564 solcher Tage besitzt.

Die dem Julianischen Kalender zugrundeliegende Schätzung des tropischen Jahres lag mit 365,25 Tagen nur etwa 11 Minuten über dem wahren Wert. Diese summierten sich jedoch alle 128 Jahre zu einem ganzen Tag. Folglich war die Frühlings-Tagundnachtgleiche, die zur Zeit Julius Cäsars noch am 25. März stattgefunden hatte, im Jahr 1582 auf den 11. März zurückgefallen. Auch Ostern, das nach dem Konzil von Nikäa (325) am ersten Sonntag nach dem ersten Frühlingsvollmond gefeiert werden sollte (das heißt nach dem ersten Vollmond am oder nach dem 21. März), hatte sich ständig weiter von diesem Zeitpunkt entfernt. Damit die Frühlings-Tagundnachtgleiche am 21. März stattfand, erließ Papst Gregor XIII. auf Empfehlung einer besonderen Kommission, der auch der berühmte jesuitische Astronom Christoph Clavius angehörte, daß der Tag nach dem 4. Oktober 1582 in den 15. Oktober umzubenennen sei. Man hatte den Oktober gewählt, da dieser Monat nur wenige Heiligentage und andere Kirchenfeste besaß. Außerdem wurde festgelegt, daß alle vierhundert Jahre drei Schaltjahre ausfielen, und zwar jene Jahre, deren Zahl nicht durch 400 teilbar ist. Das Jahr 1600 war also ein Schaltjahr, ebenso wie das Jahr 2000 eines sein wird, aber die dazwischenliegenden Jahrhundertwenden waren keine. Darüber hinaus wurde der Beginn des Jahres auf den 1. Januar festgelegt. Dieser neue Kalender war von Luigi Giglio, einem Dozenten der Medizin an der Universität von Perugia, entwickelt worden. Zwar starb Aloisius Lilius, so sein latinisierter Name, schon im Jahre 1576, doch erhielt der Papst durch Giglios Bruder Antonio Kenntnis von diesem Kalender. Das Manuskript wurde leider nie gedruckt und ist heute verschollen. Clavius würdigte Lilius jedoch als einen Mann, dem unsterblicher Ruhm gebühre, da er der Haupturheber dieser hervorragenden Kalenderkorrektur sei. Eine ausführlichere Darstellung dieser Thematik findet sich im Anhang dieses Buches, wo auch die Berechnung des Osterfestes erklärt ist.

Zunächst wurde der Gregorianische Kalender nur in den katholisch regierten Länder angenommen. In den protestantischen Ländern lehnte man ihn trotz einiger Unterstützung von einflußreicher Seite ab, da man allgemein glaubte, daß der Papst, »mit Schlangenverstand und Fuchslist« versuche, die Christenheit mit Hilfe des Kalenders abermals zu beherrschen.[1] Obwohl dies aus heutiger Sicht lächerlich wirkt, wurde es doch damals nicht so empfunden. Gregor XIII. trieb nämlich nicht nur mit aller Macht die Gegenreformation voran, sondern hatte auch Philipp II. bei dessen schonungslosem Feldzug gegen die Protestanten in den spanisch besetzten Niederlanden uneingeschränkt unterstützt. Und zur Feier der Bartholomäusnacht, in der 1572 Tausende französischer Hugenotten ermordet worden waren, hatte er sogar eine Gedenkmedaille prägen lassen. Dennoch gab es protestantische Astronomen, insbesondere Tycho Brahe und Kepler, die die Gregorianische Kalenderreform befürworteten. Andere hingegen äußerten die Ansicht, Clavius habe in seinen diesbezüglichen Forschungen nicht genügend wissenschaftliche Strenge walten lassen. Auf dem Regensburger Reichstag im Jahre 1613 verteidigte Kepler den neuen Kalender mit der Bemerkung, daß Ostern ein Feiertag und kein Planet sei. »Man bestimmt ihn nicht in Stunden, Minuten und Sekunden.« Außerdem vertrat er den Standpunkt, daß man mit dem Gregorianischen Kalender nicht die Päpstliche Bulle, sondern lediglich die Ergebnisse astronomischer und mathematischer Berechnungen anerkenne. Dennoch hielten die protestantisch regierten Staaten an ihrem Widerstand fest. Erst um 1700 beschlossen die meisten von ihnen, den Gregorianischen Kalender zu übernehmen. In England und Irland wurde dies durch die politisch wie religiös motivierte katholikenfeindliche Haltung noch weitere fünfzig Jahre hinausgezögert, bis schließlich die Nachteile, die sich aus dem Gebrauch einer von dem größeren Teil Europas abweichenden Zeitrechnung ergaben, nicht länger hingenommen werden konnten.

Bereits im Jahre 1583 hatte allerdings John Dee, der bevorzugte Mathematiker, Astrologe und Geheimagent Königin Elisabeths, unter Benutzung Kopernikanischer Daten eine 11-Tages-Korrektur errechnet. Von dieser behauptete er, sie sei genauer als die auf Clavius zurückgehende 10-Tages-Korrektur des Gregorianischen Kalenders. Ein wissenschaftliches Gremium, bestehend aus dem Astronomen Thomas Digges, Sir Henry Savile und einem gewissen Mr. Chambers, pflichtete ihm zwar bei, gab aber zu Dees Empörung die Empfehlung, daß es praktischer sei, den auf dem Kontinent geltenden Kalender zu übernehmen. Obwohl Burghley und Walsingham, die Minister der Königin, die Kalenderkorrektur Dees befürworteten, blieb aufgrund der heftigen Opposition der Bischöfe, die in dem neuen Kalender päpstlichen Einfluß witterten, alles beim Alten. Als im September 1752 schließlich die Reform durchgeführt wurde, übernahm man Dees Korrektur und aus dem 3. wurde der 14. September.

Bis gegen Ende des 12. Jahrhunderts betrachtete man in England den 25. Dezember als den Beginn des neuen Jahres. Dann beschloß die Kirche jedoch, statt dessen den 25. März anzunehmen, das Fest Mariä Verkündigung, das genau neun Monate vor Weihnachten lag. Das an diesem Tag beginnende Jahr wurde in England »Jahr des Heils« genannt. Obwohl in Kalendern und Almanachen der Januar als der erste Monat des Jahres erschien, folgte die Datierung der offiziellen Dokumente bis 1751 der kirchlichen Methode. Seit jenem Jahr, das durch einen Parlamentsbeschluß von 1750 am 25. März begann und am 31. Dezember endete, fängt das offizielle Jahr am 1. Januar an. Das steuerliche Jahr wurde dagegen nur geringfügig gändert; es endet noch immer am 5. April, ein Datum, das dem 25. März der alten Zeitrechnung entspricht. In Schottland beginnt das Jahr seit 1600 am 1. Januar.

Während der Gregorianische Kalender in den wichtigsten europäischen Ländern zwischen 1582 und 1752 bereits in Gebrauch war, herrschte in England noch der Julianische Kalender vor. Vergleiche von Daten aus dieser Zeit geben leicht Anlaß zur Verwirrung. Zum Beispiel ist manchmal behauptet worden, Cervantes und Shakespeare seien am selben Tag gestorben. Diesen bemerkenswerten Zufall hat es jedoch leider nicht gegeben. Cervantes starb in Madrid am Sonnabend, den 23. April 1616, und zwar gemäß dem dort bereits geltenden Gregorianischen Kalender. Shakespeare dagegen starb am Dienstag, den 23. April 1616 in Stratford-upon-Avon, wo noch der Julianische Kalender galt. Das entsprechende Gregorianische Datum ist Dienstag, der 3. Mai, so daß er Cervantes in Wirklichkeit um zehn Tage überlebte.

Den größten Widerstand gegen den neuen Kalender leisteten die östlichen Kirchen. Vor allem die Patriarchen von Konstantinopel, Alexandria und Armenien sprachen sich vehement gegen ihn aus. So wurde die Gregorianische Zeitrechnung von den orthodoxen Kirchen in Griechenland, Rumänien und Rußland erst im Jahre 1923 eingeführt. Die Mönche auf dem Athosberg im Nordosten Griechenlands erkennen ihn noch heute nicht an. Fast alle Klöster dort folgen dem Julianischen Kalender, der dem Gregorianischen mittlerweile um dreizehn Tage hinterherhinkt. Es gibt sogar noch ein Kloster, in dem die Zeit nach der ursprünglichen georgischen Weise berechnet wird: Dabei findet der Sonnenaufgang stets um zwölf Uhr mittags statt. Überall sonst auf dem »Heiligen Berg« gilt das alte türkische System, wonach um diese Zeit der Sonnenuntergang stattfindet. Das türkische System geht auf die Byzantiner zurück und besitzt zumindest den Vorteil, daß Reisende nach ihrer Uhr bestimmen können, wieviele Stunden ihnen noch bei Tageslicht zur Verfügung stehen.[3] Die zwanzig Meilen westlich von Shetland gelegene Insel Foula bestimmt ihre Feiertage, wie etwa Weihnachten oder Silvester, noch immer nach dem Julianischen Kalender.

Obwohl die bürgerliche Zeit auf natürlichen Phänomenen beruht, haben wir festgestellt, daß nicht nur religiöse, sondern auch politische Gründe die Erstellung eines Kalenders beeinflussen können. Man denke nur an das alte Rom. Ein jüngeres Beispiel liefert die Geschichte Frankreichs im 18. Jahrhundert, als König Ludwig XVI. von der französischen Nationalversammlung abgesetzt und gleichzeitig ein völlig neuer Kalender eingeführt wurde. Das Jahr I sollte an dem Tag der Verkündung der neuen Republik beginnen, das heißt am 22. September 1792 nach der alten Zeitrechnung. Das neue Jahr besaß zwölf Monate von je dreißig Tagen, die in drei »Wochen« von je zehn Tagen unterteilt waren. Die Namen für diese neuen Monate, wie etwa *Germinal*, *Prairial* und *Thermidor*, ersann der Dramatiker Fabre d'Eglantine. Den Abschluß des Jahres bildeten fünf Festtage, die sogenannten *Sansculottides* oder »Hosen-Tage«. (Die *culotte*, eine Art Kniebundhose, galt als ein typisches Kleidungsstück der Adligen, während die gewöhnliche Bevölkerung Hosen trug. Ursprünglich war *Sansculotte* eine abwertende Bezeichnung, die die Mitglieder der höheren Gesellschaftsschichten für ihre Gegner aus den unteren Schichten prägten.) Der zusätzliche sechste Tag in einem Schaltjahr sollte als der »Hosen-Tag« begangen werden, an dem die Franzosen, Fabre zufolge, aus allen Teilen der Republik zusammenströmen würden, »um ihre Freiheit und Gleichheit zu feiern, um durch Umarmungen die nationale Brüderlichkeit zu bekräftigen und um im Namen aller auf dem Altar des Volkes zu schwören, als freie und brave Hosenmenschen zu leben und zu sterben.«[4] Fabre dachte sich auch Namen für jeden Tag des Jahres aus, wobei viele sich auf Blumen, Tiere, Minerale und landwirtschaftliche Geräte bezogen. Der neue Kalender, den der amerikanische Staatsmann John Quincy Adams als eine unzusammenhängende Mischung aus tiefer Gelehrsamkeit und oberflächlicher Frivolität, aus Irreligiösität und Moral, aus feinfühliger Vorstellungskraft und grober Geschmacklosigkeit bezeichnete, sollte jedoch nur kurze Zeit gelten.[5] Er wurde von Napoleon offiziell aufgegeben, und so kehrte Frankreich am 1. Januar 1806 zum Gregorianischen Kalender zurück, der trotz seiner Unzulänglichkeiten noch immer der am weitesten verbreitete Kalender der Welt ist.

Die Pendeluhr und
das uhrwerksähnliche Universum

Obwohl sich die Gelehrten im Mittelalter nicht generell mit Maschinen beschäftigten, interessierten sie sich doch zunehmend für mechanische Uhren, da diese eng mit der Astronomie verknüpft waren. Man nahm allgemein an, daß es für das Gelingen der meisten irdischen Tätigkeiten unerläßlich war, die Himmelskörper und ihre Bewegungen genau zu kennen. Die Theorie vom Einfluß der Sterne wurde von der Mehrheit der christlichen Denker bis ins 17. Jahrhundert anerkannt. Dies erklärt, warum sich die Studenten der Medizin auch mit der Astronomie und Astrologie beschäftigen mußten. Um nämlich den günstigsten Zeitpunkt für eine ärztliche Behandlung oder eine Operation bestimmen zu können, war es erforderlich, ein Horoskop für jenen Zeitpunkt zu erstellen, an dem der Patient erkrankt war. Ein Relikt dieser Astrologiegläubigkeit in der Medizin ist die Verwendung des ursprünglich italienischen Worts »Influenza« für Grippe. Von dieser Viruserkrankung nahm man nämlich früher an, daß sie auf den unheilvollen Einfluß (= influenza) eines schlechten Sterns zurückgehe, dem der Erkrankte ausgesetzt sei. Ein anderes etymologisches Relikt ist das Wort »Desaster«, das ursprünglich Unstern bedeutete und von dem lateinischen Wort *astrum* für Stern abgeleitet ist. Carlo Cipolla hat darauf aufmerksam gemacht, daß die öffentliche Uhr in Mantua nach der Aussage eines zeitgenössischen Verfassers aus dem Jahre 1473 verschiedene Funktionen hatte: Sie zeigte den richtigen Zeitpunkt für die Durchführung von Aderlässen und medizinischen Operationen, für das Nähen von Kleidungsstücken, für das Bestellen des Feldes, für den Beginn von Reisen und für andere nützliche Tätigkeiten an.[6] Insbesondere glaubte man, daß ein Stern, der in dem Augenblick der Geburt eines Menschen »geboren«, das heißt am Horizont sichtbar wurde, das Leben dieses Menschen beeinflusse. Ebenso sollte der Stern, der zum Zeitpunkt der Geburt gerade unterging, die späteren Umstände des Todes dieser Person beeinflussen.

Die Erfindung des Uhrwerks und seine Anwendung in mechanischen Modellen des Universums, wie etwa in dem kunstvollen Astrarium des Giovanni de' Dondi, machte auf viele Menschen jener Zeit einen tiefen Eindruck. Es ist daher nicht verwunderlich, daß die Uhrwerksmetapher in einer Reihe verschiedener Zusammenhänge auftaucht. Jean Froissart beispielsweise schuf mit seinem um das Jahr 1380 entstandenen Gedicht »Li horloge amoureus« eine kunstvolle Allegorie, in der er verschiedene Aspekte der ritterlichen Liebe mit den Teilen einer mechanischen Uhr verglich. So wird etwa die Spindelhemmung mit der Tugend der Mäßigung gleichgesetzt, denn Selbstdisziplin galt als die höchste aller ritterlichen Tugenden.[7] Es ist anzunehmen, daß Froissart eine bestimmte Uhr vor Augen hatte, als er sein Gedicht schrieb. Wenn dies zutrifft, dann war dies möglicherweise die Uhr, die Henri de Vic für den königlichen Palast in Paris baute. Leider wurde diese berühmte Uhr später Zielscheibe des Spottes, wie aus dem folgenden verunglimpfenden Reim hervorgeht:

C'est l'horloge du Palais;
Elle va comme ça lui plait!

Ein besonders interessantes Beispiel dafür, wie die Erfindung des Uhrwerks das philosophische Denken jener Zeit beeinflußte, finden wir in einer Abhandlung des Nikolaus Oresme (1323-1382), der ein Zeitgenosse Froissarts war. In seinem *Traité du ciel* setzte er sich mit der Frage auseinander, ob die Bewegungen der Himmelskörper kommensurabel oder inkommensurabel sind. Ein Teil der Abhandlung ist in der Form eines allegorischen Streitgesprächs zwischen Arithmetik, der für die Kommensurabilität eintritt, und Geometrie, der den gegenteiligen Standpunkt vertritt, aufgebaut. Arithmetik begründet seine These damit, daß Inkommensurabilität und irrationale Proportionen von der Harmonie des Universums ablenken würden. »Denn wenn jemand vorhätte, eine mechanische Uhr zu bauen, würde er dann nicht alle Räder so harmonisch wie möglich bewegen?«[8] Dies ist ein frühes Beispiel für die mechanische Nachbildung des Universums durch ein Uhrwerk, was, zumindest implizit, den umgekehrten Gedanken nahelegt, daß das Universum selbst eine uhrwerksähnliche Maschine sei.

Mit der wissenschaftlichen Revolution im 17. Jahrhundert rückte dieser Gedanke zunehmend in den Vordergrund. Zu Beginn jenes Jahrhunderts hatte Kepler (1571-1630) ausdrücklich die alte quasi-animistische, magische Konzeption des Universums verworfen und statt dessen behauptet, das Universum gleiche einer Uhr. Denselben Vergleich zog auch Robert Boyle (1627-1691). Seiner Ansicht nach offenbarte sich die Existenz Gottes nicht durch Wunder, sondern durch die exquisite Struktur und Symmetrie der Welt, das heißt also durch Regelmäßigkeit und nicht durch Unregelmäßigkeit. Das Universum sei, so Boyle, keine Marionette, an deren Fäden gelegentlich gezogen werden müßte.

»Es gleicht [vielmehr] einer seltenen Uhr, etwa der des Straßburger Münsters, in der alle Dinge so klug ersonnen sind, daß sie, nachdem die Maschine einmal in Gang gesetzt ist, nach dem ursprünglichen Entwurf des Erbauers von alleine funktionieren und die Bewegungen [...] keine besonderen Eingriffe von seiten des Erbauers oder irgendeines von ihm beauftragten, vernunftbegabten Wesens erfordern. Sie erfüllt vielmehr ihre Aufgaben zu bestimmten Zeiten, wie dies in dem allgemeinen und primitiven Entwurf der Maschine vorgesehen ist.«[9]

Boyles Worte lassen auf ein Naturverständnis schließen, aus dem alle Spuren einer animistischen Weltanschauung, wie sie noch im frühen 17. Jahrhundert in Gilberts Buch über den Magnetismus zum Ausdruck kommt, getilgt sind. Für die Entwicklung der mechanistischen Naturkonzeption im Laufe jenes Jahrhunderts spielte die mechanische Uhr eine entscheidende Rolle. Es war sicherlich kein Zufall, daß ausgerechnet der holländische Wissenschaftler Christiaan Huygens (1629-1695), der in der Anfangsphase der mechanistischen Naturphilosophie einer ihrer größten Verfechter war, die mechanische Uhr in ein Präzisionsinstrument verwandelte.

Diese Entwicklung beruhte auf der Entdeckung eines natürlichen Schwingungsvorgangs, der sich für die Zwecke einer genauen Zeitmessung nutzen ließ. Galileo war aufgrund seiner langjährigen mathematischen Untersuchungen an schwingenden Pendeln zu der

Schlußfolgerung gelangt, daß jedes einfache Pendel eine seiner Länge entsprechende Schwingungsperiode besitzt. (Heute schreiben Wissenschaftshistoriker die erstmalige Entdeckung dieses wichtigen Phänomens dem französischen Gelehrten Marin Mersenne zu, der von 1588 bis 1648 lebte.) Galileo war bereits ein alter Mann, als er darüber nachdachte, die Schwingungen des Pendels zum Regulieren einer Uhr zu verwenden.

Die erste Pendeluhr beruhte auf den theoretischen Untersuchungen Christiaan Huygens, der es wegen seiner astronomischen Beobachtungen für notwendig hielt, präzisere Zeitmeßgeräte als die damals erhältlichen zur Verfügung zu haben. Im Juni 1657 verlieh die Regierung der Vereinigten Niederlande dem Uhrmacher Salomon Coster aus Den Haag das Recht, einundzwanzig Jahre lang als einziger Handwerker in den Niederlanden Uhren nach dem Prinzip der Huygensschen Erfindung herzustellen und zu verkaufen. Zwei Jahre später entdeckte Huygens, daß ein theoretisch vollkommener Isochronismus (das heißt vollkommene Zeitgleichheit der Schwingungsdauer) dadurch erreicht werden kann, daß man die Pendellinse (oder Pendelscheibe) eine zykloide Kurve beschreiben läßt. (Ein Zykloid ist die Kurve, die ein Punkt auf einem kreisförmigen Rad beschreibt, das sich gleichmäßig entlang einer Geraden bewegt.) Huygens veröffentlichte seine Entdeckungen in dem berühmten Werk *Horologium oscillatorium*, das 1673 in Paris erschien. So großartig seine Leistung vom Standpunkt der Theorie ist, in der Praxis wurde das Problem der Präzisionszeitmessung erst durch die Erfindung einer neuen Art von Hemmung gelöst.

Während Huygens' Uhr noch die Spindelhemmung enthielt, wurde um das Jahr 1670 ein verbesserter Typus, die Ankerhemmung, erfunden, die die freie Bewegung des Pendels weniger behinderte. Obwohl nicht eindeutig geklärt ist, wer diese Entdeckung machte, schreibt John Smith sie in seinem 1694 veröffentlichten Werk *Horological Disquisitions* dem Londoner Uhrmacher William Clement zu. Bei dieser Art der Hemmung löst sich am einen Ende des Ankers ein Steigradzahn aus der Klaue, während am anderen Ende des Ankers ein Zahn in die Klaue eingreift. Damit dies reibungslos funktionierte,

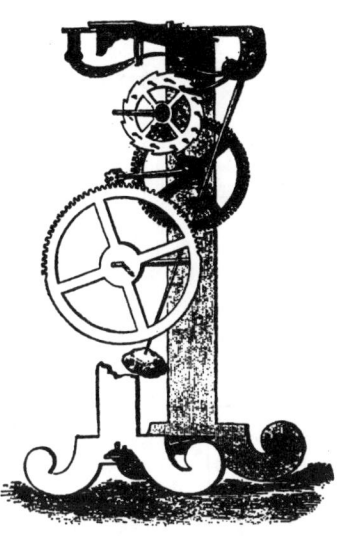

Eine Darstellung der Penduhr Galileis.

Im Jahre 1637 erdachte Galilei ein von einem Pendel getriebenes Räderwerk zum Zählen der Pendelschwingungen. Allerdings mußte das Pendel von Hand reguliert werden. 1641, ein Jahr vor seinem Tode, überlegte er, wie das Pendel selbst als Uhr eingesetzt werden könnte. Auf der Grundlage dieser Überlegungen versuchte sein Sohn Vincenzio 1649 eine Uhr zu bauen, starb aber, bevor er sie fertigstellen konnte. Eine unvollendete Penduhr fand sich in seinem Nachlaß. Auch Viviani, ein Freund und Schüler Galileis, entwarf eine Penduhr nach Galileischen Vorstellungen. Im Jahre 1659 gelangte diese Skizze durch einen der früheren Schüler Vivianis, den Prinzen Leopold von Medici, einen Bruder des Großherzogs der Toskana, zu dem französischen Astronomen Ismael Boulliau. Boulliau sandte die Zeichnung 1660 an seinen Freund Christiaan Huygens. Es handelt sich um die oben abgebildete Skizze. Galileos Penduhr enthielt eine neuartige Hemmung, die der von Huygens beibehaltenen herkömmlichen Spindelhemmung überlegen war. Jede Halbschwingung des Pendels bewegt das obere Rad von einem vorstehenden Zapfen zum nächsten.

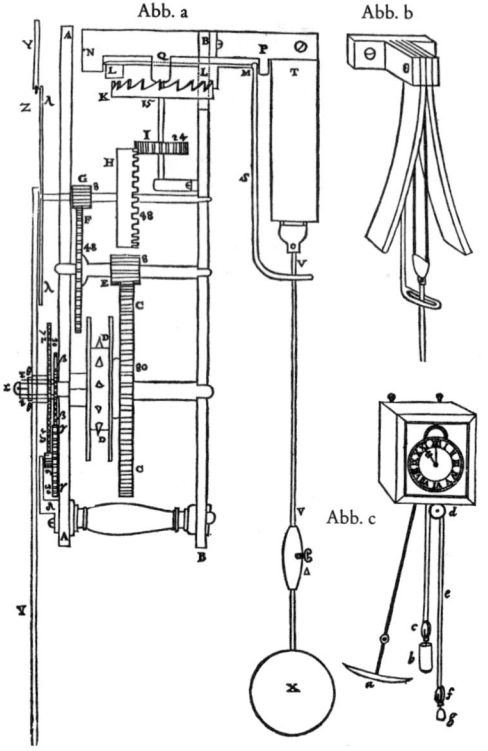

Huygens' Penduluhr aus dem Jahre 1673.

Die obigen Zeichnungen zu Huygens' Penduluhr sind seinem Werk
Horologium Oscillatorium de Motu Pendulorum at Horologia Aptato
*entnommen, das 1673 »cum privilegio regis« in Paris veröffentlicht
wurde und Ludwig XIV. gewidmet war. Abb. a stellt das vollständige
Uhrwerk mit Spindelhemmung dar. Abb. b zeigt die Zykloidenbacken, die die Pendelausschläge regulieren. Abb. c gibt das äußere
Erscheinungsbild der Uhr wieder. Im Gegensatz zu Huygens'
früherer Uhr wird das Pendel zwischen zwei Zykloidenbacken
aufgehängt, so daß die Schwingungsperiode von der Größe des
Pendelausschlags unabhängig ist. Diese Eigenschaft ist für eine genaue
Zeitmessung von besonderer Bedeutung.*

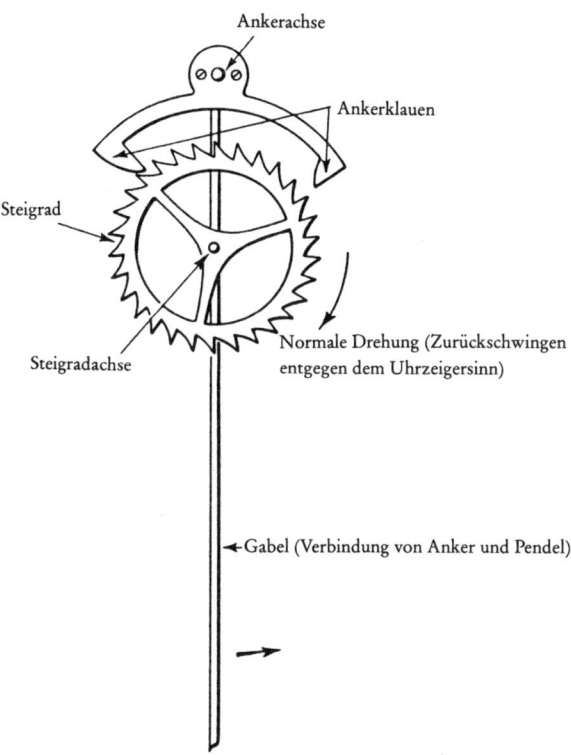

Ankerachse

Ankerklauen

Steigrad

Normale Drehung (Zurückschwingen
entgegen dem Uhrzeigersinn)

Steigradachse

Gabel (Verbindung von Anker und Pendel)

Die Ankerhemmung.
Diese besteht aus einem Zahnrad mit gebogenen Zähnen und dem
Anker, der in gleichen Abständen von seiner Achse zwei Klauen
besitzt, die wechselseitig in das Zahnrad eingreifen.

mußten Pendeluhren mit Ankerhemmung jedoch auf einer ebenen
Fläche stehen, und so wurde in tragbaren Uhren auch weiterhin die
Spindelhemmung verwendet.

Für die Nicht-Astronomen blieb die Sonnenuhr die Schiedsin-
stanz bei der Bestimmung der lokalen Zeit. Obwohl nur wenige Sonnenuhren im 17. Jahrhundert in der Lage waren, die Zeit mit einer
größeren Genauigkeit als bestenfalls einer halben Minute anzugeben,

dienten sie dazu, die von den mechanischen Uhren angezeigte Zeit zu kontrollieren. In der ersten umfassenden wissenschaftlichen Abhandlung über die Uhrmacherkunst, *Artificial Clockmaker* (1696), wies der Verfasser William Derham jedoch darauf hin, daß die durch eine Sonnenuhr angezeigte Zeit aufgrund der atmosphärischen Brechung dann einer Korrektur bedarf, wenn die Sonne tief am Himmel steht.

Obwohl die frühesten tragbaren Uhren durch eine Spiralfeder angetrieben wurden, gab es an der Radunruh keine regulierende Feder. Weder die in ortsgebundenen Räderuhren übliche Waag noch die in tragbaren Uhren verbreitete Radunruh besaßen eine wirklich regelmäßige Eigenbewegung. Sie gestatteten daher noch keine präzise Zeitmessung. Dagegen sind sowohl die Schwingungsrate eines Pendels unter Schwerkraft als auch die durch eine Federhemmung regulierte Bewegung der Unruh periodisch. So wie also die Erfindung des Pendels die Ganggenauigkeit der ortsgebundenen Uhren verbesserte, führte die Erfindung der Unruh um 1675 zu einer ähnlichen Verbesserung der tragbaren Uhren. Robert Hooke (1635-1702) und Huygens beanspruchten beide das Verdienst für sich, die Spiralfeder als Hemmungssystem für Taschenuhren erfunden zu haben. Auf Hooke geht zweifellos das »Gesetz über die Federkraft« zurück, das besagt, daß die Kraft einer Feder proportional ihrer Spannung ist, *ut tensio sic vis*. Dieses Gesetz, das er im Jahre 1678 veröffentlichte, ist heute nach ihm benannt. Unterdessen hatte jedoch Huygens eine erste Spiralfeder-Unruh gebaut. Von dieser behauptete nun Hooke, daß die Idee dazu von ihm stamme und daß Huygens nur durch Henry Oldenburg, den Sekretär der Royal Society, den er als einen »Hehler von Ideen« diffamierte, davon Kenntnis erhalten habe! Während im Falle Huygens' zweifelsfrei feststeht, daß er eine tragbare Uhr mit Spiralfeder-Unruh baute, können wir aufgrund zahlreicher Anhaltspunkte nur annehmen, daß Hooke zu jenen genialen Erfindern gehört, die ihre Einfälle oft nicht so weit verfolgen, daß ihr Prioritätsanspruch gerechtfertigt erschiene. Mit der Frage, welchen Beitrag Hooke zur Uhrmacherkunst leistete, beschäftigt sich eingehend der Wissenschaftshistoriker Rupert Hall.[10]

Zweifellos war die Verbesserung der Ganggenauigkeit mechanischer Uhren in der zweiten Hälfte des 17. Jahrhunderts eine Errungenschaft von großer Tragweite, denn sie führte letztendlich dazu, daß die Bedeutung der präzisen Zeitmessung in Wissenschaft und Technik allgemein anerkannt wurde. Darüber hinaus blieb die Erfindung einer genauen mechanischen Uhr auch auf die Vorstellung von Zeit selbst nicht ohne tiefgreifenden Einfluß. Denn anders als die eher ungenauen Vorläufermodelle der mechanischen Uhr konnte die verbesserte Version, sofern sie gut eingestellt war, viele Jahre stetig und gleichmäßig vor sich hin ticken. Sie muß auf diese Weise den Glauben an die Homogenität und Kontinuität von Zeit wesentlich gefördert haben. Die mechanische Uhr war folglich nicht nur das Sinnbild eines mechanisch konzipierten Universums, sondern auch der modernen Zeitauffassung. Einen noch weitreichenderen Einfluß schrieb ihr Lewis Mumford zu, der darauf hingewiesen hat, daß sie die Zeit von menschlichen Handlungen loslöste und auf diese Weise dazu beitrug, den Glauben an eine unabhängige Welt mathematisch meßbarer Abläufe zu fördern, das heißt den Glauben an die besondere Welt der Naturwissenschaft.[11]

Von der berühmten Uhr des Straßburger Münsters hatte Boyle gesagt, daß sie, einmal in Gang gesetzt, nach dem ursprünglichen Entwurf des Erbauers von alleine funktioniere. Im Falle der Uhr bezieht sich das Wort »Entwurf« auf die Art des Mechanismus und hat keinerlei teleologische Bedeutung. Die mechanische Konzeption des Universums orientierte sich an der Uhr und stand in deutlichem Gegensatz zur aristotelischen Vorstellung vom Universum, die starken Einfluß auf die mittelalterlichen Naturphilosophen hatte. Aristoteles zufolge strebten alle Dinge, belebte wie unbelebte, nach der Verwirklichung ihrer Möglichkeit in der idealen Form, die für ihn eine fundamentale Bedeutung besaß. Hauptgegenstand seiner wissenschaftlichen Untersuchungen waren folglich die besonderen Eigenschaften der Dinge, das heißt ihr Wesen, und nicht zeitliche Abfolgen. Diese Denkweise wurde im 17. Jahrhundert zunehmend kritisiert, da man immer stärker den Eindruck gewann, daß sie die natürlichen Phänomene nicht erklären könne. Anstatt *ad hoc* Eigenschaften zu postulieren, zogen jene Wissenschaftler, die die Lehre des Aristoteles und seiner mittelalterlichen Anhänger ablehnten, hypothetische mechanische Systeme zur Erklärung natürlicher Phänomene heran. Insofern ein solches System gewisse Anfangsbedingungen voraussetzt, ähnelt es einer Uhr. Damit nämlich eine Uhr die korrekte Zeit anzeigt, muß nicht nur ihr Mechanismus fehlerfrei funktionieren; auch die Zeiger müssen zu Anfang richtig eingestellt werden. Diese Analogie kann entweder rein mechanistisch oder mathematisch betrachtet werden. Im letzteren Fall besteht das Ziel darin, die Entwicklung eines physikalischen Systems in der Zeit ausgehend von einer gegebenen Anfangssituation zu berechnen.

Dies war die Methode, die Newton bei der Entwicklung seiner Gravitationstheorie in den *Philosophiae Naturalis Principia Mathematica* beschritt, seinem 1687 erschienenen Hauptwerk, in dem er auf die mathematischen Prinzipien der Naturphilosophie Bezug nimmt. In einem Brief an Bentley schrieb Newton: »Die Gravitation muß durch ein Agens verursacht werden, das nach gewissen Gesetzen wirkt: ob dieses Agens jedoch stofflicher oder nicht-stofflicher Art ist, habe ich der Überlegung meiner Leser anheimgestellt.« Im Gegensatz zu seinen Hauptgegnern auf dem Kontinent, Huygens und Leibniz, war Newton, zumindest in den *Principia*, durchaus bereit, das Problem der mechanistischen Erklärung der Gravitation zu umgehen. Er nahm statt dessen die Zeit als eine unabhängige Variable an und stellte mathematische Gesetze für die Bewegung und die Gravitation auf, mit deren Hilfe die Phänomene der Schwerkraft beschrieben und vorhergesagt werden können.

Die Newtonsche Vorstellung einer mathematischen Zeit beruhte auf der Analogie zwischen der Zeit und einer geometrischen Geraden. Obwohl schon Galileo und andere, darunter Nikolaus Oresme im 14. Jahrhundert, Gebrauch von dieser Analogie gemacht hatten, war es doch erst Isaac Newtons Vorgänger auf dem Lehrstuhl für Mathematik in Cambridge, Isaac Barrow, der sich in seinen 1670 erschienenen *Geometrical Lectures* explizit damit befaßte. Barrow war von der kinematischen Methode in der Geometrie tief beeindruckt, die Torricelli, der Schüler Galileos, entwickelt hatte. Barrow erkannte, daß es für ein Verständnis dieser Methode unerläßlich war, das Phänomen der Zeit zu untersuchen. Insbesondere beschäftigte er sich mit der Beziehung zwischen Zeit und Bewegung. »Zeit impliziert, sofern es um ihr absolutes Wesen, um Zeit an sich geht, weder Bewegung noch Ruhe. Ob die Dinge sich bewegen oder in Ruhe verharren, ob wir schlafen oder wachen, die Zeit verfolgt gleichmäßig ihren Weg.« Er betrachtete Zeit im wesentlichen als eine mathematische Vorstellung, die vielerlei Gemeinsamkeiten mit einer Geraden besitzt, denn: »die Zeit besitzt nur Länge, sie gleicht sich in all ihren Teilen und kann als die Summe aufeinanderfolgender Augenblicke oder als der kontinuierliche Strom eines einzigen Augenblicks betrachtet werden.« [12] Barrow ging mit seiner Feststellung weit über Galileo hinaus, der lediglich Geradensegmente benutzte, um einzelne Zeitintervalle zu bezeichnen.

Die Ansichten Barrows beeinflußten Newton nachhaltig. Besonders der Gedanke Barrows, die Zeit verfolge gleichmäßig ihren Weg, ungeachtet dessen, ob die Dinge sich bewegen oder ruhen, ob wir schlafen oder wachen, spiegelt sich in der berühmten Definition wider, mit der Newton seine *Principia* einleitet: »Die absolute, wahre und mathematische Zeit fließt in sich und ihrer Natur gemäß ohne Beziehung auf irgend etwas Äußeres gleichmäßig.« Newton nahm an, daß die Augenblicke absoluter Zeit wie die Punkte auf einer geometrischen Geraden eine stetige Folge bildeten. Er nahm darüber hinaus an, daß die Geschwindigkeit, mit der diese Augenblicke aufeinanderfolgen, unabhängig von einzelnen Ereignissen und Vorgängen sei.

Newtons Vorstellung von einer absoluten, unabhängig existierenden Zeit ist zum Teil auf seine Überzeugung zurückzuführen, daß es einen fundamentalen theoretischen Maßstab für die Zeit geben müsse, um die Schwierigkeiten bei der Bestimmung eines wirklich genauen praktischen Zeitmaßstabs zu kompensieren. Wie man mittlerweile jedoch entdeckt hat (vgl. S. 254 ff.), und wie auch Newton selbst erkannt zu haben scheint, können wir auf lange Sicht weder aus den beobachteten Bewegungen der Erde noch aus denen der Himmelskörper einen wirklich fundamentalen Zeitmaßstab ableiten.

Ein Problem der Newtonschen Definition von Zeit besteht darin, daß sich aus ihr keine praktische Methode der Zeitmessung ableiten läßt. Darüber hinaus wurde sie auch von philosophischer Seite kritisiert, da sie der Zeit die Eigenschaft des Fließens zuschreibt. Wenn jedoch die Zeit etwas Fließendes wäre, dann würde sie selbst aus einer Folge von Ereignissen in der Zeit bestehen, und dies ergibt keinen Sinn. *Die Zeit kann nicht selbst ein Prozeß in der Zeit sein.* Was ist außerdem unter der Aussage zu verstehen, »die Zeit fließt gleichmäßig« oder gleichförmig? Dies scheint auf die Existenz von etwas hinzudeuten, was die Geschwindigkeit des Zeitflusses kontrolliert, so daß er stets gleichmäßig verläuft. Wenn Zeit jedoch »ohne Beziehung auf etwas Äußeres« existiert, welche Bedeutung ist dann der Aussage zuzumessen, die Flußgeschwindigkeit sei gleichförmig? Wenn noch nicht einmal die Möglichkeit eines nicht-gleichförmigen Flusses Sinn ergibt, welche Bedeutung hat es dann, den Zeitfluß als »gleichförmig« zu beschreiben?

Daß Augenblicke absoluter Zeit an sich existieren können, wird heute von Wissenschaftlern und Philosophen gemeinhin als eine unnötige Hypothese angesehen. Ereignisse sind gleichzeitig, nicht weil sie den gleichen Zeitpunkt auf der Zeitgeraden einnehmen, sondern weil das eine geschieht, während das andere stattfindet. Zwei beliebige Ereignisse, die nicht gleichzeitig sind, finden in einer klaren zeitlichen Reihenfolge statt, nicht weil die Ereignisse verschiedene Zeitpunkte auf der Zeitgeraden einnehmen, von denen einer früher liegt als der andere, sondern weil ein Ereignis vor dem anderen geschieht. Anders ausgedrückt, Zeit wird von Ereignissen abgeleitet und nicht umgekehrt. Diesen Standpunkt vertrat Newtons großer Zeitgenosse Leibniz, der nicht glaubte, daß Zeitpunkte unabhängig von Ereignissen existieren können. Er gründete seine Beweisführung auf ein Prinzip, das er den »Satz des zureichenden Grundes« nannte. Diesem Grundsatz zufolge geschieht nichts, wofür es nicht einen Grund gibt, daß es so und nicht anders stattfindet. Er wandte dieses Prinzip auf die Zeitproblematik an und untersuchte den Fall, in dem jemand fragt, warum Gott die Welt nicht ein Jahr früher erschaffen habe. Dabei sollte die Frage den Schluß nahelegen, daß Gott etwas getan hatte, wofür es unmöglich einen Grund gegeben haben konnte, es so und nicht anders zu tun. Dieser Schluß wäre Leibniz zufolge richtig, wenn Zeit losgelöst von den zeitlichen Dingen wäre. Denn dann gäbe es in der Tat keinen Grund dafür, Dinge zu bestimmten Zeitpunkten und nicht zu anderen zu tun, wenn ihre Reihenfolge dieselbe bliebe. Dies allein beweist jedoch nach Leibniz schon, daß Augenblicke nicht losgelöst von Ereignissen sein können, sondern daß sie gerade in der Aufeinanderfolge von Ereignissen bestehen. Wenn diese Abfolge gleich bleibt, unterscheidet sich ein Zustand, etwa der, von dem man sich vorstellte, daß die Schöpfung in ihm ein Jahr früher stattgefunden habe, nicht im geringsten von dem anderen. *Die Zeit ist*, so Leibniz, *die sukzessive Ordnung der Phänomene*, so daß es Zeit nicht geben würde, wenn es keine Phänomene gäbe.[13]

Das Wesen der Zeit und ihre Beziehung zu verschiedenen Daseinsformen, einschließlich der physikalischen, war schon lange vor dem 17. Jahrhundert Gegenstand philosophischer Betrachtung gewesen. Insbesondere Thomas von Aquin (1224-1274) hatte sich in seiner *Summa theologica* eingehend mit diesem Thema beschäftigt und zwischen drei Arten von »Zeit« unterschieden. Die Zeit im engeren Sinne betrachtete er als einen durch Anfang und Ende klar umrissenen Zustand der Reihenfolge. Sie gilt nur für irdische Körper und Erscheinungen. Die Ewigkeit, die in ihrer ganzen Fülle zugleich existiert (*tota simul*), ist im wesentlichen »zeitlos« und ausschließlich Gott vorbehalten. Die dritte Vorstellung, die *aevum* genannt wird, geht ursprünglich auf Boethius, einen Philosophen aus dem 6. Jahrhundert, zurück. Sie besitzt wie die Zeit einen Anfang, jedoch im Gegensatz zu ihr kein Ende. Thomas von Aquin betrachtete dies als den »zeitlichen« Zustand der Geistwesen, der Himmelskörper und der Ideen (*archetypum mundum*).

Obwohl sich Newton und Leibniz in ihren Ansichten über das Wesen der physikalischen Zeit unterschieden, war ihr Zeitverständnis in anderer Hinsicht ähnlich. Beide glaubten, daß Zeit universal und einzigartig sei. Das Universum bestand aus einer Folge sukzessiver Zustände, von denen jeder nur einen Augenblick lang existierte; aufeinanderfolgende Augenblicke glichen der Folge von Punkten auf einer unendlichen Geraden. Diese Vorstellung von Zeit sollte die Physik bis in dieses Jahrhundert beherrschen, bis Einstein die Spezielle Relativitätstheorie entwickelte.

Newton beschäftigte sich nicht nur mit dem physikalischen Aspekt von Zeit, sondern untersuchte auch ihre die Menschheitsgeschichte und die Prophetie betreffenden Aspekte. Wie viele seiner Zeitgenossen glaubte er, daß die Welt ihrem Ende entgegenging. Er war davon überzeugt, daß der Komet von 1680 die Erde nur knapp verfehlt hatte, und in seinen Kommentaren zu der *Offenbarung des Johannes* und dem *Buch Daniel* behauptete er, daß sich das Ende der Welt nicht länger aufschieben ließe. Jedoch vermied er es, auf die Vorhersage der Chiliasten einzugehen, die den Weltuntergang für einen bestimmten Tag prophezeit hatten. Auch sein Zeitgenosse und Kollege Robert Boyle glaubte, daß der gegenwärtige Lauf der Natur nicht ewig dauern werde. Die Welt würde vielmehr eines Tages ausgelöscht, oder aber, was wahrscheinlicher sei, durch die Einwirkung jenes die gegenwärtige Ordnung auflösenden Feuers erneuert, ja sozusagen transfiguriert werden.[14]

Newtons posthum veröffentlichte Werke, *Chronology of Ancient Kingdoms amended* (1728) und *Observations upon the Prophecies of Daniel and the Apocalypse of St. John* (1733), lesen sich wie eine Universalgeschichte der Menschheit und können als ein Gegenstück zur Geschichte der physikalischen Welt betrachtet werden, wie sie in den *Principia* beschrieben ist. Bis zum Jahre 1700 war die Chronologie wegen ihrer Relevanz für die Frage nach der Authentizität der Bibel bereits zu einem wichtigen Forschungsgebiet aufgestiegen. Das Alte Testament, wie es uns überliefert ist, enthält keinerlei Daten. Beda hatte den Zeitraum von der Schöpfung bis zur Geburt Christi auf 3 952 Jahre veranschlagt. Eusebios hatte dagegen für denselben Zeitraum eine Zahl von 5 198 Jahren errechnet. Bis ins Jahr 1660 hatte man dem Zeitpunkt der Schöpfung mindestens fünfzig verschiedene Daten zugeordnet, je nachdem welche Version des Alten Testaments und welche Zählmethode man gerade zugrunde legte.[15] Der Erzbischof von Armagh, James Ussher (1581-1656), schlug den 23. Oktober 4004 v.Chr. vor, während Johannes Hevelius, ein Astronom aus

Danzig, in seinem 1690 posthum veröffentlichten Werk *Prodromus astronomiae* den 24. Oktober 3963 v. Chr., sechs Uhr abends, als den exakten Zeitpunkt ermittelt haben wollte.[16] Newton unterließ es dagegen wohlweislich, einen genauen Zeitpunkt für die Schöpfung anzugeben.

Einen beträchtlichen Teil seiner letzten dreißig Lebensjahre widmete Newton dem Studium der Chronologie und dem Versuch, die Daten wichtiger geschichtlicher Ereignisse zu bestimmen, so etwa das Datum der Expedition der Argonauten. Obwohl er gelegentlich auch literarische Hinweise zu Hilfe nahm, bevorzugte er doch nach Möglichkeit astronomische Methoden. Insbesondere glaubte er, daß sich die Chronologie durch eine genaue Bestimmung der Präzession der Äquinoktien auf eine solide wissenschaftliche Grundlage stellen ließe. Mit ihrer Hilfe sei es im Prinzip möglich, so glaubte er, jedes Ereignis der Vergangenheit zu datieren, vorausgesetzt, man fände einen einschlägigen Quellentext, in dem die Position der Sonne relativ zu den Fixsternen zum Zeitpunkt einer Tagundnachtgleiche genau beschrieben wäre.

In einem Brief an Oldenburg erklärte Newton am 7. Dezember 1765 ausdrücklich, daß die Natur »eine beständig kreisförmig Wirkende« sei. Obwohl er später selbst einräumte, daß das »Maß der Bewegung« in der Welt von selbst abnähme, *wenn nicht Gott eingriffe, um dies zu korrigieren*, zeigt dieser Vorbehalt deutlich, daß er auch weiterhin an die im wesentlichen uhrwerksähnliche Natur des Universums glaubte. Seiner Ansicht nach mußte Gott von Zeit zu Zeit regulierend in den natürlichen Ablauf der Dinge eingreifen, genauso wie ein Uhrmacher gelegentlich eine Uhr neu stellen muß, damit sie die Zeit wieder korrekt anzeigt.

Einstellungen zu Zeit und Geschichte im 16. und 17. Jahrhundert

Im 16. Jahrhundert beherrschte der destruktive Aspekt von Zeit das Denken der Menschen. Die typische Darstellung der Zeit in der

Renaissance zeigt eine zerstörerische Gestalt, ausgerüstet mit Stundenglas, Sichel oder Sense. Diese Einstellung zur Zeit spiegelt sich auch in den Werken Shakespeares wider, insbesondere in seinen Sonetten und in *Die Schändung der Lucretia* (Strophe 133):

> Und du, der Nacht Mitschuld'ge: Scheusal Zeit,
> Vertilgerin der Jugend, Sorgenschwinge,
> Treulose Botin schnöder Üppigkeit,
> Packpferd der Sünde und der Tugend Schlinge,
> Du aller Wieg' und Grab im Weltenringe:
> Da du die Ehre mir zu rauben kamst,
> Nimm auch mein Leben, dessen Schmuck du nahmst!

In seinen Sonetten beschreibt Shakespeare die Zeit mit einer »in der englischen Literatur beispiellosen polyphonen Großartigkeit«. Seine Haltung zur Zeit scheint sich von der unsrigen in mancherlei Hinsicht unterschieden zu haben. Während wir zum Beispiel gerne annehmen, daß er seine Stücke für die Ewigkeit schrieb, ist es sehr unwahrscheinlich, daß Shakespeare selbst so dachte. In jener Zeit erlebte ein Stück in der Regel nicht mehr als fünf Aufführungen. Wenige Stücke wurden neu aufgenommen, und wenige wurden je gedruckt. Es ist also zu vermuten, daß Shakespeare seine Dramen nicht für die Nachwelt schrieb, sondern um so viel Geld zu verdienen, daß er sich sorgenfrei in seiner Heimatstadt Stratford-upon-Avon zur Ruhe setzen konnte. Ein bekannter Historiker und Experte auf dem Gebiet der Tudor-Forschung hat darauf hingewiesen, daß kein einigermaßen vernünftiger Dramatiker zur Zeit Shakespeares auch nur daran gedacht haben könnte, für die Ewigkeit zu schreiben. Die Menschen in der elisabethanischen Epoche lebten in der Gegenwart.[17] Für sie wäre der Grundsatz *ars longa, vita brevis* bedeutungslos gewesen.

Während sich Shakespeare auf einer rein persönlichen Ebene mit dem Phänomen der Zeit auseinandersetzte, war sein Zeitgenosse Edmund Spenser besessen von der Zeit in all ihren Aspekten, einschließlich des astronomischen.[18] Zwar war das zyklische Geschichtsbild durch den Anstoß der Kirchenväter einer linearen Vision von Geschichte gewichen, nach der das gesamte Universum seit seiner Erschaffung der Erlösung zustrebte, doch wurde das astronomische Denken der Menschen im 16. Jahrhundert noch immer von dem Sinnbild des Kreises dominiert. Auf Spenser, der trotz seiner intensiven Beschäftigung mit dem Phänomen Zeit im wesentlichen ein rückwärtsblickender Mensch war, übte dies einen großen Einfluß aus. Ein Kenner seines Werkes gelangte zu dem Schluß, daß Spenser die Vergänglichkeit des Menschen und die Unzulänglichkeit aller geschaffenen Dinge für nur einen Aspekt einer Situation hielt, deren Kehrseite die zyklische Wiederkehr bis zum Ende aller Zeiten war.[19]

Auch Sir Walter Raleigh, ein weiterer Zeitgenosse Shakespeares, beschäftigte sich eingehend mit den negativen Auswirkungen der Zeit. Er glaubte, daß die objektive Ordnung des Universums in der Geschichte sichtbar werde und daß sie eine Vision der Sinnhaftigkeit und der Bedeutung des menschlichen Lebens offenbare. Sein zwischen 1608 und 1614 in der Gefangenschaft im Tower von London verfaßtes Monumentalwerk *History of the World* widmete er Jakob I. Anstatt sich geschmeichelt zu fühlen, bemängelte dieser gebildete, aber reizbare Monarch, daß das Buch impertinent sei, da der Verfasser es wage, Prinzen zu kritisieren. Im Mittelpunkt des Werkes steht Raleighs vorherrschendes Thema der Zeit, insbesondere der scharfe Gegensatz zwischen dem zeitlichen Maßstab seines eigenen Lebens und der unermeßlichen Größe des Unterfangens, das er auf sich genommen hatte. Obwohl er sein Werk nicht vollendete, nimmt die von ihm beschriebene Periode vom Sündenfall Adams bis zum Fall Karthagos in dem Nachdruck von 1829 mehr als 2700 Seiten ein. Raleigh, der sich der kosmischen Bedeutung der Zeit durchaus bewußt war, vertrat die Überzeugung, daß die Welt zunehmend verfiel. Mit seiner Annahme stand er im Einklang mit der in der Reformation und der Renaissance allgemein herrschenden, rückwärtsgerichteten Zeitauffassung. Überwältigt von dem Gefühl der Bedeutung des »kosmischen Niedergangs« glaubten die meisten Philosophen und Schriftsteller jener Zeit an die Existenz eines ursprünglichen »Goldenen Zeitalters«, das gefolgt sei von einem unaufhaltsamen Abstieg.

Besonders kraß kommt diese Einstellung in einem Kommentar zum Ausdruck, den Martin Luther 1545 zum Ersten Buch Mose verfaßte: »Die Welt degeneriert und verfällt mit jedem Tag [...] Die Adam auferlegten Übel [...] waren leicht, verglichen mit den uns auferlegten.« Luther beklagte auch, daß nach der Sintflut die Bäume und die Früchte der Erde nur klägliche Überbleibsel jener fruchtbaren Gewächse seien, die die Erde ursprünglich hervorgebracht habe. [20]

Die im 16. Jahrhundert vorherrschende rückwärtsgerichtete Sichtweise zeigt sich in dem Begriff *Rinascita* oder *Renaissance*, der in Italien von Vasari und anderen geprägt wurde und die Wiedergeburt von etwas Altem und nicht die Einführung von etwas Neuem ausdrückte. Im weiteren Verlauf jenes Jahrhunderts bezeichneten sich auch so berühmte Herrscher wie Philipp II. von Spanien, Elisabeth I. von England und Heinrich IV. von Frankreich vor allem als Verteidiger und Bewahrer und der Sinnhaftigkeit
und der Bedeutung des menschlichen Lebens offenbare. Sein zwischen 1608 und 1614 in der Gefangenschaft im Tower von London verfaßtes Monumentalwerk *History of the World* widmete er Jakob I. Anstatt sich geschmeichelt zu fühlen, bemängelte dieser gebildete, aber reizbare Monarch, daß das Buch impertinent sei, da der Verfasser es wage, Prinzen zu kritisieren. Im Mittelpunkt des Werkes steht Raleighs vorherrschendes Thema der Zeit, insbesondere der scharfe Gegensatz zwischen dem zeitlichen Maßstab seines eigenen Lebens und der unermeßlichen Gro Sichtweise nichts ändern; eine allgemeine Vorstellung technischen Fortschritts bildete sich nicht heraus.

Erst in der Renaissance entwickelte sich ein zunehmendes Bewußtsein von der Veränderlichkeit der Dinge in der Zeit und damit von Geschichte. Während jedoch im Mittelalter die lineare Interpretation von Geschichte wegen ihrer Bedeutung für die christliche Lehre vorgeherrscht hatte, erlebte die Renaissance ein Wiederaufblühen der zyklischen Geschichtsauffassung, da man sich in viel stärkerem Maß mit der weltlichen Geschichte beschäftigte. Auch die Literatur der Antike — und damit die zyklische Geschichtsauffassung, die einen großen Teil dieser Werke kennzeichnete — erhielt mehr

Aufmerksamkeit als zuvor. Was die Kunstgeschichte angeht, so vertrat zum Beispiel Giorgio Vasari (1511-1564) in seinem Werk *Die Lebensbeschreibungen der berühmtesten italienischen Architekten, Maler und Bildhauer* eine zyklische Auffassung. Er äußerte die wenig überraschende Vermutung, daß es in der Kunst nach Michelangelo (1475-1564) wohl keinen Fortschritt mehr geben werde, sondern daß im Gegenteil ein Verfallsprozeß einsetzen würde. Überraschend dagegen ist, daß Francis Bacon (1561-1626), der Prophet des wissenschaftlichen Fortschritts, in einem seiner letzten Essays, »Über die Wandelbarkeit der Dinge«, für eine zyklische Geschichtsauffassung im allgemeinen eintrat:

»In der Jugendzeit eines Reiches werden die Waffenkünste am höchsten bewertet, in seinem Mannesalter die Wissenschaften und darauf beide eine Zeitlang zusammen; im Abstieg seines Lebens jedoch Technik und Handel. Auch die Wissenschaft hat ihre Zeit der Unmündigkeit, wenn sie eben anfängt und noch fast kindisch ist; dann ihre Jugend, wenn sie üppig und übermütig ist; darauf ihre Mannesjahre, wenn sie gesetzt und gebändigt ist; und endlich ihr Greisenalter, wenn sie trocken und erschöpft ist. Doch ist es nicht gut, allzu lange auf diese wirbelnden Räder der Vergänglichkeit zu blicken: es würde uns schwindlig machen.«

Im Laufe des 17. Jahrhunderts wich die pessimistische und rückwärtsgerichtete Zeitauffassung, die das vorangegangene Jahrhundert gekennzeichnet hatte, allmählich einer optimistischen, vorwärtsschauenden Sichtweise. Eine optimistische Zukunftsperspektive eröffnet uns Bacon in einem frühen, unveröffentlichten Aufsatz aus dem Jahre 1603, der den bedeutsamen Titel *Temporis partus masculus* (*Die männliche Geburt der Zeit*) trägt.

Mary Tiles hat in einer Studie mit dem Titel »Mathesis and the Masculine Birth of Time« die Vorstellungen Bacons zur wissenschaftlichen Methode und seine besondere Terminologie untersucht. [22] Etwas ist eine »Geburt der Zeit«, wenn es aus dem kumulativen Erfahrungsschatz der Gemeinschaft heraus entsteht. Die »Wahrheit« war in den Augen Bacons die »weibliche Geburt der Zeit«, während er unter der »männlichen Geburt der Zeit« ein aktives Eingreifen in die Welt verstand, das einer Beherrschung der Natur gleichkam. Bacon unterschied zwischen dem Wissen, das man sich aus alten Texten aneignet, und dem aktiv erworbenen Wissen des modernen Naturphilosophen. Der Begriff »Mathesis« bezieht sich auf die vor allem mit Hilfe der Mathematik vorgenommene Einteilung oder Klassifikation von Wissen. Bacon schrieb: »Strebt man nach Wissen, so muß man im Licht der Natur danach forschen, und nicht im Dunkel des Altertums. Es spielt keine Rolle, was getan wurde, unsere Aufgabe besteht vielmehr darin, herauszufinden, was getan werden kann.«

Bacons verächtliche Ablehnung der Vorstellung, die antiken Schriftsteller hätten schon alles erforscht, spiegelt sich auch in dem 1638 veröffentlichten Werk *The Discovery of a New World* von John Wilkins wider, in dem der Verfasser zu beweisen sucht, daß der Mond bewohnt sei. Darin ist unter anderem zu lesen: »Es gibt noch viele verborgene Wahrheiten, die die Antike übersehen hat, und für deren Entdeckung unser Zeitalter großen Ruhm ernten wird.« Zwei Jahre später drückt er sich in seiner Abhandlung *A Discourse concerning a New Planet*, in der er für die kopernikanische Theorie eintritt, noch deutlicher aus:

»Die Reife ist ein Zeichen des Alters der Welt, nicht ihrer Jugend. Insofern das Wissen durch neue Experimente und Entdeckungen zunimmt, sind wir die Väter und älter als die früheren Zeitalter; denn unser Vorzug ist es, daß wir mehr Zeit haben, und Wahrheit, so heißt es, ist die Tochter der Zeit.«

Dieser Wahlspruch (*Veritas filia temporis*) war im 16. Jahrhundert weit verbreitet. Wie Fritz Saxl in seinem gleichnamigen Kapitel in der Festschrift für Ernst Cassirer[23] bemerkte, kann dieses Motto auf eine faszinierende Geschichte zurückblicken. So erwähnt er in einer wichtigen Fußnote (S. 200), daß er durch seinen »geschätzten Freund« Dr. Klibansky darauf aufmerksam gemacht wurde, daß sich der Spruch sogar bis in das alte Griechenland zurückverfolgen läßt, wo zwei verschiedene Traditionen vorherrschten: »Die Zeit offenbart entweder Schuld und ihre Bestrafung, wie in den Tragödien des Aischylos, oder sie enthüllt wahre Tugend und die ihr zukommende

Ehre, wie in der aristokratischen Poesie Pindars. Sophokles benutzt sie, um seinen demütigen Glauben an die göttliche Gerechtigkeit zum Ausdruck zu bringen.«

Den Wandel von einer rückwärtsgerichteten zu einer zukunftsorientierten zeitlichen Perspektive befürwortete auch der junge anglikanische Geistliche, George Hakewill, der es 1627 unternahm, das elf Jahre zuvor erschienene Werk des Bischofs Goodman, *Fall of Man*, das ein rettungslos düsteres Bild einer dem Untergang geweihten Welt entwarf, zu widerlegen. Die Frage der »letzten Tage« weckte jedoch nicht nur das Interesse von Chronologen, sondern auch das von Mathematikern. Baron Napier von Merchiston, der seine berühmte Abhandlung *Mirifici logarithmorum canonis descriptis* im Jahre 1614 verfaßte, schätzte seine Erfindung der Logarithmen vor allem deshalb, weil sie seine Berechnungen des Zahlenwertes des Tieres in der *Offenbarung des Johannes* (13,1-18) beschleunigten. Dieses Tier hoffte er mit dem Römischen Papst zu identifizieren!

Hakewills mehr als 600 Seiten umfassendes Werk trug einen sehr langen Titel, der folgendermaßen begann: *An Apologie of the Power and Providence of God in the Government of the World or an Examination and Censure of the Common Errour Touching Nature's Perpetuall and Universall Decay* ... (»Verteidigung der Macht und Vorsehung Gottes bei der Beherrschung der Welt oder die Untersuchung und Widerlegung des weitverbreiteten Irrtums bezüglich des unaufhaltsamen Verfalls der Welt ...«). In dieser weitschweifigen Veröffentlichung bezeichnete Hakewill, der stark von Bacon beeinflußt war, die traditionellen Klagen über den Verfall der Welt als den Ausdruck der Mißmutigkeit und Übellaunigkeit alter Männer, die sich ständig über die Härten ihrer Zeit beklagten, während sie das Altertum über alle Maßen verherrlichten.[24] Zunächst stießen seine Ansichten auf große Ablehnung, doch setzten sie sich im Laufe des Jahrhunderts allgemein durch. So erklärt zum Beispiel Milton in einem seiner lateinischen Aufsätze: »Natura non patet senium« (die Natur altert nicht).

Die Welt wurde also nicht zwangsläufig immer schlechter, und obwohl die Propheten der »Fünften Monarchie« den Beginn der tausendjährigen Herrschaft Christi für das Jahr 1666 vorhergesagt hatten, gab es keinerlei Anzeichen eines bevorstehenden Weltunterganges. Warum sollte man also Nostradamus glauben, der ein Jahrhundert zuvor verkündet hatte, daß die Welt am 31. Juli 1999 untergehen werde? Ein Faktor, der wesentlich zu der Entwicklung eines Zeitbewußtseins und einer vorwärtsgerichteten Perspektive politischen Handelns beitrug, war der Mythos des »Antichristen«, der in der Mitte des 17. Jahrhunderts während der politischen und religiösen Wirren des Bürgerkriegs in England weit verbreitet war. Dieser Mythos beruhte auf dem Glauben an die letztendliche Niederlage des Antichristen, der abwechselnd mit dem Papst, den Bischöfen, der gesamten Hierarchie der Kirche von England, dem König, den Royalisten etc. identifiziert wurde. Mit dem wiederholten Aufschieben des Jüngsten Tages verlagerte sich das Goldene Zeitalter in der Vorstellung der Menschen jedoch allmählich von der Vergangenheit in die Zukunft, und Weltuntergangsprophezeiungen wichen langsam der Entwicklung utopischer Programme. Wie Carl Becker dies so treffend für das 18. Jahrhundert zusammengefaßt hat: »So riefen also die *Philosophen* die Nachwelt herbei, um durch sie die zwiefache Traumvorstellung, die des christlichen Paradieses und die des goldenen Zeitalters der Alten ein für allemal zu verbannen.«[25]

Eine vorwärtsschauende Perspektive beherrschte auch jene Philosophen, die sich von der Scholastik abgewandt und der von Francis Bacon begründeten empirischen Philosophie zugewandt hatten. Im Zuge der wissenschaftlichen Revolution des 17. Jahrhunderts kam es dabei zu einer Auseinandersetzung zwischen den Vertretern der Klassik und den Anhängern der Moderne. Der Streitpunkt war die unumstößliche Autorität, die man den Denkern der Antike lange Zeit zuerkannt hatte und die nun zunehmend in Frage gestellt wurde. In Frankreich wandte sich Bernard de Fontenelle in seinem 1683 erschienenen Werk *Digression sur les anciens et les modernes* allgemein gegen den Rückgriff auf sogenannte höchste Instanzen in der Wissenschaft.

Auf die Notwendigkeit, ein objektives Kriterium für das Erkennen historischer Wahrheit zu finden, hatte schon Jean Bodin in seiner

1566 verfaßten Abhandlung *Methodus ad facilem historiarum cognitionem* (*Methode zur Erleichterung des Geschichtsverständnisses*) hingewiesen. Obwohl er jene anprangerte, die einem verlorenen Goldenen Zeitalter nachtrauerten, vertrat er doch wie die italienischen Geschichtsphilosophen Machiavelli und Guicciardini vor ihm eine zyklische Geschichtsauffassung. So glaubte zum Beispiel Machiavelli, daß die Geschichte durch ein Wechselspiel zwischen den Guten und den Bösen ·charakterisiert sei, wobei jedoch die Bösen in der Regel längere Zeit an der Macht seien als die Guten. Der Glaube an die Periodizität von Geschichte war vom Mittelalter bis ins 17. Jahrhundert hinein weit verbreitet. Daran konnte auch die Auffassung der Kirche, daß die Zeit linear zwischen den beiden einmaligen Ereignissen der Erschaffung und der Erlösung der Welt verlaufe, nichts ändern. Trotz seiner zyklischen Sichtweise gehörte Bodin zu den ersten, die versuchten, den Aufstieg und den Untergang von Weltreichen auf kausale Faktoren zurückzuführen. Den historischen Ereignissen wurde so eine eindeutige Richtung zugewiesen. Wie ein moderner Historiker außerdem feststellte, verdanken wir Bodin eine der besten frühen Übersichten über die Geschichte der Geschichtsschreibung. [26]

Obwohl die Bibel keine genauen Daten enthält, erlangte das Problem ihrer chronologischen Ordnung, besonders die des Alten Testaments, während der Reformation und der sich anschließenden theologischen Dispute große Bedeutung. Bis zu jener Zeit war die Bibel von der Kirche nicht als ein historisches Dokument, sondern allegorisch als ein Orakel betrachtet worden. Im Protestantismus jedoch, wo die Bibel die Kirche als die höchste Instanz religiöser Autorität ersetzte, vertrat Luther die Ansicht, daß die Bibel wörtlich genommen werden solle — ein Standpunkt, der auch heute noch Anhänger hat. In seiner Verteidigung der theologischen und kirchlichen *media via* der Anglikanischen Kirche, *The Laws of Ecclesiastical Polity*, kritisierte der englische Theologe Richard Hooker (ca. 1554-1600) die Puritaner wegen ihrer Bestrebungen, die Grundsätze des Alten Testaments auf die damalige Gesellschaft anzuwenden. Seiner Ansicht nach waren diese in den herrschenden, völlig anders gearteten Lebensumständen bedeutungslos. Noch einen Schritt weiter ging im darauffolgenden Jahrhundert Baruch Spinoza (1632-1677), der die Bibel als ein rein historisches Dokument betrachtete und damit den kritischen Geschichtsforschern des 19. und 20. Jahrhunderts den Weg bereitete.

Die wissenschaftliche Chronologie der Geschichte, besonders die des klassischen Altertums, begann 1583 mit der Veröffentlichung des großen Werkes *De emendatione temporum* von J.J.Scaliger. Ein Jahr zuvor hatte dieser bedeutende Gelehrte das System der Julianischen Tage eingeführt, das mit dem 1. Januar 4713 v. Chr. um 12 Uhr mittags beginnt, einem Datum, das er für chronologische Zwecke als das Datum der Erschaffung der Welt angenommen hatte. Dieses System sollte es erleichtern, die Zeit zwischen zwei Ereignissen zu berechnen, indem es das Problem der unregelmäßigen Länge der Monate und Jahre umging. So war etwa der Tag, der am 1. Januar 1988 um 12 Uhr begann, der 2 447 162ste Julianische Tag. Diese durchlaufende Tageszählung wird in der Astronomie auch heute noch verwendet, zum Beispiel um die Zeiten der maximalen und der minimalen Helligkeit veränderlicher Sterne anzugeben.

Trotz der Leistung Scaligers lehnte der Philosoph René Descartes (1596-1650) in seinem Streben nach absoluter Gewißheit die Historiographie als eine ausschließlich auf Meinungen und willkürlicher Subjektivität beruhende Disziplin ab. Die historischen Wissenschaften befänden sich in einem noch primitiveren Zustand als die mathematischen. In der Tat entwickelte erst Mabillon in seinem 1681 erschienenen Werk *De re diplomatica* Kriterien, mit deren Hilfe Dokumente, vor allem Urkunden und mittelalterliche lateinische Handschriften, auf ihre Echtheit untersucht werden konnten. Die Verfälschung von Texten wurde schließlich mit Hilfe der Buchdruckerkunst eingedämmt, allerdings erst im 18. Jahrhundert. Nach der Erfindung des Drucks mit beweglichen Lettern um 1450 scheinen die Bücher durch die damaligen Druckmethoden zunächst also schneller beeinträchtigt worden zu sein als durch die mittelalterlichen Schreiber, die Handschriften kopierten. [27]

Ein anderes im Jahre 1681 veröffentlichtes Werk ist die von Jacques Bossuet verfaßte ausführliche Weltgeschichte mit dem Titel

Discours sur l'histoire universelle. Obschon er sich ausdrücklich mit dem Aufstieg und dem Untergang von Weltreichen befaßte, schloß Bossuet all jene Reiche aus seiner Betrachtung aus, die nicht christlich waren. Eine Ausnahme bildeten nur Griechenland und Rom, die Bossuet insofern untersuchte, als sie für die Entwicklung des Christentums von Belang waren. Trotzdem nimmt Bossuets Buch eine wichtige Stellung in der Geschichte der Geschichtsschreibung ein, da es nach Raleighs Universalgeschichte eine der ersten Weltgeschichten überhaupt ist. Bossuet glaubte, daß die Handlungen der Menschen von einer göttlichen Vorsehung gelenkt würden, so daß die Ereignisse, so unerklärlich und überraschend sie uns im einzelnen scheinen mögen, stets eine geordnete Folge bilden — *»une suite reglée«*.

9

Der Zeit- und Geschichtsbegriff
im 18. Jahrhundert

Die Erfindung des Seechronometers

Die herausragende Errungenschaft im Bereich der Zeitmessung im
18. Jahrhundert war die Erfindung des Seechronometers. Sie revolutionierte die Navigation und rettete damit zahllosen Menschen das
Leben. Die praktische Notwendigkeit einer genauen Zeitmessung auf
See war schon während der von Prinz Heinrich dem Seefahrer (1394-
1460) im 15. Jahrhundert geplanten Reisen deutlich geworden. Nach
der Umrundung des Kaps der Guten Hoffnung im Jahre 1488 erlang-
ten die Ost-West-Entfernungen eine immer größere Bedeutung, und
so wurde es notwendig, die geographische Länge auf See bestimmen
zu können. Dies war weitaus schwieriger als die Bestimmung der
geographischen Breite eines Schiffs, da diese durch das Messen der
Höhe der Sonne um die Mittagszeit mit Hilfe eines Jakobsstabs oder
eines Astrolabiums ermittelt werden konnte. (Der Sextant kam erst
später in Gebrauch.) Während die geographischen Pole der Erde, das
heißt die Durchstoßpunkte der Drehachse der Erde auf der Erdoberfläche, universelle Bezugspunkte für die Messung der geographischen Breite darstellen, gibt es für die Bestimmung der Länge keine
solchen natürlichen Hilfsmittel. Statt dessen wählt man einen will-

kürlichen Längengrad als Bezugslinie. Dieser wird der »Nullmeridian« genannt. Die geographische Länge eines Ortes läßt sich nun ermitteln, indem man die Zeit bestimmt, die die Erde braucht, um sich so weit zu drehen, bis der fragliche Meridian in der Position angelangt ist, die der Nullmeridian zur Zeit der Ortsbestimmung des Schiffes einnahm. Die Definition longitudinaler Entfernungen an Land durch die Unterschiede der jeweiligen Ortszeiten war den Griechen bereits im 3. Jahrhundert v. Chr. bekannt, möglicherweise sogar schon früher.

Zwei verschiedene Wege wurden vorgeschlagen, um das Problem der Bestimmung der geographischen Länge eines Schiffs zu lösen. Der erste war astronomischer Art und beruhte auf der Beobachtung der Position des Mondes relativ zu den Sternen. Dieses Verfahren wurde 1514 von Johannes Vernerus (1468-1522) aus Nürnberg entwickelt und als Monddistanzmethode bezeichnet. Die andere Methode, die erstmals von Rainer Gemma Frisius (1508-1555) aus Löwen im Jahre 1553 vorgeschlagen wurde, hing von der Entwicklung eines genauen Zeitmessers ab, der so konstruiert war, daß die widrigen Bedingungen auf See seine Ganggenauigkeit nicht beeinträchtigten. Dieses Chronometer mußte auf die Zeit des Nullmeridians eingestellt sein und regelmäßig mit der Ortszeit des Schiffes verglichen werden.

1567 setzte Philipp II. von Spanien eine hohe Belohnung für die Entwicklung einer erfolgreichen Methode der Längenbestimmung auf See aus. Dreißig Jahre später wurde diese Summe sogar noch beträchtlich erhöht. Unter jenen, die sich um den Preis bewarben, befand sich auch Galileo, der 1610 mit Hilfe seines Teleskops die vier wichtigsten Jupitermonde entdeckt hatte. Galileo erkannte, daß diese vier Monde und das Phänomen ihrer Verdeckung durch den Planeten die Grundlage einer präzisen astronomischen Zeitmessung darstellen konnten. Im Jahre 1616 reichte er seinen Vorschlag ein, doch hielten ihn die Spanier für nicht praktikabel. Galileo leistete auch einen Beitrag zum chronometrischen Lösungsansatz, indem er das Pendel als ein mögliches Hilfsmittel zur Regulierung der mechanischen Uhr vorschlug. Später in jenem Jahrhundert entwickelte Huygens die ersten erfolgreich funktionierenden Pendeluhren, doch obschon er selbst davon überzeugt war, daß sich seine Uhren zur präzisen Längenbestimmung eigneten, gingen sie doch — außer an Land oder bei ruhiger See — sehr ungenau.

Unterdessen hatte J.-B. Morin (1583-1656) in Paris die Methode der Monddistanzberechnung wieder aufgegriffen und den Bau eines Observatoriums vorgeschlagen, um die erforderlichen Daten zu gewinnen. Nachdem Ludwig XIV. im Jahre 1666 auf Betreiben des großen Staatsmannes Colbert die Académie Royale des Sciences gegründet hatte, folgte ein Jahr später die Einrichtung eines Observatoriums. Das Problem der geographischen Längenbestimmung beschäftigte auch die 1660 von Karl II. gegründete Royal Society in London und führte schließlich 1675 zum Bau des Königlichen Observatoriums bei Greenwich.

Jede astronomische Methode zur Ermittlung von Unterschieden der geographischen Länge muß in der Praxis annehmen, daß die Erde gleichförmig rotiert. Da die Sonnentage im Verlauf des Jahres variieren, beschloß John Flamsteed (1646-1719), der 1675 zum ersten »Astronomer Royal« ernannt wurde, diese Annahme zu überprüfen, indem er sich auf die Sternzeit oder siderische Zeit konzentrierte. Mit Hilfe zweier Uhren, die im Jahre 1676 im Oktagon-Saal des Königlichen Observatoriums in Greenwich installiert wurden, gelangte er zu dem Schluß, daß sich die Erde in der Tat gleichförmig drehe, ein Ergebnis, das in den folgenden 250 Jahren nicht in Frage gestellt wurde. Die beiden Uhren waren übrigens von Thomas Tompion (1639-1713) hergestellt worden, dem »Vater der englischen Uhrmacherkunst«.[1] Wie einige der früheren englischen Uhrmacher begann auch Tompion seine Karriere als Schmied. Im Laufe der Zeit freundete er sich mit Robert Hooke an (1635-1704), dem Kurator der Experimente der Royal Society, durch den er schließlich auch Flamsteed kennenlernte. Die zwei Uhren, die er für Flamsteed anfertigte, waren in der Lage, jeweils ein Jahr lang automatisch zu laufen.

Obwohl die »Bestimmung der geographischen Länge«, ähnlich wie der Ausdruck »die Quadratur des Kreises«, häufig als Schlagwort für ein unmöglich erscheinendes Unterfangen verwendet wurde, war eine Lösung dieses Problems doch immer drängender geworden. Dazu trug besonders ein Unglück am 29. September 1707 bei, das 2000 Seeleuten und Admiral Sir Clowdisley Shovel das Leben kostete. Aufgrund schlechter Navigation waren an diesem Tag vier Schiffe der Königlichen Marine, die sich auf dem Weg von Gibraltar nach Hause befunden hatten, an den Gilstone Riffen vor den Scilly Inseln zerschellt. In der Öffentlichkeit wurde daraufhin die stürmische Forderung nach Verbesserungen in der Navigation laut. Der Schlüssel dazu schien »die Bestimmung der geographischen Länge« zu sein, wie Sir Isaac Newton vor dem Parlamentarischen Ausschuß verkündete, der eigens zur Untersuchung des Problems gebildet worden war:

»Zur Bestimmung der geographischen Länge auf See sind verschiedene Vorschläge gemacht worden, die zwar theoretisch richtig, jedoch schwer durchführbar sind. Ein Vorschlag ist eine Uhr, die die Zeit genau angibt. Aber wegen der Schiffsbewegung, der Schwankungen zwischen Wärme und Kälte, Feuchtigkeit und Trockenheit und der auf verschiedenen Breiten unterschiedlichen Schwerkraft wurde eine derartige Uhr bislang noch nicht hergestellt.«[2]

Am 8. Juli 1714 gab schließlich Königin Anne die Zustimmung zu einem Gesetz, das für die Entdeckung einer geeigneten Methode der Längenbestimmung auf See eine öffentliche Belohnung aussetzte. £20000, eine Summe, die heute etwa £1 Million entspräche, sollte derjenige erhalten, dessen Methode der Längenbestimmung bei einer Reise zu den Westindischen Inseln auf dreißig geographische Meilen genau wäre. Eine »geographische Meile« ist definiert als eine Bogenminute der geographischen Länge am Äquator (ca. 1852 m). Da ein Längengrad 4 Zeitminuten entspricht, bedeutete dies, daß das Chronometer nach etwa sechswöchiger Seereise auf zwei Minuten genau sein mußte, um seinem Erbauer den vollen Preis einzubringen. Kleinere Preise wurden für die Bestimmung der Länge auf 40 Meilen (£15000) und auf 60 Meilen (£10000) genau ausgesetzt. Mit der Vergabe des Preises war ein besonderes Gremium, die sogenannte Längenkommission, beauftragt, der zweiundzwanzig Seeleute, Politiker und Wissenschaftler angehörten, die direkt dem Parlament verantwortlich waren.

Lange Zeit änderte das Gesetz nichts daran, daß die Lösung dieses Problems gemeinhin für sehr unwahrscheinlich gehalten wurde. Jonathan Swift bemerkte 1726 im dritten Teil seines vierbändigen Romans *Gullivers Reisen*, »Eine Reise nach Laputa«, daß Gulliver die Bestimmung der geographischen Länge, das Perpetuum Mobile, das Allheilmittel und viele andere Erfindungen, die zu allergrößter Vollkommenheit gebracht worden seien, nur dann sehen würde, wenn er unsterblich wäre wie die Struldbruggs.[3] Neun Jahre später ging der Maler Hogarth sogar noch weiter, indem er in der Irrenhausszene seines Gemäldes »The Rake's Progress« (»Lebenslauf eines Wüstlings«) einen Mann abbildete, der versuchte, die geographische Länge zu berechnen! Trotz des hohen Preises, der ausgesetzt war, vergingen mehr als zwanzig Jahre, bevor die Kommission etwas in ihren Protokollen verzeichnen konnte. Die Probleme auf dem Weg zu einer befriedigenden Lösung schienen unüberwindlich.

Andererseits wurde die Notwendigkeit einer Lösung immer dringlicher. Im April 1741 führte eine unerwartete östliche Strömung dazu, daß Kommodore (später Admiral) Anson, der auf der *Centurion* in Begleitung mehrerer anderer Schiffe das Kap Hoorn umrundete, nicht wie geplant vorwärts kam. Da seine Besatzung schwer an Skorbut litt, drängte es ihn, die Insel Juan Fernandez zu erreichen, um frisches Gemüse an Bord zu nehmen. Die doppelte Unsicherheit hinsichtlich der Position seines Schiffes und der Lage der Insel (eine Folge der Tatsache, daß die Seefahrer jener Zeit nicht imstande waren, die geographische Länge ihrer Entdeckungen genau zu bestimmen) führte jedoch dazu, daß er sein Ziel erst Mitte Juni erreichte. Diese Verzögerung kostete fast siebzig Seeleute das Leben.

Es ist ein ironischer Zufall, daß ausgerechnet die *Centurion* etwa fünf Jahre zuvor das erste Schiff in der Geschichte der Navigation gewesen war, das bei einer Reise nach Lissabon eine Uhr getestet hatte, von der man sich eine praktische Hilfe bei der Bestimmung des Längengrades versprach. Da man bereits seit mehr als einem halben Jahrhundert wußte, daß sich die Pendeluhren aufgrund der Stampf- und

Rollbewegungen des Schiffes nicht für den Gebrauch auf See eigneten, besaß diese Uhr eine besondere Art der Spiralfeder. Spiralfedern erwiesen sich jedoch als äußerst anfällig gegenüber Temperaturschwankungen, was dazu führte, daß die Uhren bei warmem Wetter nach- und bei kaltem Wetter vorgingen. Im Falle der Penduluhr war es Tompions ehemaliger Gehilfe George Graham (1673-1751), der als erster Uhrmacher diese Schwierigkeit überwand. Durch die Verwendung von Quecksilber war er 1726 in der Lage, die Ausdehnung und Kontraktion des Pendels auszugleichen. So sorgte bei einem Temperaturanstieg die aufwärts gerichtete Ausdehnung des Quecksilbers in der Pendellinse dafür, daß die abwärts gerichtete Wärmeausdehnung der Pendelstange kompensiert wurde. Die Schwingungsperiode des Pendels blieb also unverändert. Schon 1715 hatte Graham eine verbesserte Form der Hemmung erfunden, den sogenannten Graham-Ankergang, eine ruhende Hemmung. Obwohl seine Regulatoruhr aus dem Jahre 1730 beide Neuerungen in sich vereinigte und sie an Land ein ausgezeichnetes Zeitmeßgerät darstellte, löste sie das Problem der Bestimmung der geographischen Länge auf See nicht.

Das Verdienst, dieses Problem bewältigt zu haben, kommt John Harrison (1693-1776) zu, einem gelernten Zimmermann aus Yorkshire. Zusammen mit seinem Bruder James stellte er 1728 zunächst eine Penduluhr her, die aufgrund ihrer speziellen Bauweise praktisch temperaturunabhängig war. Das Pendel bestand dabei aus mehreren Messing- und Stahlstäben, die so angeordnet waren, daß ihre unterschiedliche thermische Ausdehnung für eine Temperaturkompensation sorgte. Daneben verfügte diese Uhr über ein kompliziertes Hemmungssystem mit einer äußerst geringen Reibung, so daß eine weitere Ursache für die bisherige Ungenauigkeit bei Uhren ausgeschaltet war. Nach dem Bau dieser ersten Uhr machten sich die Harrisons daran, ein präzises Chronometer für die Benutzung auf See zu erfinden. Bis 1735 hatten sie es fertiggestellt, und im folgenden Jahr wurde es auf Empfehlung der Royal Society auf einer Reise der *Centurion* nach Lissabon getestet. Dieses Chronometer besaß zwei Schwingungsarme mit je einer großen Kugel an jedem Ende. Sie waren um ihren Mittelpunkt drehbar gelagert und durch Schneckenfedern und Kreuzdrähte miteinander verbunden. Dadurch sollte ein gleichmäßiges Schwingen bei äußerst geringem Reibungsverlust gewährleistet werden. Man stellte fest, daß ihre Schwingungsperiode von den Schiffsbewegungen fast gänzlich unbeeinflußt blieb. Wie in Harrisons früherer Uhr sorgte eine geschickte Kombination von Messing- und Stahlstäben für einen Spannungsausgleich in den Federn und so für eine Temperaturkompensation. Dieser Mechanismus stellt das erste Temperaturkompensationssystem dar, das in einer Federzugsuhr verwendet wurde, und das Instrument selbst ist das erste genaue Schiffs-Chronometer überhaupt.

Nach der erfolgreichen Erprobung dieses Chronometers auf der Reise nach Lissabon trat am 24. Juni 1737 die Längenkommission zusammen. Auch John Harrison war anwesend. Anstatt jedoch vorzuschlagen, daß sein Chronometer nun bei einer Reise zu den Westindischen Inseln getestet würde, erbot er sich, zu diesem Zweck eine verbesserte Version herzustellen. Die Längenkommission beschloß, ihm £ 500 als Vorschuß zu gewähren. Harrisons zweites Schiffs-Chronometer wurde allerdings nie auf See erprobt. Dies lag möglicherweise daran, daß der Krieg zwischen England und Spanien ausgebrochen war und die Gefahr bestand, es könne auf See in gegnerische Hände fallen. Vielleicht zweifelte aber auch Harrison an der Leistungsfähigkeit dieses Nachfolgemodells.[4] Wie dem auch sei, weitere siebzehn Jahre vergingen, in denen Harrison sich der Herstellung einer dritten Uhr widmete, die sein Meisterstück werden sollte. Während all dieser Jahre leistete die Royal Society auf Betreiben Grahams einen finanziellen Beitrag zur Unterstützung Harrisons, dem sie 1749 ihre höchste Anerkennung, die Copley Medaille, verlieh.

Das dritte von Harrison angefertigte Chronometer war sein kompliziertestes Instrument und enthielt nicht weniger als 753 einzelne Teile. 1757 unterrichtete er die Kommission von seinem Entschluß, sich mit diesem Instrument um den ersten Preis in Höhe von £ 20 000 zu bewerben. Gleichzeitig bot er an, einen wesentlich kleineren Zeitmesser als Hilfsinstrument zu bauen. Dieser Vorschlag wurde akzeptiert und so machte sich John Harrison unterstützt von seinem Sohn William daran, seine berühmte »Taschenuhr« zu bauen. Bei einem

Test erwies sie sich als ebenso genau wie sein drittes Chronometer, wobei sie jedoch den entscheidenden Vorteil bot, tragbar zu sein. Es handelte sich dabei um eine Silberuhr, die etwas über 5 Zoll (ungefähr 13,2 cm) im Durchmesser maß. Äußerlich ähnelte sie den gewöhnlichen »Satteluhren« jener Zeit, doch entsprach sie — mit Ausnahme der Hemmung — im wesentlichen seinem dritten Chronometer. Die Hemmung war gegenüber der üblichen Spindelhemmung für tragbare Uhren deutlich verbessert worden. (Eine ausführliche Beschreibung dieses berühmten Chronometers liefert Gould.[5]) Aufgrund der hohen Genauigkeit und der guten Tragbarkeit dieser Uhr beschloß Harrison, sich nur mit ihr um den Preis zu bewerben. Auf einer Reise nach Jamaika im Jahre 1762 wurde sein viertes Chronometer schließlich einer offiziellen Bewährungsprobe unterzogen. Die Uhr bestand den Test mit Leichtigkeit: Bei der Ankunft in Jamaika ging sie nur 5 Sekunden nach, was 1,25 Bogenminuten der geographischen Länge entsprach. Auf der geographischen Breite Jamaikas bedeutete dies eine Ungenauigkeit von weniger als einer geographischen Meile. Harrison erwartete deshalb, den Preis von £20000 zu erhalten. Statt dessen gewährte ihm die Längenkommission nur £2500 als Anzahlung, da ihrer Ansicht nach die geographische Länge Jamaikas nicht hinlänglich bekannt und folglich kein ausreichend genauer Zeitmaßstab gewährleistet sei.

Unterdessen bewarben sich auch andere um den von der Längenkommission ausgesetzten Preis. Aufgrund der Kompliziertheit der Mondbewegung (Newton sagte einmal, dies sei das einzige Problem, das ihm Kopfschmerzen bereite!) war die Methode der Monddistanzberechnung lange Zeit nicht praktikabel gewesen. Dies änderte sich jedoch, als der deutsche Astronom Tobias Mayer (1723-1762) Mondtabellen veröffentlichte, die er aufgrund von Berechnungen des großen Mathematikers Leonhard Euler (1707-1783) hatte erstellen können. 1755 reichte Mayer der Längenkommission seinen Vorschlag ein. Zehn Jahre später erhielt seine Witwe in Anerkennung seiner Verdienste £3000; Euler erhielt für seine Leistung £500.

Nach langen Auseinandersetzungen um Harrisons Preis einigte man sich schließlich etwa zwei Jahre nach der ersten Fahrt auf eine weitere offizielle Testfahrt, die nach Barbados führen sollte. Aufgrund seines Alters nahm John Harrison an keiner dieser Reisen teil, doch fuhr statt dessen sein Sohn William mit. Auf der zweiten Reise begleiteten ihn dabei Nevil Maskelyne, der kurze Zeit später »Astronomer Royal« wurde, und ein weiterer Astronom. Sie waren mit der Aufgabe betraut, die geographische Länge ihres Beobachtungsortes auf Barbados astronomisch zu bestimmen. Zu diesem Zweck standen nicht nur die neuen Mondtabellen von Euler und Tobias Mayer zur Verfügung; es gab mittlerweile auch den Sextanten, der den schwerfälligeren Quadranten ersetzt hatte. Folglich war es nicht nur einfacher, astronomische Beobachtungen durchzuführen, sie waren auch viel genauer und konnten leichter überprüft werden.

Zu Beginn des Jahres 1765 wurde der Längenkommission das Ergebnis der Reise vorgelegt: Das Chronometer ging nach sieben Wochen auf See nur 38,4 Sekunden falsch, was auf der geographischen Breite von Barbados nur etwa 9,8 geographischen Meilen entspricht.[6] Obwohl dieses Ergebnis dreimal so genau war wie erforderlich, blieb die Kommission skeptisch und weigerte sich, Harrison den Preis auszuzahlen, solange er nicht unter Eid den Mechanismus seines Chronometers genauestens erläutern würde. Die Kommission würde ihm dann £ 10 000 bezahlen, abzüglich der £ 2 500, die ihm bereits nach der ersten Probefahrt nach Jamaika ausbezahlt worden seien. Die verbleibenden £ 10 000 sollte er erst dann erhalten, wenn er noch zwei weitere präzise Chronometer gebaut hätte. Schließlich akzeptierte Harrison die erste Hälfte des Preises. Bis zum Jahre 1770 hatte er mit der Hilfe seines Sohnes ein fünftes Chronometer hergestellt, das eine leicht verbesserte Version des vierten darstellte. Unterdessen hatte die Angelegenheit das Interesse von König Georg III. geweckt, der Harrison und seinem Sohn eine Audienz in Windsor gewährte. Bei dieser Gelegenheit rief er aus: »Bei Gott, Harrison, ich werde dafür sorgen, daß Euch Gerechtigkeit widerfährt!«[7] Das fünfte Chronometer wurde in dem Privatobservatorium des Königs in Kew geprüft. Nach zehn Wochen betrug sein Fehler nur 4,5 Sekunden. Die Längenkommission weigerte sich jedoch, dieses Ergebnis anzuerkennen, da diese Prüfung nicht unter ihrer Kontrolle stattgefunden habe. Harrison wandte sich deshalb in einer Petition an das Unterhaus, wo sein Fall unter anderem von Charles Fox und Edmund Burke unterstützt wurde. Dies hatte schließlich zur Folge, daß sich die Kommission dazu bereit erklärte, Harrison weitere £8750 auszuzahlen. Die verbleibenden £1250 wurden ihm mit der Begründung vorenthalten, sie seien ihm schon viele Jahre zuvor unter der Voraussetzung gewährt worden, daß sein zweites und drittes Chronometer in den Besitz der Längenkommission übergehe! Harrison starb drei Jahre später.

Seine Leistung ist als ein Meilenstein in der Geschichte der Zeitmessung anzusehen. Denn erst nachdem sich sein Seechronometer auf der Reise nach Jamaika 1762 so gut bewährt hatte, erkannten mehr und mehr Uhrmacher, daß die Präzisionszeitmessung auf See keine Utopie war. Der Erfolg Harrisons übte auch auf die Herstellung von Seekarten einen enormen Einfluß aus. Auf seiner zweiten Forschungsreise in den Südpazifik (1772-1775) benutzte Kapitän Cook eine exakte Nachbildung von Harrisons viertem Chronometer, wodurch er in der Lage war, die Küste Australiens und Neuseelands mit großer Genauigkeit zu kartographieren.

Auch in anderen Ländern arbeitete man im 18. Jahrhundert intensiv an der Entwicklung eines Seechronometers. Eine herausragende Rolle spielte dabei der Franzose Pierre Le Roy (1717-1785), der 1754 unter Ludwig XV. die Nachfolge seines Vaters als »Horloger du Roi« antrat. Bis zu diesem Zeitpunkt hatte er bereits eine verbesserte Form der Hemmung erfunden, die sogenannte freie Unruh-Hemmung, bei der die Feder im wesentlichen frei schwingt. Dies bedeutet, daß sie nur in den Augenblicken, in denen sie den Impuls erhält und die Hemmung aktiviert, geringfügigen Störungen unterliegt. Später erfand Le Roy eine freie Unruh-Hemmung mit einem Kompensationsmechanismus, der die Auswirkungen von Temperaturschwankungen durch eine Veränderung der Elastizität der Feder korrigierte. Obwohl Harrison unbestreitbar der erste war, der ein zuverlässiges Schiffs-Chronometer baute, verdanken wir die Entwicklung des modernen Chronometers doch in erster Linie den Erfindungen Le Roys.[8] Ein Konkurrent Le Roys war Ferdinand

Berthoud (1729-1807), ein gebürtiger Schweizer, der jedoch fast sein ganzes Leben in Frankreich verbrachte. Obwohl Berthoud nicht das gleiche tiefe Verständnis für die grundlegenden Prinzipien der Chronometrie besaß wie Le Roy, war er doch wie Harrison ein exzellenter Handwerker, der seine Instrumente ständig verbesserte. Trotzdem blieben sie kompliziert und teuer.

Unterdessen gab es in England starke Bestrebungen, die Schiffs-Chronometer zu vereinfachen und dadurch so billig zu gestalten, daß sie für den gewöhnlichen Schiffsbesitzer erschwinglich waren. Die zwei wichtigsten Wegbereiter dieser Entwicklung waren John Arnold (1736-1799) und Thomas Earnshaw (1749-1829). Besonders Earnshaw leistete einen wichtigen Beitrag zur Verbesserung der von Le Roy erfundenen freien Unruh-Hemmung mit Kompensationsmechanismus. Infolge dieser Errungenschaften gehörte das Seechronometer seit 1825 zur Standardausrüstung auf allen Schiffen der Königlichen Marine. Die Ostindische Kompanie hatte dies auf ihren Schiffen sogar schon einige Jahre zuvor eingeführt.

Die Entdeckung der historischen Perspektive

Das 18. Jahrhundert, das als das Zeitalter der Aufklärung bezeichnet wird, war für die Geschichte der Zeit nicht nur aufgrund der Erfindung des Seechronometers bedeutsam, sondern auch, weil der diese Epoche charakterisierende intellektuelle Optimismus auf einer vorwärtsschauenden Zeitauffassung beruhte. Die Entwicklung dieser Sichtweise wird insbesondere mit Leibniz in Verbindung gebracht, der behauptete, daß diese »die beste aller möglichen Welten« sei. Obwohl man ihn oft wegen dieser Überzeugung verspottete, und sie in der Tat durch das verheerende Erdbeben in Lissabon (1755) einen schweren Schlag erlitt, muß doch der Gerechtigkeit halber erwähnt werden, daß die Betonung auf dem »möglich« liegt, denn Leibniz glaubte keineswegs, daß diese Welt wirklich »vollkommen« sei. R. Nisbet machte in seinem Buch über die Geschichte des Fortschrittsgedankens auf eine Passage aus Leibniz' Aufsatz »Über den letzten Ursprung der Dinge« aufmerksam, worin genau dies klar zum Ausdruck kommt:

»Auch muß anerkannt werden, daß ein gewisser stetiger und ungehinderter Fortschritt des gesammten Universums zur Höhe der allgemeinen Schönheit und Vollkommenheit der göttlichen Werke stattfindet, so daß es zu immer größerer Bildung gelangt, [...] Auf den möglichen Einwurf aber: auf diese Weise müßte die Welt längst zum Paradiese geworden sein, ist die Antwort zur Hand: wenn auch schon viele Substanzen zu großer Vollkommenheit gelangt sind, so bleiben doch wegen der ins Unendliche fortgehenden Theilbarkeit des Stetigen im unermeßlichen Raum der Dinge immer noch schlummernde Theile übrig, die zu erwecken und zu Besserm und Größerm und, mit einem Worte, zu höherer Cultur zu erheben sind, und deshalb kann der Fortschritt nie ein Ende erreichen.«[9]

Arthur Lovejoy hat darauf hingewiesen, daß sich das Denken im 18. Jahrhundert vor allem durch die »Verzeitlichung« dessen auszeichnet, was die »große Kette der Lebewesen« genannt wird. Darunter versteht man den Gedanken, daß das Universum aus unzählig vielen hierarchisch geordneten Verbindungen besteht. Denn obwohl viele Menschen in jenem Jahrhundert durchaus mit dem Gedanken zufrieden waren, daß in der Welt nichts Neues entstehen könne, gab es andere, die überzeugt waren, daß die Kette der Lebewesen notgedrungen neu interpretiert werden müsse, um den Fortschritt im allgemeinen zuzulassen.[10]

Unter jenen, die im 18. Jahrhundert über den Fortschritt in der Geschichte philosophierten und versuchten, die ihn bestimmenden Gesetze zu entdecken, sind besonders Turgot und Condorcet in Frankreich, Priestley in England und Kant in Deutschland zu nennen. Es ist behauptet worden, daß der Vortrag des gerade 23jährigen Turgot an der Sorbonne über »Eine philosophische Kritik der sukzessiven Fortschritte des menschlichen Geistes« im Dezember 1750 die erste systematische Darstellung des modernen Fortschrittsgedankens verkörpert.[11] In seinen *Anmerkungen zur Weltgeschichte*, die Turgot im darauffolgenden Jahr schrieb, verweist er auf Bossuet, dem er manche Anregung zu verdanken habe, doch näherte sich Turgot der Thematik ausschließlich von der säkularen Seite. Er zeigte, daß die besonderen Merkmale einer Gesellschaft die unvermeidliche Folge ihrer Vergangenheit sind, während die natürlichen Begabungen der Menschen überall übereinstimmen. Turgots Schriften übten einen großen Einfluß auf Condorcet aus, der ihn als den wahren Entdecker des »Fortschrittsgesetzes« pries. Condorcet verfaßte auch die erste Biographie Turgots. Wie so viele seiner Zeitgenossen, einschließlich des jungen Wordsworth, war Condorcet davon überzeugt, das Glück zu haben, während einer der größten Revolutionen der Geschichte zu leben und ihre wahre Bedeutung erkennen zu dürfen. Es ist eine bittere Ironie des Schicksals, daß Condorcet nach dem Ausschluß der ihm nahestehenden Girondisten aus dem Nationalkonvent im Jahre 1793 in Mißkredit geriet und fliehen mußte. Es gelang ihm, sich in einem Haus in Paris zu verstecken, wo er sein Werk *Esquisse d'un tableau historique des progrès de l'esprit humain* schrieb. Am 25. März 1794 verließ er seinen Unterschlupf und wurde zwei Tage später verhaftet. Am darauffolgenden Morgen fand man ihn tot in seiner Zelle.

In seinem Werk *Esquisse*, das ein Jahr nach seinem Tod erschien, vertrat Condorcet die Überzeugung, daß der menschliche Fortschritt unvermeidlich sei und daß Wissenschaft und Technik die Macht besäßen, das Wissen und die Gewalt des Menschen über sich selbst und die Gesellschaft zu vergrößern. Er betrachtete die Geschichte als einen sich in zehn Etappen vollziehenden Prozeß, wobei jede Etappe notwendigerweise auf der vorherigen aufbaue. Während der ersten Phase lebte der Mensch in einem Zustand primitiver Wildheit. Diesen Zustand überwand er allmählich, indem er zunächst die Produktionsmittel verbesserte und später seine rationalen Fähigkeiten entwickelte. Condorcet war der Ansicht, im neunten Stadium zu leben, welches mit der Philosophie Descartes' begann und in der Gründung der Französischen Republik gipfelte. Das zehnte und letzte Stadium sei die Herrschaft der Wissenschaftler. Vertrauen in den künftigen Fortschritt hegte auch der Wissenschaftler Joseph Priestley (1733-1804), der in Amerika Zuflucht suchen mußte, nachdem sein gesamter Besitz — Haus, Bibliothek und Laboratorium — von einer aufgebrachten Menge in Birmingham angezündet worden war, weil er mit den Führern der Französischen Revolution sympathisierte. In Amerika hoffte er, ein freiheitliches Utopia zu gründen.

Eine tiefere Geschichtsauffassung entwickelte Immanuel Kant (1724-1804) in seiner Abhandlung *Idee zu einer allgemeinen Geschichte in weltbürgerlicher Absicht* (1784). Obschon der Mensch nach Übereinstimmung strebe, so Kant, wisse die Natur besser, was gut für die Art sei, und strebe infolgedessen nach Gegensätzlichkeit. Die Schwierigkeit mit der teleologischen Fortschrittstheorie bestand in der Tat darin, daß ihre Gültigkeit von der unbestrittenen Anerkennung des angestrebten Ziels abhing. Die Anhänger des Fortschrittsglaubens, zu denen nicht nur Condorcet, sondern viele andere im 18. und 19. Jahrhundert gehörten, nahmen aber für die Gegenwart eine Art göttlichen Rechts in Anspruch, welches sie allen anderen Zeitepochen willkürlich absprachen.[12] Wie jedoch Montesquieu und andere feststellten, ist es eine der häufigsten Fehlerquellen überhaupt, die Ideen des eigenen Zeitalters auf alle anderen Zeiten zu übertragen.

Eine pessimistische Auffassung von Geschichte und ein übertrieben optimistisches Bild von der menschlichen Natur vertrat Rousseau. Nachdem er 1749 in einem preisgekrönten Aufsatz die moderne Wissenschaft und Zivilisation verworfen hatte, entledigte er sich kurz darauf seiner Uhr. Der Umstand, daß seine Geburtsstadt Genf neben London das wichtigste Zentrum der Uhrenherstellung war, mag dabei in seinem Unterbewußtsein eine Rolle gespielt haben. Zweifellos hätte sich Rousseau in Samuel Butlers *Erewhon* (1872) sehr wohl gefühlt, jenem fiktiven Land, wo schon der Besitz einer Uhr strafbar war.[13] M. J. Temmer hat den entscheidenden Einfluß hervorgehoben, den die Schriften des Hl. Augustinus auf Rousseau ausübten. Besonders die statische Ewigkeit des augustinischen Paradieses beeindruckte Rousseau tief. Außerdem wies Temmer auf Rousseaus »elegischen Wunsch« hin, die Zukunft nach dem Bild der Vergangenheit zu leben.[14]

Auch Rousseaus Erzfeind Voltaire war kein Anhänger des Fortschrittsdenkens. Er lehnte sogar die Vorstellung einer geologischen und biologischen Evolution ab. In einer Abhandlung aus dem Jahre

1769 äußerte er die Ansicht, daß sich die Erde seit ihrer Erschaffung nicht verändert habe; als Ausnahme ließ er einzig die Auswirkungen der hundertfünfzig Tage andauernden Sintflut zu. Was die Meeresfossilien betraf, die man weit entfernt von der Küste an den Hängen des Mont Cenis fand, so hatte er dafür gleich drei Erklärungen: Entweder hatten Sammler diese absichtlich dort deponiert oder Bauern hatten sie zusammen mit Ladungen von Kalk hergebracht, um den Boden zu düngen, oder aber Pilger hatten auf dem Weg nach Rom ihre am Hut befestigten Pilgermuschelabzeichen verloren.[15]

Der größte Geschichtsphilosoph des 18. Jahrhunderts war ein unbekannter und schlecht bezahlter Professor der Rhetorik an der Universität von Neapel, Giambattista Vico (1668-1744). Obwohl er in jungen Jahren ein Anhänger Descartes' war, erkannte er allmählich, daß der Kartesianismus als Methode nur auf die Mathematik und Logik anwendbar war und nicht auf unser Verständnis der äußeren Welt von Natur und Gesellschaft. Er lehnte nicht nur Descartes' negative Geschichtsauffassung ab, sondern verwarf auch dessen Prinzip des methodischen Zweifels als Grundlage des philosophischen Denkens. Vico entwickelte statt dessen den neuen Gedanken, daß man nur das erkennen könne, was man selbst hervorgebracht habe. Isaiah Berlin hat gezeigt, daß diese Idee zum Teil schon von Nikolaus von Kues (1401-1464) vorweggenommen wurde, der die Ansicht vertrat, daß die Mathematik eine rein menschliche Schöpfung sei, die wir beherrschen, weil wir selbst sie geschaffen haben. Allerdings ging er nicht so weit wie Vico, der diese Einsicht auf das geschichtliche Wissen und andere den Menschen betreffende Forschungsgebiete übertrug.[16] Aufbauend auf dem sogenannten Grundsatz der Äquivalenz von *Verum* und *Factum* behauptete Vico, daß der Mensch die Mathematik verstehen könne, weil sie seine eigene Schöpfung sei, daß aber nur Gott in der Lage wäre, die Welt der Natur wirklich zu begreifen. Auch von der Geschichte glaubte er, daß der Mensch sie erfassen könne, da die gesellschaftlichen Institutionen, die Sprachen, Gebräuche und Gesetze allesamt von Menschen entwickelt und keineswegs vorherbestimmt seien. Mit dieser Auffassung stand er in scharfem Gegensatz zu Descartes.

Vico achtete die Mathematik und schätzte ihren Wert für unsere Bemühungen, die physikalische Welt zu verstehen, doch setzte er die beiden nicht gleich. Da der Mensch durch seinen freien Willen und seinen Gemütszustand bestimmt werde, glaubte er auch nicht, daß die Mathematik wirklich gewinnbringend auf das Studium der menschlichen Natur angewendet werden könne, höchstens in sehr eingeschränkter Weise. Obwohl viele Ansichten Vicos heute selbstverständlich erscheinen, können wir doch erst rückblickend würdigen, wie neuartig seine Ideen waren. Man denke nur daran, daß zum Beispiel August Comte seine neue Wissenschaft, die Soziologie, noch einhundert Jahre nach Vicos Zeit mit dem Begriff »soziale Physik« bezeichnete und Walter Bagehot seinem Buch über die Entwicklung der Gesellschaft den Titel *Physics and Politics* (1872) gab. (Bagehot scheint eine höchst merkwürdige Vorstellung von »Physik« gehabt zu haben, denn der Untertitel seines Buches lautet: *Thoughts on the application of the principles of »natural selection« and »inheritance« to political society.*)

Als Vicos Meisterleistung gilt sein 1725 veröffentlichtes Buch *Scienza nuova*, dessen Titel möglicherweise an das ein Jahrhundert zuvor veröffentlichte Werk Bacons, *Novum organum*, angelehnt ist. (Eine dritte, überarbeitete Fassung der *Scienza* erschien 1744.) Vico vertritt darin die Ansicht, daß der Mensch ein Wesen sei, das ausschließlich historisch verstanden werden könne. Anders ausgedrückt, unser Selbstverständnis hängt ganz entscheidend von der Kenntnis unserer Vergangenheit ab. Besonders vehement wandte er sich gegen die Tendenz, primitiven Menschen Denkweisen und Gefühle zu unterstellen, die ihrerseits das Produkt einer langen geschichtlichen Entwicklung sind. Vico glaubte, daß jede Theorie an dem Punkt ansetzen müsse, wo das Subjekt, von dem sie handelt, Form annimmt. Dies ist, wie Isaiah Berlin bemerkte, bereits der Grundgedanke des Historismus.[17] Ein Historiker, den Vico sehr bewunderte, war Bodin, der im 16. Jahrhundert lebte. Er hatte Vico in mancherlei Hinsicht vorweggenommen, indem er feststellte, daß Fabeln und Mythen oft wertvolle Aufschlüsse über den Glauben primitiver Völker liefern können.

Obwohl Vico an die Existenz historischer Kreisläufe glaubte, interpretierte er diese Vorstellung differenzierter als dies die Anhänger einer zyklischen Geschichtsauffassung bisher getan hatten. Er vertrat die Überzeugung, daß gewisse geschichtliche Perioden so allgemeiner, grundlegender Natur seien, daß das Wiedererscheinen einiger ihrer charakteristischen Eigenschaften in einer anderen Epoche Rückschlüsse auf diese zuließen. So zog er zum Beispiel Parallelen zwischen der Barbarei des frühen christlichen Mittelalters in Westeuropa und der Barbarei des Homerischen Zeitalters, indem er gewisse Gemeinsamkeiten aufzeigte, wie zum Beispiel die Herrschaft einer Krieger-Aristokratie, die Existenz einer Balladenliteratur etc. Solche Perioden nannte er »heroisch«. Allerdings glaubte Vico nicht, daß die Geschichte streng zyklisch verlief, da in jeder Epoche etwas Neues geschaffen würde. R.G.Collingwood beschrieb Vicos Vorstellung der historischen Wiederkehr als eine Spirale und nicht als einen Kreis, »denn die Geschichte wiederholt sich nicht, sondern erscheint in jeder neuen Phase in einer durch das Vorangegangene modifizierten Form.« [18] Folglich unterscheidet sich die Barbarei des frühen Mittelalters von der des Homerischen Griechenlands durch den Einfluß des Christentums. Vico vertrat allerdings die Ansicht, daß ähnliche Perioden in derselben Reihenfolge wiederkehren; die heroische Periode wird also stets von der sogenannten »klassischen Periode« abgelöst, in der das Denken gegenüber der Phantasie, die Prosa gegenüber der Poesie etc. vorherrscht.

Scienza nuova ist ein schwer verständliches Buch und wurde deshalb lange vernachlässigt. Erst etwa hundert Jahre nach seiner Veröffentlichung wurde der große französische Historiker Michelet während einer Reise nach Italien zufällig auf es aufmerksam. Er übersetzte das Werk ins Französische und begründete damit Vicos Ruhm. In seinem Monumentalwerk *Die Geschichte Frankreichs* erklärte Michelet, daß Vico für die Geschichte das geleistet habe, was Newton ein halbes Jahrhundert zuvor für die Physik getan habe. Selbst wenn dieser Vergleich ein wenig zu hoch gegriffen erscheint, kann es doch keinen Zweifel daran geben, daß Vico der erste Vertreter der modernen Geschichtsphilosophie ist, derzufolge sich das Wesen und die

Struktur der Gesellschaft nur durch eine eingehende Untersuchung aller gesellschaftlichen Aspekte aus historischer, das heißt zeitlicher Perspektive erschließen. Obwohl eine englische Übersetzung der *Scienza Nuova* erst nach dem Zweiten Weltkrieg vorlag, war der englische Philosoph und Historiker R. G. Collingwood nachhaltig von Vico beeinflußt. Zu jener Zeit stellte er jedoch im englischen Sprachraum noch eine Ausnahme dar. Heute dagegen gilt Vico als der bedeutendste Philosoph Italiens und als einer der größten Geschichtsphilosophen überhaupt.

Ein berühmter deutscher Geschichtsphilosoph des 18. Jahrhunderts, der die fundamentale Bedeutung der historischen Perspektive erkannte, war Johann Gottfried Herder (1744-1803). Er lehnte die Vorstellung »absoluter Werte« ab und glaubte auch nicht, daß es unveränderliche Gesetze der Geschichte gebe, die für alle Völker und alle Zeiten Gültigkeit besäßen. Statt dessen vertrat er einen »historischen Relativismus«, demzufolge jede Kultur und jede Epoche ihren eigenen Charakter und Wert besitzt, an dem allein sie gemessen werden solle. Herders Hauptwerk, *Ideen zur Philosophie der Geschichte der Menschheit*, das in vier Bänden zwischen 1784 und 1791 erschien, übte im Gegensatz zu Vico einen unmittelbaren Einfluß auf die Geschichtswissenschaft aus. In unserem Jahrhundert wurden seine Gedanken von Oswald Spengler wiederaufgegriffen. Eine anregende und kritische Darstellung der Herderschen Philosophie findet sich bei Isaiah Berlin. [19]

Während Vico den Anwendungsbereich seiner »neuen Wissenschaft« auf die Gesellschaftsgeschichte und die Humanwissenschaften beschränkt hatte, behauptete Immanuel Kant, daß *nur* das physikalische Universum das Ergebnis ständiger Veränderung und Entwicklung sei. Von den biologischen Arten glaubte er, daß sie *keiner* Evolution unterworfen seien. [20] Herder dagegen vertrat die Überzeugung, daß der historische Prozeß alles umfasse: das physikalische Universum ebenso wie die Welt des Lebendigen und die menschliche Gesellschaft. Allerdings muß darauf hingewiesen werden, daß seine Auffassung weniger eine wissenschaftliche Theorie als vielmehr eine philosophische Vision darstellte. [21]

Es ist nicht verwunderlich, daß Herder den anti-historischen Vorurteilen der französischen *Enzyklopädisten* überaus kritisch gegenüberstand. Diese taten zum Beispiel Homer mit der Bemerkung ab, er sei »ein griechischer Philosoph, Theologe und Dichter«, dessen epische Dichtungen in Zukunft »wahrscheinlich nicht mehr sehr viel gelesen würden«.[22] Als die intellektuellen Vorläufer der französischen Revolution von 1789 verbreiteten die Enzyklopädisten den Glauben an die Existenz gewisser *zeitloser* Wahrheiten, was manche fanatischen Revolutionäre zu der Bemerkung veranlaßte, sie legten Gesetze nicht nur für Frankreich, sondern für das gesamte Universum nieder!

10

Die Evolution und das Zeitalter
der industriellen Revolution

Das evolutionäre Universum

Obwohl Vico auf die Notwendigkeit hinwies, den Menschen unter historischem Blickwinkel zu betrachten, glaubte er weder, daß der Mensch aus der Natur entstanden sei, noch, daß die Natur eine eigene Geschichte besitze. Im Laufe des 18. Jahrhunderts verbreitete sich jedoch allmählich die Überzeugung, daß der Gedanke der Zeit einen wesentlichen Bestandteil des Naturgedankens ausmache. So wie die Anerkennung der kopernikanischen Theorie die engen räumlichen Grenzen der Welt gesprengt hatte, führte die historische Betrachtungsweise zu einer entsprechend großen zeitlichen Ausdehnung der Welt.

Descartes, der sich gegen die damals vorherrschende aristotelische Naturphilosophie auflehnte, glaubte wie Newton ein halbes Jahrhundert nach ihm, daß alle Materie, die der Erde wie die des Himmels, denselben physikalischen Gesetzen gehorche. Als Vertreter eines mechanistischen Determinismus berief er sich jedoch nicht auf ein göttliches Eingreifen, um den Ursprung des Sonnensystems zu erklären. In seinem 1644 erschienenen Werk *Principia Philosophiae* bemühte er sich vielmehr, die Gleichförmigkeit der Bewegungsrichtungen im Sonnensystem und ihre Annäherung an die Ebene der Ekliptik durch seine Wirbeltheorie zu erklären. Er nahm dabei an, daß die Welt ursprünglich mit möglichst gleichförmig verteilter Materie gefüllt war und entwarf darauf aufbauend eine qualitative Theorie der sukzessiven Entstehung der Sonne und der Planeten, einschließlich der Erde, von der er sagte, sie bestehe aus einer Reihe verschiedener Schichten.

Descartes' Vorstellung, daß sich das Weltall aus natürlichen Trennungs- und Kombinationsprozessen entwickelt habe, wurde zum Ausgangspunkt für eine Reihe von Theorien über die Entstehung des Kosmos. Fast ein Jahrhundert später vertrat Swedenborg in seinen *Principia* (1734) eine abgewandelte Version der Kartesianischen Kosmogonie. Er vermutete, daß die Planeten von der Sonne ausgestoßen wurden, doch seine Erklärung, wie dies geschehen sein mochte, wurde von Buffon verworfen, der im Jahre 1745 seine Theorie vom Ursprung des Sonnensystems vorlegte. In der Annahme, daß Kometen weitaus massiver sind, als wir dies heute glauben, hielt er es für denkbar, daß der Zusammenstoß eines Kometen mit der Sonne genügend Materie freigesetzt hatte, um die Entstehung der Planeten zu ermöglichen.

Weder Swedenborg noch Buffon wendeten Ideen Newtons auf die Probleme der Kosmogonie an. Dies unternahm erst Kant in seinem 1755 veröffentlichten Werk *Allgemeine Naturgeschichte und Theorie des Himmels*. Darin ging er von der Annahme aus, daß die gesamte Materie ursprünglich in gasförmigem Zustand vorlag und bis auf einige Gebiete höherer Dichte mehr oder weniger gleichförmig verbreitet war. Diese Gebiete höherer Dichte wirkten unter dem Einfluß der Gravitation als Kondensationszentren. Ein solches Zentrum bildete den Ursprung des Sonnensystems. Kant glaubte, daß sich durch Kollisionen schließlich die komplanaren (d. h. in einer Ebene liegenden) kreisförmigen Umlaufbahnen herausgebildet haben könnten, auf denen die Planeten die Sonne im gleichen Drehsinn umkreisen. Er irrte sich jedoch in der Annahme, daß dieses Phänomen zwangsläufig sei, denn dies widerspräche dem dynamischen Prinzip von der Erhaltung des Drehimpulses und damit den Newtonschen Bewe-

gungsgesetzen. (Dieses dynamische Prinzip wurde allerdings erst
1775 von Euler allgemein formuliert.) Die 1796 von Pierre Laplace
entwickelte Nebeltheorie wies diesen Irrtum nicht mehr auf. Der von
ihm vorausgesetzte Ur-Sonnennebel rotierte von Anfang an. Auch
Friedrich Wilhelm Herschel (1738-1822), der Wegbereiter der modernen empirischen Astronomie, glaubte an eine kosmische Evolution, ein Gedanke, der in scharfem Gegensatz zu der früher vertretenen Auffassung kosmischer Zyklen stand. 1814 schrieb Herschel in
einem Artikel: »Der Zustand, in dem sich die Milchstraße infolge des
unaufhörlichen Wirkens der Verdichtungskräfte gegenwärtig befindet,
kann als eine Art Chronometer dienen, um die Zeitspanne der Vergangenheit und der künftigen Existenz der Milchstraße zu messen.«[1]

Eines der Hindernisse, auf das der Evolutionsgedanke allenthalben
stieß, war die weitverbreitete feste Überzeugung, daß die Vergangenheit nur einen sehr kurzen Zeitraum umfasse. So wurden Wissenschaftler, die sich mit der Untersuchung von Fossilien beschäftigten,
durch eine auf der Bibel beruhende Zeitrechnung erheblich einge-
engt. Sowohl Steno als auch Hooke hatten im 17. Jahrhundert erkannt, daß Fossilien die versteinerten Überreste früherer lebender
Organismen oder ihrer Lebensspuren sind. Sie gelangten so zu einer
dynamischen Theorie geologischer Veränderungen, sahen sich jedoch der Schwierigkeit gegenüber, diese in das allgemein anerkannte
Zeitschema einzufügen. Der Naturforscher John Ray, der zunächst
geneigt war, die Ansichten Stenos und Hookes über Fossilien anzuerkennen, stellte dazu folgende Überlegung an: Wenn die Berge,
wie Steno annahm, nicht alle von Anfang an existiert hatten, dann
wäre die Welt möglicherweise ein ganzes Stück älter, als man bis dahin geglaubt oder auch nur für denkbar gehalten hatte. Unter dem
Einfluß seiner theologischen Überzeugungen änderte er jedoch
schließlich seine Ansicht über Fossilien und betrachtete sie nunmehr
als anorganischen Ursprunges. Er kehrte damit zu der traditionellen
— und damals noch weithin akzeptierten — nicht-evolutionären Na-
turauffassung zurück. Arthur Lovejoy weist auf die folgende klare
Aussage von Ray aus dem Jahre 1703 hin: »Schauen wir doch an, was
uns die Erfahrung lehrt: die Elemente sind stets dieselben, die Arten

ändern sich niemals, Samen und Keime sind von vornherein auf die Bewahrung alles Seienden angelegt [...]; so daß wir sagen können, es gibt nichts Neues unter der Sonne, keine Art, die nicht schon von Anfang an da gewesen wäre.«[2]

Die auf der Bibel beruhende Chronologie der Natur verlor im Laufe des 18. Jahrhunderts zunehmend an Einfluß. 1721 schrieb Montesquieu in seinen *Persischen Briefen*: »Ist es denn möglich, daß diejenigen, die die Natur verstehen und eine vernünftige Gottesvorstellung haben, glauben, die Materie und die geschaffenen Dinge seien erst sechstausend Jahre alt?« Später in jenem Jahrhundert schätzte Diderot das Alter der Welt auf Jahrmillionen, während Kant von Hunderten von Jahrmillionen sprach. Als Buffon an seinem 1778 veröffentlichten Werk *Époques de la Nature* arbeitete, setzte er die Phase der Abkühlung der Erde in einer vertraulichen Schätzung mit mindestens einer Million Jahre an.[3] Als das Buch schließlich erschien, war er vorsichtiger und schätzte das Alter der Erde auf mindestens 75 000 Jahre. Trotzdem wurden einige seiner Gedanken von der theologischen Fakultät der Universität von Paris scharf verurteilt.[4]

Im Jahre 1788 verwarf der Geologe James Hutton in seinem Buch *Theory of the Earth* die Katastrophentheorien, die bis dahin als Erklärung für Gesteinsschichten, Meeresablagerungen und andere geologische Veränderungen herangezogen worden waren. Er erkannte, daß ein wahrhaft wissenschaftliches Arbeiten nicht darin besteht, *ad hoc* Hypothesen aufzustellen, sondern darin, zu untersuchen, ob nicht die gleichen Kräfte, die heute wirksam sind, bereits in der Vergangenheit tätig waren. Seiner Ansicht nach befand und befindet sich die Welt in einem ständigen Entwicklungsprozeß, und an einer Stelle verglich er sie sogar mit einem Organismus. Aus der Untersuchung von Sediment- und Eruptivgestein schloß er, daß unvorstellbar große Zeiträume erforderlich waren, um der Erde ihr heutiges Gesicht zu verleihen. Er schloß seine Ausführungen mit der häufig zitierten Bemerkung: »Wir finden keine Spur eines Anfangs — keine Aussicht auf ein Ende.«

Der Gedanke, Fossilien zu benutzen, um eine Chronologie der Gesteinsschichten zu entwickeln, wurde erstmals im 17. Jahrhundert von Robert Hooke vorgeschlagen, doch vergingen mehr als hundert Jahre, bevor dieser Gedanke in die Tat umgesetzt wurde. Gegen Ende des 18. Jahrhunderts erkannte der englische Landvermesser und Fossiliensammler William Smith, daß jede geologische Schicht durch die Fossilien, die in ihr gefunden werden, eindeutig bestimmt ist, und daß die Aufeinanderfolge der betreffenden Gesteinsschichten stets übereinstimmt. Im Jahre 1815 veröffentlichte er die erste geologische Karte eines ganzen Landes. Unterdessen wurde die Wissenschaft der stratigraphischen Paläontologie unabhängig hiervon auch von Jean-Louis Giraud Soulavie (1725-1813) in Frankreich begründet. Er erkannte als erster, daß die stratigraphische Anordnung von Gestein als eine Art chronologischer Ordnung betrachtet werden kann.

Im 19. Jahrhundert setzte sich unter dem Einfluß der Evolutionstheorie der Glaube an die lineare Gerichtetheit von Zeit schließlich durch. Das geistige Klima, das es überhaupt erst erlaubte, den für die Entwicklung der gegenwärtigen und vergangenen Arten verantwortlichen Prozeß der natürlichen Selektion mit Hunderten von Jahrmillionen anzusetzen, wurde jedoch in erster Linie von Geologen vorbereitet. Es ist daher nicht überraschend, daß Darwin sein Lebenswerk ebenso als Geologe wie als Naturforscher begann. Trotzdem war das Ausmaß der von Darwin geforderten Ausweitung des Zeithorizonts in die Vergangenheit ein Schock für viele seiner Zeitgenossen, wie Sir Archibald Geikie vierzig Jahre nach der Veröffentlichung der *Entstehung der Arten* (1859) erklärte. Geikie schrieb:

»Bevor Darwin sich dieser Frage annahm, hatte man die Notwendigkeit, sehr große Zeiträume zur Erklärung der geologischen Vorgeschichte heranzuziehen, nur sehr unzulänglich erkannt. Natürlich wurde allgemein zugegeben, daß die Erdkruste sehr alt sein müsse, doch hatte vor Darwin niemand wahrgenommen, welch unfaßbar große Zeitperioden erforderlich waren, um die Ablagerung auch nur einiger dünner Gesteinsschichten zu erklären.«

Um geologische Zeitspannen zu messen, bedarf es, im Gegensatz zu Schätzungen, der Physik. Und hier stieß Darwin auf einen Einwand gegen seine Theorie, den er für äußerst gravierend hielt. 1854 hatte

237

der deutsche Physiker und Physiologe Hermann Helmholtz die Vermutung geäußert, daß die von der Sonne kontinuierlich ausgesandte hohe Strahlungsenergie durch eine stetige Kontraktion der Sonne aufrechterhalten werde. Dadurch werde Gravitationsenergie freigesetzt, die sich in Wärmeenergie in Form von Strahlung umwandele. Er rechnete aus, daß die Sonne ihre gegenwärtige Strahlungsrate nicht länger als etwa 20 Millionen Jahre aufrechterhalten haben konnte. Diese Schlußfolgerung wurde auch von dem britischen Physiker William Thomson (seit 1892 Lord Kelvin) unterstützt, der glaubte, daß diese Schätzung höchstens noch auf 50 Millionen Jahre erhöht werden könne.

Zur Bestätigung seiner Ansicht, daß das von Geologen veranschlagte Erdalter von Hunderten von Jahrmillionen nicht zulässig sei, untersuchte Thomson den Wärmefluß durch die Erdkruste. Dieser deute darauf hin, so seine Argumentation, daß die Erde abkühle und sie folglich in der Vergangenheit viel wärmer gewesen sein müsse. Bei seinem Versuch, auszurechnen, wann sich die Erdoberfläche in geschmolzenem Zustand befunden haben mußte, gelangte er zu dem Ergebnis, daß diese Epoche zwischen 20 Millionen und 400 Millionen Jahren zurücklag. Den Wert dieser Obergrenze senkte er ständig, bis er schließlich 1897 eine endgültige Schätzung von 24 Millionen Jahren abgab.

Von Geologen wurde Kelvin heftig kritisiert, doch erhielt er öffentliche Unterstützung von dem früheren (und späteren) Premierminister und Amateurwissenschaftler Lord Salisbury, der in einer Rede auf der Sitzung der British Association in Oxford 1894 für ihn Partei ergriff. Es waren sowohl Kelvin als auch Huxley anwesend, ein bekannter Zoologe, Anatom und Physiologe. Während sich Kelvin nach der Ansprache auf einige konventionelle Dankesworte beschränkte, ließ Huxleys höfliche und würdevolle Dankesrede »einen unverkennbaren und energischen Protest« erkennen.[6] Der erste, der Kelvin auf seinem eigenen Gebiet, der Physik, in Frage stellte, war sein früherer Assistent, der Mathematiker und Ingenieur John Perry (1850-1920). Nachdem er die Ansprache Salisburys gelesen hatte, schrieb er einen Brief an das wöchentlich erscheinende Wissenschaftsjournal *Nature*, das ihn Anfang des folgenden Jahres veröffentlichte.[7] In diesem Brief machte Perry darauf aufmerksam, daß Kelvin der Einfachheit halber annahm, die Wärmeleitfähigkeit der Erde sei während der Phase ihrer Abkühlung homogen. Wenn aber die Leitfähigkeit in Wirklichkeit zum Mittelpunkt der Erde hin zunehme, dann müßte, so Perry, die Kelvinsche Schätzung des Erdalters beträchtlich erhöht werden. Wenn der Erdkern außerdem zu einem gewissen Grad aus Flüssigkeit bestehe, dann müßte neben der Wärmeleitfähigkeit die Konvektion, das heißt, der Energietransport durch Strömungen, berücksichtigt werden. Perry wurde von dem Mathematiker P. G. Tait höchst arrogant, von Kelvin selbst in gemäßigterem Ton angegriffen. Kelvin wies darauf hin, daß die Erde ganz unabhängig von dem, was seine Berechnungen bezüglich des Wärmeflusses ergaben, aufgrund der einstigen Sonnenwärme nicht älter als einige 20 Millionen Jahre sein könne.

Während diese Kontroverse noch die Gemüter erhitzte, wurde der Evolutionsgedanke auf die Entwicklung des Erde-Mond-Systems übertragen. Die Bedeutung der Gezeitenreibung in diesem Zusammenhang war bereits von Kant im Jahre 1754 erkannt worden, als er in einer kurzen Abhandlung über die Frage, »ob die Erde in ihrer Umdrehung um die Achse [...] einige Veränderung seit den ersten Zeiten ihres Ursprungs erlitten habe«, die bemerkenswerteste seiner evolutionären Spekulationen entwickelte. Der in erster Linie durch die Gravitationsanziehung des Mondes hervorgerufene Reibungswiderstand der Erdoberfläche an den Gezeitenströmen in den Ozeanen mache sich zwar nur sehr langsam bemerkbar, doch sei sein Effekt irreversibel und könne über lange Zeiträume zu beträchtlichen Veränderungen der Erdrotation und der Umlaufbahn des Mondes führen. Obwohl Kants Diskussion quantitativ nicht korrekt war, deutete sie doch erstmals auf den Gedanken hin, daß die durch die Bewegung der Himmelskörper definierte Zeit nicht zyklisch ist.

Gegen Ende des 19. Jahrhunderts führte Charles Darwins Sohn, Sir George Darwin, eine gründlichere und genauere Untersuchung der dissipativen (bremsenden) Effekte der Gezeitenreibung auf das Erde-Mond-System durch, wobei er sich bemühte, seine Ergebnisse in das von Helmholtz und Kelvin vorgegebene Zeitschema einzufügen. Er rechnete aus, daß die allmähliche Veränderung der Mondumlaufbahn von ihrem angenommenen Anfangszustand bis zu ihrer gegenwärtigen Form mindestens 50 bis 60 Millionen Jahre gedauert haben müsse. Der wirkliche Zeitraum sei aber wahrscheinlich noch beträchtlich höher. »Trotzdem kann ich nicht glauben«, so schrieb er, »daß die Anwendbarkeit der Theorie durch die Länge der erforderten Zeit widerlegt wird.« [8]

Das Problem des Zeitmaßstabs im Zusammenhang mit der Altersbestimmung der Erde und der Sonne konnte erst gelöst werden, als gegen Ende des 19. Jahrhunderts das Phänomen der Radioaktivität entdeckt wurde und Rutherford und andere zu Beginn dieses Jahrhunderts Untersuchungen zu den Kernumwandlungen durchführten. Heute ist bekannt, daß im Gestein der Erdkruste radioaktive Elemente in genügend hoher Anzahl vorhanden sind, um den Nettowärmeverlust der Erde extrem gering zu halten. Das Erdalter, das Kelvin auf einige 10 Millionen Jahre schätzte, wird heutzutage mit ungefähr 4,5 Milliarden Jahren angegeben. Ebenso weiß man heute, daß die Sonnenenergie durch thermonukleare Prozesse im Innern der Sonne aufrechterhalten wird, die Tausende von Jahrmillionen ununterbrochen andauern können. Entsprechend wird das Alter der Sonne heute auf ungefähr 4,7 Milliarden Jahre geschätzt.

Die Radioaktivität ist ein wichtiges Beispiel für einen natürlichen Vorgang, der nicht-zyklisch ist und den Pfeil der Zeit, das heißt die lineare Gerichtetheit von Zeit, verdeutlicht. Entdeckt von Becquerel im Jahre 1896, wurde sie 1902 von Rutherford und Soddy als spontane Umwandlung von Atomen erklärt. Es handelt sich dabei um ein Phänomen, das nur den Kern betrifft und nicht von äußeren Einflüssen abhängt. Die Zerfallsrate einer gegebenen Menge eines radioaktiven Elements, wie etwa Uran, verhält sich proportional zur Anzahl der Atome des vorliegenden Elements. Das Phänomen der Radioaktivität zeigt also nicht nur den Pfeil der Zeit an, sondern kann auch zur Zeitmessung verwendet werden. Neben den radioaktiven »Uhren« im Gestein der Erdkruste, die es uns ermöglichen, das Alter der Erde zu schätzen, gibt es auch noch die erst später entdeckte

C-14-Methode, die es gestattet, organisches Material zu datieren. Diese Methode hat sich besonders in der Archäologie als sehr nützlich erwiesen.

Im 19. Jahrhundert assoziierte man die lineare Gerichtetheit von Zeit in der Physik vor allem mit dem zweiten Hauptsatz der Thermodynamik. Dieses ursprünglich von Rudolf Clausius und William Thomson um 1850 formulierte Gesetz besagt, daß Wärme nicht von selbst von einem kälteren in einen wärmeren Körper übergehen kann. Dieses Gesetz bestimmt also die Richtung, in der thermodynamische Prozesse ablaufen, und macht ferner deutlich, daß Energie, auch wenn sie nicht verloren gehen kann, für die Verrichtung mechanischer Arbeit nicht mehr zur Verfügung zu stehen braucht. Clausius glaubte, daß aufgrund dieses Gesetzes das Universum als Ganzes einem Zustand des »Wärmetodes« zustrebte, einem Zustand, in dem die Temperatur und alle anderen physikalischen Faktoren überall gleich sind und alle natürlichen Prozesse erlöschen. Obwohl diese besondere Deutung des Gesetzes umstritten war und sie heute durch die jüngsten Fortschritte in der Kosmologie überholt ist, verkörperte sie ein einflußreiches Gegengewicht zu der lange vorherrschenden Vorstellung eines zyklischen, nicht-evolutionären physikalischen Universums.

Die Rolle der Zeit in der modernen Industriegesellschaft

Seit der Entstehung der modernen Industriegesellschaft im 18. Jahrhundert übt die Zeit einen zunehmenden Einfluß auf das menschliche Leben im allgemeinen und auf die Denkweise der meisten von uns aus. Betrachten wir zum Beispiel die Vorstellung des »Anachronismus«. Sie scheint im Altertum nur den Römern bekannt gewesen zu sein. Im alten Israel ließ der Glaube an die Linearität von Geschichte, an Geschichte als die Erfüllung eines göttlichen Versprechens, diesen Gedanken nicht aufkommen. Unter den griechischen Denkern zeigten mit Ausnahme Herodots nur wenige ein Bewußtsein von geschichtlicher *Entwicklung*. Wenden wir uns den Römern zu, so stellen wir fest, daß die Charaktere Vergils im Gegensatz zu denen Homers einen Sinn für Vergangenheit und Zukunft besitzen, und daß Horaz in seiner *Ars poetica* auf die Veränderlichkeit von Tracht und Sprache im Laufe der Zeit hinwies. Der Einfluß, den Horaz mit seiner Ansicht über die Entwicklung von Sprache auf den englischen Dichter Chaucer ausübte, zeigt sich in dessen *Troilus and Criseyde* (ca. 1386): »Ye knowe eek that in form of speche is chaunge/ Within a thousand year.« (»Ihr wißt auch, daß in tausend Jahren die Form der Sprache sich wandelt.«) P. Burke bemerkte zu dieser Passage: »Das Geschichtsbewußtsein eines Zeitalters regte das Geschichtsbewußtsein in einem anderen an.«[9] Obwohl der Gedanke des Anachronismus auch in der Renaissance nicht ohne einen gewissen Einfluß gewesen zu sein scheint, erlangte er doch erst im 18. Jahrhundert allgemeine Bedeutung. So führte er gegen Ende dieses Jahrhunderts dazu, daß im Theater zeitgenössische Kostüme Eingang fanden.

Die vielleicht augenfälligste Auswirkung, die die wachsende Bedeutung der Zeit auf das Leben der Menschen hatte, war die Einführung eines neuartigen landesweiten Transportsystems. Der Gedanke eines gemeinnützigen Transportunternehmens scheint bereits in der Mitte des 17. Jahrhunderts von Blaise Pascal vorgeschlagen worden zu sein, doch überwand man die herkömmlichen Methoden erst mehr als ein Jahrhundert später. In der Regel dauerte in England eine Reise zu Lande sogar noch zur Zeit Georg II. (1727-1760) ebenso lange wie im 1. Jahrhundert v. Chr., als Julius Cäsar in dem relativ komfortablen Fortbewegungsmittel der Sänfte für die Reise von Rom an die Rhone, das sind ungefähr 730 Meilen bzw. 1170 Kilometer, acht Tage benötigte. 1639 legte Karl I. die Strecke von Berwick nach London, etwa 300 Meilen (480 Kilometer), zu Pferde in vier Tagen zurück. Da die englischen Straßen seit dem Ende der römischen Besetzung etwa tausend Jahre zuvor stark vernachlässigt worden waren und sich infolgedessen in einem beklagenswerten Zustand befanden, kam es jedes Jahr im Winter zu einem fast völligen Erliegen des Verkehrs auf Rädern. Die meisten Menschen waren dann in ihren Dörfern und Städten für mindestens ein halbes Jahr von der Außenwelt abgeschlossen. Im 17. Jahrhundert wurde zwischen London und manchen Städten der näheren Umgebung eine Verkehrsverbindung eingerichtet, doch angesichts der in der Regel entsetzlich schlechten Straßen muß die Fahrt in ungefederten Kutschen auch für den abgehärtetsten Reisenden eine ziemliche Tortur dargestellt haben!

Die Einführung geteerter Straßen und eines Mautsystems im Laufe des 18. Jahrhunderts bewirkte zweifellos eine Erhöhung der Reisegeschwindigkeit, doch erfolgte der entscheidende Durchbruch erst 1784, als fast innerhalb eines Jahres ein einheitliches öffentliches Verkehrsnetz entstand, das England der Länge und der Breite nach miteinander verband und das auf einer genauen Zeiteinhaltung beruhte. Es handelte sich um das von John Palmer, dem Unterhausabgeordneten für Bath, gegründete Postkutschensystem. Seine Kutsche verließ Bristol um vier Uhr nachmittags, fuhr die ganze Nacht hindurch mit einer durchschnittlichen Geschwindigkeit von zehn Meilen pro Stunde und kam am folgenden Morgen um acht Uhr — streng nach Fahrplan — in London am General Post Office in der Lombard Street an. Wie Thomas de Quincey in seinem berühmten Aufsatz über die englische Postkutsche schrieb, war Palmer dafür verantwortlich, daß sich »inmitten von riesigen Entfernungen — von Sturm, Dunkelheit und Gefahr —« ein Bewußtsein entwickelte, das alle Hindernisse überwand, um eine stetige Zusammenarbeit zum Wohle der Nation zu fördern. In einer Fußnote zu den »riesigen Entfernungen« erwähnt de Quincey den Fall, wo zwei Postkutschen zur gleichen Zeit ihre 600 Meilen auseinanderliegenden Ausgangspunkte verlassen und sich mit großer Regelmäßigkeit an einer bestimmten Brücke begegnen, die auf der Hälfte des Weges liegt. Er führt weiter aus, daß es die Postkutschen waren, die im ganzen Land die ergreifenden Nachrichten von Trafalgar, von Salamanca, Vittoria und Waterloo verbreiteten. Fremde beschwerten sich häufig über die englische Manie, Zeit sparen zu wollen. So schrieb zum Beispiel John Woolman, ein amerikanischer Quäker: »Die Postkutschen legen oft mehr als hundert Meilen in vierundzwanzig Stunden zurück; und von Freunden habe ich verschiedentlich gehört, daß es nicht ungewöhnlich ist, daß Pferde bei dem harten Ritt zugrunde gehen.«[10]

Durch die Einführung der Postkutsche kam es im Zusammenhang mit der Zeitmessung zu einem neuartigen Problem, das Reisende, aber nicht nur diese, die nächsten hundert Jahre betreffen sollte. Jede Stadt hatte nämlich ihre eigene Orts- oder »Sonnenzeit«, und diese konnte im Westen Englands bis zu zwanzig Minuten gegenüber der Londoner Zeit nachgehen, während sie im Osten bis zu sieben Minuten vorgehen konnte. Wie man sich leicht vorstellen kann, erhoben die Leute auf dem Lande Einspruch dagegen, sich nach der Londoner Zeit richten zu müssen. Die Lösung, die Hasker, der Bevollmächtigte Palmers, daraufhin vorschlug, bestand darin, jede Kutsche mit einem Zeitmesser auszurüsten, der nach Bedarf vor- oder nachgestellt werden konnte. Zu diesem Zweck wurde die Uhrzeit unterwegs an bestimmten Postämtern überprüft. In allen Orten, die die Postkutsche passierte, erinnerte der Klang des Posthorns die Einwohner unüberhörbar an die Bedeutung von Zeit und Pünktlichkeit. Darüber hinaus mag der regelmäßige Anblick der Postkutsche manchem Landmenschen die Möglichkeit vor Augen geführt haben, in die Stadt zu ziehen, um dort sein Glück zu versuchen. Zu Beginn des 19. Jahrhunderts lebte nur jeder fünfte Bewohner von England und Wales in der Stadt, ein halbes Jahrhundert später war es schon jeder zweite.

Die meisten Menschen mußten mit dem Reisen, sei es, daß sie Verwandte besuchen, sei es, daß sie in die Ferien fahren wollten, bis zum Aufkommen der Eisenbahn im zweiten Viertel des 19. Jahrhunderts warten. Die Auswirkungen der Dampfkraft auf das Leben der Menschen und auf das Zeitbewußtsein hängen jedoch nicht nur mit der Erfindung der Lokomotive zusammen. Obwohl die alten in Heimarbeit tätigen Handweber oft sehr hart arbeiten mußten, um ihren Lebensunterhalt zu verdienen, konnten sie sich ihre Arbeit wenigstens selbst einteilen. Die Fabrikarbeiter mußten jedoch arbeiten, wenn die Dampfmaschinen liefen. Dies zwang den Menschen zur Pünktlichkeit, und zwar nicht nur auf die Stunde, sondern auf die Minute genau. Anders als ihre Vorfahren wurden diese Menschen folglich zu Sklaven der Uhr. Das Laster der »Zeitvergeudung« war bereits verschiedentlich von puritanischen Schriftstellern angepran-

gert worden, so zum Beispiel von Richard Baxter, der in seinem Leit-
faden *Christian Directory* (1664) schrieb:

»Die Zeit gut anwenden, heißt, darauf zu achten, daß wir sie nicht für
nichtige Dinge vergeuden. [...] Denke daran, wie unwiederbringlich die
Zeit ist, wenn sie vergangen. Ergreife sie, oder sie ist für immer verloren.
Alle Menschen auf dieser Erde mit all ihrer Kraft und ihrer Klugheit können nicht eine Minute zurückrufen, die vergangen ist.«[11]

Im 19. Jahrhundert war diese Ansicht so weit verbreitet, daß sogar
jemand, der der verarbeitenden Industrie so fern stand wie der Dichter Wordsworth, von dem Essayisten William Hazlitt kritisiert
wurde, weil er einer Gruppe Zigeunern vorgehalten habe, sie hätten
vierundzwanzig Stunden lang nichts getan.[12]
    Obwohl die Dampfkraft bereits einige Jahre als Antriebskraft ver-
wendet worden war, erkannte man erst nach den Rainhill-Versuchen
von 1829, bei denen Stephensons »Rakete« getestet wurde, daß es
sich hier um eine Maschine handelte, die in der Lage war, viel höhere
Geschwindigkeiten zu erreichen als ein Pferd. Wie Jack Simmons bemerkte: »In einem einzigen Augenblick drängte die Eisenbahn in das
Bewußtsein der ganzen Welt.« Den gleichen Aspekt betonte auch
C. F. Adams jr. in der 1886 erschienenen Ausgabe seines Buches über
Eisenbahnen (*Railroads*): »Die Lokomotive und die Eisenbahn erschienen nicht still und leise in der Welt, sondern platzten herein. Ihr
Aufkommen war in höchstem Maße dramatisch, sogar noch dramati-
scher als die Entdeckung Amerikas.«
    Zunächst betrieb man die Eisenbahnen in einer recht unbeküm-
merten Weise. Die Einhaltung des Zeitplans oblag allein dem Maschi-
nisten. Als George Bradshaw 1839 daran ging, die ersten Fahrpläne
für Eisenbahnen zu erstellen, weigerte sich ein Direktor, ihm die An-
kunftszeiten der Züge mitzuteilen, da er befürchtete, daß Pünktlichkeit dadurch zu einer Art Verpflichtung würde.[14] Dieser Verpflichtung
konnte man sich jedoch nicht länger entziehen, als die Eisenbahn zur
Beförderung der Post eingesetzt wurde. Noch immer richtete sich
jede Stadt nach ihrer eigenen Ortszeit. Da aber die Eisenbahn
wesentlich schneller war als die Postkutsche, wurde die Situation

immer schwieriger. In Paris gingen die Uhren vor den Bahnhöfen gegenüber jenen in den Bahnhofshallen fünf Minuten vor. Dies sollte nicht nur gewährleisten, daß alle Fahrgäste den Zug rechtzeitig bestiegen, sondern lag auch daran, daß sich die Eisenbahnzeit nach der Zeit von Rouen richtete. In der englischen Zeitung *The Times* erschien am 11. Juli 1972 ein Leserbrief, in dem die Verfasserin eine Episode berichtete, die ihr von ihrem verstorbenen Ehemann, Sir Shane Leslie, berichtet worden war: Als der berühmte Dekan des Trinity College in Dublin, Professor Mahaffy, eines Tages auf einem kleinen Provinzbahnhof in Irland einen Zug verpaßte, bemerkte er, daß die vor dem Bahnhof angezeigte Zeit nicht mit jener im Bahnhof übereinstimmte. Als er einen schon etwas älteren Gepäckträger auf diese Nachlässigkeit ansprach, die ja dafür verantwortlich war, daß er den Zug verpaßt hatte, kratzte sich dieser am Kopf und antwortete: »Wenn sie die gleiche Zeit anzeigen würden, bestünde ja keine Notwendigkeit für zwei Uhren!«

England führte um die Mitte des 19. Jahrhunderts eine einheitliche Eisenbahnzeit ein, die auf der Greenwicher Zeit (GMT) beruhte. Darunter ist die mittlere Sonnenzeit zu verstehen, die auf dem Meridian des Königlichen Observatoriums von Greenwich gilt. Der »Astronomer Royal« jener Zeit, Sir George Airy (1801-1892), der den Prototyp des modernen Wissenschaftlers im Staatsdienst verkörperte, strebte danach, die öffentliche Haltung zur Zeitmessung zu verändern. Als gegen Ende der vierziger Jahre des vergangenen Jahrhunderts mit der Planung von »Big Ben« begonnen wurde, jener Uhr, die im Turm des neuen Palace of Westminster errichtet werden sollte, zog man ihn dabei zu Rate. (Der Name »Big Ben« leitet sich übrigens *nicht* von Sir Benjamin Hall ab, dem Obersten Bauleiter, sondern von dem Preiskämpfer Benjamin Caunt, der in seinem letzten Kampf 238 Pfund wog. Der Begriff »Big Ben« wurde häufig für einen Gegenstand verwendet, der der schwerste seiner Art war.) Airy bestand darauf, daß die neue Uhr nach der Greenwicher Zeit zu stellen sei und daß der erste Stundenschlag auf eine Sekunde genau sein sollte, eine bis dahin unerreichte Präzision für eine Turmuhr.

Seit der Zeit, da Maskelyne das Amt des »Astronomer Royal« bekleidet hatte, waren alle Seechronometer im Königlichen Observatorium geprüft worden. 1833 hatte der damalige »Astronomer Royal«, John Pond, ein System eingeführt, bei dem ein Ball genau um ein Uhr mittags vom Turm des Flamsteed House herabgelassen wurde, um allen Schiffen auf der nahen Themse die Gelegenheit zu geben, ihre Zeit mit der Greenwicher Zeit zu vergleichen. Airy erweiterte diese öffentliche Dienstleistung beträchtlich und sorgte dafür, daß die Greenwicher Zeit mittels elektrischer Signale landesweit weitergegeben werden konnte. Diese Signale wurden in Kabeln entlang der Eisenbahnschienen übermittelt, so daß die Greenwicher Zeit viele Jahre lang als »Eisenbahnzeit« bezeichnet wurde. In seinem Jahresbericht von 1853 schrieb Airy: »Bei dem Gedanken, daß das Königliche Observatorium auf diese Weise zu der pünktlichen Abwicklung der Geschäfte in einem großen Teil dieses betriebsamen Landes beiträgt, kann ich nicht umhin, große Befriedigung zu verspüren.«[15]

Das Aufkommen der Eisenbahn hatte zur Folge, daß mehr und mehr Familien einmal im Jahr in den Ferien verreisten, eine Gewohnheit, die bis dahin den wohlhabenden Gesellschaftsschichten vorbehalten war. Unter dem Einfluß der zunehmenden Reiselust entwickelten sich am Meer Seebäder und Erholungsorte. Nicht jeder begrüßte jedoch die neuen Transportmittel und die durch sie hervorgerufenen Veränderungen. Als zum Beispiel 1844 der erste Sonderzug nach Cambridge eingesetzt werden sollte, war der damalige Vizekanzler der Universität so entsetzt von der Aussicht, am geheiligten Sonntag einen Strom von Ausländern und anderen unerwünschten Gestalten durch die Universität drängen zu sehen, daß er einen Beschwerdebrief an den Direktor der Eastern Counties Railway schrieb: »[...] ein solches Treiben würde dem Allmächtigen Gott ebenso mißfallen wie es dem Vizekanzler der Universität von Cambridge mißfällt.«[16]

Die Revolution im Verkehrswesen hatte Auswirkungen auf die Geschwindigkeit in mancherlei Bereichen menschlichen Zusammenlebens, insbesondere auf die Verbreitung von Nachrichten. Zwar läßt sich der Ursprung der Zeitungen in England bis in die Zeit des Bürgerkriegs (1642-1648) zurückverfolgen, als die verschiedenen

Bürgerkriegsparteien Flugblätter in großer Zahl druckten, doch ermöglichte es erst die Einführung der Postkutsche gegen Ende des 18. Jahrhunderts sowie die Erfindung der Eisenbahn im 19. Jahrhundert, daß die neuesten Nachrichten und sachkundige Kommentare schnell Dörfer und Städte im ganzen Land erreichten. Diese Verbreitung von Fakten und Kommentaren wurde natürlich auch wesentlich dadurch gefördert, daß die hohe Steuer auf Zeitungen in der Mitte des 19. Jahrhunderts abgeschafft wurde.

Die beispiellose Beschleunigung der Kommunikation auf nationaler wie internationaler Ebene durch die Einführung der Telegraphie und das Verlegen des transatlantischen Kabels im Jahre 1858 revolutionierte das politische Handeln im In- und Ausland. In der Hitze des Gefechts war schnell ein Ultimatum gestellt, das eine umgehende Antwort forderte. Die öffentliche Meinung konnte rasch beeinflußt und Truppen über Nacht mobilisiert werden. Das Tempo des Fortschritts war dergestalt, daß eine plötzliche Panik an der New Yorker Börse am Nachmittag dazu führen konnte, daß sich ein Geschäftsmann in London noch vor dem Frühstück am nächsten Morgen das Leben nahm. Mit dem Aufkommen der drahtlosen Telegraphie zu Beginn unseres Jahrhunderts beschleunigte sich die weltweite Übermittlung von Nachrichten noch weiter. Über jede größere Katastrophe, wie entfernt sie auch stattfinden mag, wird heute in der ganzen Welt berichtet, oftmals noch während sie im Gange ist.

In Ländern wie zum Beispiel England übte die viktorianische Arbeitsethik des 19. Jahrhunderts großen Einfluß auf die Einstellung der Menschen zur Zeit aus. Sozusagen als Belohnung für harte Arbeit verfügte der Mensch über »freie Zeit«, die er im Prinzip verbringen konnte, wie es ihm beliebte. Diese »Freizeit« wurde auf drei Ebenen geregelt: Tag, Woche und Jahr. Früher waren die Ferien jene etwa vierzig religiösen Feiertage gewesen, die verteilt im Kalenderjahr vorkamen. In England betrachteten die Puritaner, die in der Mitte des 17. Jahrhunderts mehr als ein Jahrzehnt an der Macht waren, die traditionellen Weihnachtsfeierlichkeiten als heidnische Relikte. Sie versuchten, sie abzuschaffen, doch wurden sie von Karl II. nach seiner Thronbesteigung 1660 wieder eingeführt. In Schottland dagegen bestand der puritanische Einfluß fort und so verlor das Weihnachtsfest gegenüber dem Neujahrstag immer mehr an Bedeutung, eine Tradition, die sich bis in unser Jahrhundert erhalten hat. Die industrielle Revolution führte jedoch dazu, daß alle auf religiösen Festen beruhenden Urlaubstage abgeschafft wurden, da es unwirtschaftlich war, Fabrikanlagen, die teuer im Unterhalt waren, häufig stillstehen zu lassen. Anstelle der früheren religiösen Feiertage wurden schließlich gesetzliche Feiertage eingerichtet (in England vier sog. »bank holidays«). Außerdem setzte es sich im Laufe der Zeit allmählich durch, Arbeitern einen Jahresurlaub von einer Woche oder mehr im Sommer zu gewähren. Sportliche Freizeitaktivitäten, wie zum Beispiel Fußball, wurden auf einer wöchentlichen Basis, meist Samstag nachmittags, organisiert.

Im 19. Jahrhundert kam es überraschend zu einer starken Verbreitung der Taschenuhr, obwohl die wichtigste Verbesserung ihres Mechanismus nach der Einführung der Spiralfeder bereits mehr als ein Jahrhundert zurücklag. Gemeint ist die Erfindung des freien Ankerganges durch Thomas Mudge (1715-1794). Spätere Verbesserungen des Mechanismus tragbarer Uhren gehen auf Abraham Louis Breguet (1747-1823) zurück, der außerdem 1815 eine Observationsuhr entwarf, die jede Sekunde schlug — der Vorläufer des modernen Zeitzeichens. Ein berühmter englischer Uhrmacher des frühen 19. Jahrhunderts, der die Uhrmacherkunst auch in anderen Ländern, insbesondere in Frankreich und der Schweiz, nachhaltig beeinflußte, war John Arnold (vgl. S. 223). Sir John Bennett, ein anderer englischer Uhrmacher, der 1843 eine Firma gegründet hatte, erkannte um die Mitte des Jahrhunderts die Gefahr, die von der wachsenden Konkurrenz der Schweizer Uhrenindustrie drohte, und beschloß, Uhrwerke für Taschenuhren nach England einzuführen, wo er sie weiterverarbeitete und als britische Erzeugnisse verkaufte. Auf der Weltausstellung von 1851 machte er verschwenderisch Werbung für seine Waren. Später im 19. Jahrhundert begannen die Vereinigten Staaten mit der modernen Massenfabrikation von Taschenuhren, doch wurden sie bald von der Schweiz überholt, die diesen Industriezweig beträchtlich ausweitete und bald marktbeherrschend wurde.

Ein Kuriosum in der Geschichte der Uhrmacherei ist die Tatsache, daß bei der Herstellung von Hausuhren und tragbaren Uhren auch nach der Erfindung wesentlich präziserer Hemmungssysteme weiterhin die Spindelhemmung verwendet wurde. Der Grund dafür lag darin, daß sie sich als besonders robust und widerstandsfähig erwies und so den Anforderungen an eine vielbenutzte tragbare Uhr besser gerecht wurde als die Ankerhemmung, die sich auf einer ebenen Fläche befinden mußte, um zufriedenstellende Ergebnisse zu liefern.

Heutzutage müssen die meisten Arbeiter zu Beginn und am Ende ihrer Arbeitszeit eine Stechuhr benutzen. Allgemeine Anwendung findet die Zeitmessung jedoch auch im Sport. In der Tat kann heute jede noch so unsinnige Tätigkeit als Sport bezeichnet werden, solange sie sich nur zeitlich messen läßt und »Rekorde« aufgestellt werden können. Kevin Sheenan aus Limerick erlangte eine gewisse Berühmtheit, indem er 127 Stunden ohne Unterbrechung redete. Und in den Vereinigten Staaten stellte ein Prediger einen anderen Rekord auf, indem er eine 48 Stunden dauernde Predigt hielt. (Diese Leistung hätte wohl kaum die Zustimmung der Königin Viktoria gefunden, von der man sagt, sie habe an allen Kanzeln, die von ihren Kaplanen benutzt wurden, deutlich sichtbar Sanduhren aufstellen lassen, die nur zehn Minuten liefen!) In dieser und mancherlei anderer Hinsicht haben sich die meisten von uns in zunehmendem Maße der Tyrannei der Zeit unterworfen. Wie Lewis Mumford so treffend bemerkte: »Die Uhr, nicht die Dampfmaschine, ist die maßgebende Maschine für das moderne Industriezeitalter.«[17]

Die Popularisierung der Zeitmessung im 19. Jahrhundert, die eine Folge der massenhaften Herstellung billiger Uhren war, betonte noch die Tendenz, auch die grundlegendsten Lebensbedürfnisse nach der Uhr auszurichten: »Man aß nicht, wenn man hungrig war, sondern wenn es einem die Uhr vorschrieb; man schlief nicht, wenn man müde war, sondern wenn es einem die Uhr gestattete.«[18] Ein gutes Beispiel dafür, wie befremdlich unsere moderne Zeitbesessenheit auf jemanden wirkt, der einen vollkommen anderen Lebensstil gewohnt ist, liefert das Tagebuch, das der nepalesische Herrscher Jang Bahadur bei seinem Besuch in England 1850 führte. In Katmandu erschien

1957 seine Biographie, in der Auszüge aus diesem Tagebuch veröffentlicht wurden. John Whelpton übersetzte sie vom Nepalesischen ins Englische. Darin ist zu lesen: »Sich ankleiden, essen, Verabredungen einhalten, schlafen, aufstehen — alles wird durch die Uhr bestimmt ... wohin man schaut, überall sieht man eine Uhr.«[19]

Obwohl bis 1855 etwa 98 Prozent der öffentlichen Uhren Großbritanniens nach der Greenwicher Zeit gingen, stieß die allgemeine Anerkennung dieser Zeit auf Schwierigkeiten. So erschien zum Beispiel im Fall von *Curtis versus March*, der in Dorchester am 25. November 1858 verhandelt wurde, der Richter zur angesetzten Zeit um zehn Uhr im Gerichtssaal — nach der dort angezeigten Uhrzeit. Als weder der Angeklagte noch sein Verteidiger erschienen, entschied er den Fall zugunsten des Klägers. Kurz danach betrat der Verteidiger des Angeklagten den Gerichtssaal und forderte, den Fall zu verhandeln, da es nach der Stadtuhr noch vor zehn Uhr gewesen sei. Die Uhr des Gerichtssaals ging nach der Greenwicher Zeit, die der in Dorchester um einige Minuten voraus war. In der Berufung wurde das Urteil des ersten Richters mit der Begründung aufgehoben, daß sich die Zeitangabe nach der Ortszeit richte. Nach dieser Entscheidung wurde die gesetzliche Zeit in Großbritannien noch bis 1880 definiert.[20] In jenem Jahr veröffentliche *The Times* den »Brief eines Büroangestellten an die Richter«, in dem auf die Schwierigkeiten hingewiesen wurde, denen sich Beamte bei der Durchführung der Parlamentswahlen gegenübersahen. Welche Zeit sollten sie als die richtige annehmen, um die Wahllokale zu öffnen und zu schließen? Später in jenem Jahr verabschiedete das Parlament dann ein Gesetz, nach dem die Greenwicher Zeit in ganz Großbritannien zur gesetzlichen Zeit erklärt wurde.

Nicht lange danach wurden erste Schritte unternommen, um die Zeitmessung in der ganzen Welt zu standardisieren. 1882 verabschiedete der amerikanische Kongreß ein Gesetz, das den Präsidenten ermächtigte, eine internationale Konferenz einzuberufen, um über einen gemeinsamen Nullmeridian für die Zeit und die geographische Länge zu beraten. Im Oktober 1884 kamen in Washington Delegierte aus fünfundzwanzig Ländern zur Internationalen Meridian-Konferenz zusammen. Bei nur einer Gegenstimme (Santo Domingo) und zwei Enthaltungen (Frankreich und Brasilien) wurde die Empfehlung abgegeben, den Nullmeridian durch das Observatorium in Greenwich verlaufen zu lassen, und zwar — genauer gesagt — durch ein Instrument, das als der »Airy Transit Circle« bekannt ist. Als Weltzeit sollte die Greenwicher Zeit gelten. Dies kam nicht überraschend, da die Erfindung des Seechronometers durch John Harrison und die Einführung des *Nautical Almanac* (1766) durch den »Astronomer Royal« Nevil Maskelyne ohnehin schon dazu geführt hatte, daß Seeleute der verschiedensten Nationalitäten die Greenwicher Zeit und den Greenwich Meridian benutzten. Zu Beginn der achtziger Jahre des vergangenen Jahrhunderts verwendeten fast 75 Prozent aller Schiffe Seekarten, die auf dem Greenwicher Meridian beruhten. Allerdings begann der Tag für die Astronomen noch bis 1925 um zwölf Uhr mittags, weil dies bedeutete, daß sich das Datum nicht mitten in der Nacht änderte, wenn sie Beobachtungen machten.

Eine andere wichtige Folge der Konferenz, auch wenn dies keine ihrer expliziten Empfehlungen gewesen war, bestand in der Einrichtung eines weltweiten Zeitzonensystems, wie dies ursprünglich der amerikanische Professor Charles Dowd in einem 1870 veröffentlichten Artikel vorgeschlagen hatte. Die Notwendigkeit, die Zeitmessung zu koordinieren, war in einem so riesigen Land wie den Vereinigten Staaten natürlich wesentlich dringlicher als in Großbritannien. Ausschlaggebend für Dowds Vorschlag war jedoch die Tatsache, daß die nach dem Bürgerkrieg in großer Zahl entstandenen Eisenbahngesellschaften nach verschiedenen Zeiten operierten und so die Reisenden große Mühe hatten, sich zurechtzufinden. So galten beispielsweise in Pittsburgh, Pennsylvania, sechs verschiedene Zeitmaßstäbe für die Ankunft und Abfahrt der Züge. Das Schema, das Dowd zur Lösung dieser Problematik vorschlug, stimmt im wesentlichen mit dem heute in der ganzen Welt gültigen Standardzeitsystem überein.

Bereits 1881 wies der Amerikaner G. Beard in seinem Buch *American Nervousness* darauf hin, daß das zunehmende Gewicht, das man allgemein der Pünktlichkeit beimaß, in vielen Menschen die Befürchtung wecke, eine Verspätung von einigen Augenblicken könne die Hoffnungen eines ganzen Lebens zunichte machen. Zu jenen, die in

Europa die Einführung einer Standardzeit vorantrieben, gehörte vor allem Graf Helmuth von Moltke, der sich 1891 vor dem Reichstag dafür einsetzte, die bis dahin in Deutschland geltenden fünf Zeitzonen aufzuheben, da sie eine koordinierte militärische Planung ernsthaft behinderten.[21] Die darauffolgende Einführung einer einheitlichen Zeit hatte zur Folge, daß die deutsche Mobilmachung im Jahre 1914 wesentlich erleichtert wurde. In Frankreich dagegen, wo das Fehlen eines einheitlichen Zeitmaßstabs viel gravierender war als in Deutschland, gab der für die Zeitschrift *La Revue de Paris* tätige Journalist L. Houllevigue im Juli 1913 zu, daß die Verspätung, mit der diese Vereinheitlichung erst bis 1911 erfolgte, in erster Linie auf die französische Anglophobie zurückzuführen war. In der Tat wurde die damals eingeführte gesetzliche Zeit in Frankreich als die Zeit definiert, die neun Minuten und zwanzig Sekunden nach der Mittleren Pariser Zeit lag. »Mit verzeihlicher Zurückhaltung verzichtete man bei der Formulierung des Gesetzes darauf zu erwähnen, daß die so definierte Zeit die Greenwicher Zeit ist, und so können wir zur Wahrung unserer Selbstachtung vorgeben, daß wir als Zeitmaßstab die Zeit von Argentan angenommen haben, das zufällig fast auf demselben Meridian liegt wie das englische Observatorium.«

Einer der Hauptgründe für das klägliche Scheitern der Diplomatie und damit für den Ausbruch des Ersten Weltkriegs im August 1914 war die Unfähigkeit der Diplomaten, mit dem enormen Umfang und der beispiellosen Geschwindigkeit der telegraphischen Nachrichtenübermittlung in den letzten Julitagen fertigzuwerden. Die Geschwindigkeit, mit der Botschaften von einer Hauptstadt in die andere telegraphiert werden konnten, forderte zu schnellen und häufig unüberlegten Antworten heraus. Ironischerweise scheiterte der Schlieffen-Plan, der den Angriff Frankreichs über Belgien vorsah, gerade an dem beispiellosen Erfolg der deutschen Mobilmachung: Tausende von Zügen transportierten die Truppen so schnell zur Front, daß sie ihren eigenen Zeitplan überholten und der Nachschub folglich nicht mehr Schritt halten konnte.

Die entscheidende Waffe in jenem Krieg war das Maschinengewehr mit seiner Schnellfeuerung. 80 Prozent der Toten und Verletzten an der Westfront gingen Schätzungen zufolge auf das Konto dieser Waffe. Von den 60 000 Opfern, die die britische Armee am 1. Juli 1916, dem ersten Tag der Schlacht an der Somme, zu verzeichnen hatte, fielen die meisten innerhalb der ersten Stunde, vermutlich sogar innerhalb der ersten Minuten. Eine der gesellschaftlichen Auswirkungen des Ersten Weltkriegs war die zunehmende Verbreitung von Armbanduhren. Viele Männer hatten nämlich ihr ursprüngliches Vorurteil, daß Armbanduhren nicht männlich seien, revidiert, nachdem sie zur militärischen Standardausrüstung gehörten. So begann die Schlacht an der Somme damit, daß Hunderte von Zugführern nach einem Blick auf ihre synchronisierten Armbanduhren gleichzeitig um 7.30 Uhr das Signal zum Angriff gaben. Obschon Einstein zehn Jahre zuvor gezeigt hatte, daß Gleichzeitigkeit in der physikalischen Welt eine »subjektive« und keine »objektive« Vorstellung ist (vgl. Kapitel 11), spielte sie in der Welt menschlicher Handlungen eine größere Rolle als je zuvor.

Als zu Anfang dieses Jahrhunderts das Radio-Zeitzeichen eingeführt wurde, um die Verbreitung der genauen Uhrzeit für navigatorische Zwecke zu gewährleisten, wurde dadurch die Methode der Monddistanzberechnung zur Bestimmung der geographischen Länge auf See überflüssig. Es war nun stets möglich, das Schiffs-Chronometer direkt zu überprüfen. (Die Monddistanz-Methode war gelegentlich benutzt worden, um ein Chronometer auf See zu kontrollieren, wenn keine andere Methode zur Verfügung stand.) Seit dem Ersten Weltkrieg hat unsere Abhängigkeit von der Uhr infolge von Rundfunk und Fernsehen noch bedeutend zugenommen; auch die seit der Erfindung des Verbrennungsmotors ständig zunehmende Geschwindigkeitssteigerung der neuen Verkehrsmittel spielt in diesem Zusammenhang eine wichtige Rolle. Das spektakulärste Beispiel hierfür liefern die Raumfahrt und die mit ihr verbundenen Anforderungen an eine ultra-präzise Zeitmessung.

In den frühen zwanziger Jahren dieses Jahrhunderts wurde die Genauigkeit der bürgerlichen Zeitmessung ganz wesentlich von W. H. Shortt verbessert, einem Eisenbahningenieur, der in Zusammenarbeit mit dem Uhrmacher F. Hope-Jones und der Synchronome

Company eine Uhr vervollkommnete, die als »freie Pendeluhr nach Shortt« bekannt ist. Das für die Pendel verwendete Material war die praktisch temperaturunabhängige Stahl-Nickel-Legierung »Invar«, die einige Jahre zuvor erstmals in Frankreich hergestellt worden war. Durch die geniale Verwendung einer Hilfs- oder Sekundäruhr wurde die Beeinträchtigung der freien Bewegung des Pendels auf ein Minimum reduziert. Shortt-Uhren waren von 1925 bis 1942 die Standard-Zeitmesser im Königlichen Observatorium in Greenwich. Vorher hatte der Fehler der besten Uhren etwa eine Zehntelsekunde pro Tag betragen (100 Millisekunden); die Shortt-Uhren dagegen waren auf 10 Sekunden im Jahr, das heißt auf 30 Millisekunden pro Tag genau. In den dreißiger Jahren erzielte man schließlich eine noch höhere Genauigkeit, indem man statt der Schwingungen eines Pendels im Gravitationsfeld der Erde die mechanischen Schwingungen eines mineralischen Quarzkristalls verwendete. Die Quarzuhren, die 1942 die Shortt-Uhren als Standard-Zeitmesser im Königlichen Observatorium von Greenwich ersetzten, erreichten eine Genauigkeit von zwei Millisekunden pro Tag.

Jahrhundertelang diente die Umdrehungsgeschwindigkeit der Erde dazu, die von unseren Uhren gemessene Zeit zu überprüfen. Mit der Erfindung immer genauerer Uhren stellte sich jedoch heraus, daß die Erdumdrehung den modernen Anforderungen der Präzisionszeitmessung nicht gerecht wurde, da ihre Rotationsgeschwindigkeit geringfügigen Schwankungen unterliegt. Die Erde ist ein von Wasser und Luft umgebener massiver Körper, dessen Rotationsgeschwindigkeit von jahreszeitlich bedingten Veränderungen, wie beispielsweise dem Schmelzen und Gefrieren der polaren Eiskappen, so beeinflußt wird, daß die Tageslänge im Laufe des Jahres um etwas über eine Millisekunde (eine Tausendstel Sekunde) schwankt. Außerdem gibt es kleine unregelmäßige Fluktuationen, die auf Prozesse im Erdinnern zurückgeführt werden. Neben den genannten unregelmäßigen Veränderungen stellt man eine fortschreitende Verlangsamung der Erdumdrehungsgeschwindigkeit aufgrund der Gezeitenreibung an flachen Randmeeren fest, die sich in einer Verlängerung des Tages um etwa 1,5 Millisekunden pro Jahrhundert niederschlägt. Im Jahre

1952 wurde deshalb die rotierende Erde als Zeitnormal durch die Ephemeridenzeit ersetzt. Diese beruht auf der Länge eines Jahres, wobei die Länge um etwa 0,5 Sekunden pro Jahrhundert abnimmt – eine Erscheinung, die jedoch voraussagbar ist. Aber auch diese Lösung erwies sich nicht als vollkommen befriedigend. Aufgrund der zunehmenden Bedeutung der Präzisionszeitmessung wurde es vielmehr notwendig, über ein Zeitnormal zu verfügen, das grundlegender ist als jedes aus astronomischen Beobachtungen abgeleitete Zeitmaß. Ein solches Zeitnormal ist durch die Frequenz einer bestimmten Spektrallinie einer atomaren oder molekularen Schwingung gegeben. Die erfolgreichste Methode dieser Art entwickelte Dr. L. Essen vom National Physical Laboratory.[22] Sie führte 1967 zu einer neuen Definition der Sekunde. Die Definitionsgrundlage bildet die elektromagnetische Strahlung, die durch einen bestimmten Übergang innerhalb des Grundzustandes des Cäsium-Atoms erzeugt wird. Diese sogenannte »SI-Sekunde« (Système Internationale) wird formal definiert als die Zeitdauer von 9 192 631 770 Schwingungen des Übergangs zwischen zwei Hyperfeinstrukturniveaus des 133-Cäsium-Atoms. Bei diesem Übergang klappt der Spin des äußersten Elektrons der Atomhülle relativ zum Spin des Kerns um. Ein schwingender Quarzkristall wird mit Hilfe der bekannten Beziehung zwischen seiner eigenen Frequenz und der Frequenz der Strahlung des beschriebenen Übergangs gesteuert. Man wählte zu diesem Zweck das Cäsium-Atom, weil die betreffenden Frequenzen im Radiowellenbereich liegen und daher mit Hilfe der gebräuchlichen Techniken gemessen werden können. In den vergangenen Jahren kam es häufig zu technischen Diskussionen über die Beziehung zwischen der Internationalen Atomzeitskala und den von Astronomen verwendeten Zeitskalen. Die Internationale Atomzeit (TAI) ist die Zeit, die man durch fortlaufendes Summieren der aus den beschriebenen Frequenzmessungen abgeleiteten Zeitintervalle erhält. Die Genauigkeit der astronomischen Zeit, die noch immer für praktische Zwecke benötigt wird, läßt sich mit Hilfe der Frequenz dieser Strahlung überprüfen. Der Standard dieser Atomfrequenz ist mittlerweile so präzise festgelegt, daß seine Genauigkeit in Einzelfällen $1:10^{14}$

erreicht, das heißt, der Fehler beträgt nur eine Sekunde in drei Millionen Jahren.

Die Zeitzeichen werden heute weltweit vom Bureau International de l'Heure (BIH) auf der Grundlage einer »mittleren Weltuhr« koordiniert. Dabei wird die Zeit von über achtzig Atomuhren in vierundzwanzig Ländern gemittelt. Dies gestattet eine direkte Synchronisierung innerhalb etwa einer Millisekunde. Obwohl die »Koordinierte Weltzeit« (UTC), die die Greenwicher Zeit als Grundlage der bürgerlichen Zeit in der ganzen Welt abgelöst hat, heute von Paris aus gesteuert wird, verläuft der Nullmeridian der geographischen Länge und der Zeit noch immer durch das alte Observatorium in Greenwich. Praktisch wird der Nullmeridian heute durch die geographischen Längen der Instrumente definiert, die zur Bestimmung der Koordinierten Weltzeit beitragen. Seit 1985 besteht der Beitrag, den das Königliche Observatorium von Greenwich zur internationalen Bestimmung der UTC und der geographischen Länge leistet, in der Beobachtung des künstlichen Satelliten *Lageos*. Dies geschieht mit Hilfe eines lasergesteuerten Systems, das seit Herbst 1983 in Herstmonceux Verwendung findet. Seit dem 1. Januar 1972 senden die Zeitzeichen Atomsekunden aus, doch ebenso wie das Jahr keine ganze Zahl von Tagen besitzt, ist auch die Zahl der Atomsekunden in einem Sonnentag nicht ganzzahlig. Aus diesem Grund sind gelegentliche Korrekturen notwendig, und zwar positive wie negative. Dabei wird die Koordinierte Weltzeit (UTC) je nach Bedarf um eine ganze Sekunde vor oder zurück »geschaltet« und zwar am letzten Tag eines Kalendermonats, bevorzugt am 31. Dezember oder 30. Juni. Diese Sekunden heißen »Schaltsekunden«.

11

Rivalisierende Zeitvorstellungen

Augenblick und Dauer

Augustinus scheint der erste Denker gewesen zu sein, der den Umstand, daß unsere Erfahrung der Zeit auf den gegenwärtigen Augenblick beschränkt ist, in all seinen Auswirkungen sorgfältig untersuchte. Er gelangte zu dem Schluß, daß unsere Vorstellungen von Vergangenheit und Zukunft von unserem Bewußtsein von Gedächtnis und unserem Sinn für Erwartung abhängen müssen. Betrachtet man Zeit unter diesem psychologischen Blickwinkel, so ist der »Augenblick« und nicht die »Dauer« die primäre Zeitvorstellung. Trotz des großen Einflusses, den Augustinus auf die mittelalterliche Theologie ausübte, entwickelte sich die Vorstellung, daß die menschliche Existenz ihrem Wesen nach auf dem gegenwärtigen Augenblick beruht, in der abendländischen Philosophie sehr spät. Erst durch die humanistische Renaissance des 15. Jahrhunderts, die religiöse Reformation des 16. Jahrhunderts und die kopernikanische Revolution in der Astronomie und Kosmologie löste sich das zeitlose Weltbild des Mittelalters mit seiner hierarchischen Struktur, in der alles seinen festen Platz hatte, allmählich auf.

Die Bedeutung des Augenblicks wurde in der bildenden Kunst

zum Beispiel von Hans Holbein dem Jüngeren (1497-1543) dargestellt, so etwa in seinem berühmten Gemälde »Die Gesandten« von
1533. In einem 1974 vom Kuratorium der National Gallery veröffentlichten Artikel zu diesem Gemälde hob Alistair Smith das im Mittelpunkt der Kunst Holbeins stehende Gefühl der *Augenblicklichkeit*
hervor. Fasziniert von der Sterblichkeit des Menschen, sei es sein Ziel
gewesen, das Bewußtsein der menschlichen Existenz in einem bestimmten Augenblick darzustellen. Smith weist auf die Genauigkeit
hin, mit der dieser Zeitpunkt im Bild angegeben ist: Das Datum, der
11. April, ist auf einem zylindrischen Zifferblatt abzulesen, die Zeit,
10.30 Uhr, auf einem polyedrischen Zifferblatt.

Zu den ersten, die der Vorstellung der Gegenwartsbezogenheit
menschlicher Existenz literarischen Ausdruck verliehen, gehörte der
berühmte französische Essayist Michel de Montaigne (1533-1592).
Schon als Kind sollen ihn die *Metamorphosen* des Ovid stark beeinflußt haben, und sein ganzes Leben lang beherrschte ihn die Überzeugung, daß sich die Welt, in die wir hineingeboren werden, in einem Zustand unaufhörlicher Veränderung befindet. Folglich glaubte
er, daß die unserem Denken zugrundeliegenden Annahmen notwendigerweise ungewiß und fehlerhaft sind.

Diese skeptische Grundhaltung gegenüber dem menschlichen
Wissen wurde später von René Descartes (1596-1650) in seinem berühmten Axiom *Cogito ergo sum* und seiner darauf aufbauenden
Philosophie zum Positiven gewendet. Wenn jedoch das Sein mit dem
vergänglichen Augenblick und nicht mit Dauer gleichgesetzt wird,
wie kann die kontinuierliche Existenz der Welt erklärt werden? Descartes antwortete darauf, daß die Welt in jedem Augenblick neu geschaffen werde, wobei Bewahrung und Schöpfung sich nur in unserer
Denkweise, nicht aber in Wirklichkeit unterschieden, und die Selbst-
Bewahrung das alleinige Vorrecht Gottes sei.

Im 18. Jahrhundert lehnte man hingegen den »Augenblick« als die
Grundlage des menschlichen Zeitverständnisses allgemein ab. Statt
dessen erkannte man, daß unsere Erfahrung von Zeit dualistisch ist.
Während Gefühlsintensität mit dem Augenblick assoziiert wurde,
brachte man unsere Wahrnehmung der Empfindungsvielfalt mit der

Dauer in Verbindung. Dies führte zu einem neuen Interesse an der Beschaffenheit und Bedeutsamkeit des Gedächtnisses. So schrieb der französische Philosoph Denis Diderot (1713-1784) in einer berühmten Passage seiner *Philosophischen Schriften* (Bd. 1, S. 702):

>»Ich bin geneigt zu glauben, daß alles, was wir gesehen, kennengelernt, wahrgenommen und gehört haben, ja daß die Bäume eines ausgedehnten Waldes — was sage ich? — daß sogar die Anordnung der Äste, die Form der Blätter und die Verschiedenheit der Farben, der grünen Farbtöne und der Lichter, auch der Anblick der Sandkörnchen am Ufer des Meeres, die Ungleichheit der Wogen, wenn sie von einem leichten Windhauch bewegt oder vom Sturm zu Schaum aufgepeitscht werden, auch die Vielzahl der menschlichen Stimmen, der Tierlaute und der natürlichen Geräusche, die Melodie und Harmonie aller Lieder, aller Musikstücke, aller Konzerte, die wir gehört haben: daß all das in uns ohne unser Wissen weiterbesteht.«

Diese bemerkenswerte Behauptung, für die Diderot keinen wissenschaftlichen Beweis besaß, wurde in diesem Jahrhundert durch Experimente des kanadischen Neurochirurgen Wilder Penfield bestätigt. Dieser löste bei Patienten, die am Gehirn operiert wurden, durch Anlegen einer Elektrode an der freigelegten Hirnrinde »Rückblenden« aus.[2] (Vgl. *The Natural Philosophy of Time*, S. 103 ff.)

Im 19. Jahrhundert erlangte die Vorstellung der zeitlichen Folge schließlich eine größere Bedeutung im Leben und Denken der Menschen als jemals zuvor. Sie führte nicht nur zu wichtigen Entwicklungen in der Literatur, so zur Entstehung des Romans und dem Erscheinen zahlreicher Autobiographien, sondern bestimmte auch maßgeblich die Naturwissenschaften, wie dies exemplarisch in dem vielzitierten Ausspruch des Geologen G.J.P.Scrope zum Ausdruck kommt: »Der entscheidende Gedanke, der all unseren Forschungen innewohnt, der jede neue Beobachtung begleitet, und dessen Klang demjenigen, der die Natur studiert, von überall entgegen zu hallen scheint, ist Zeit! — Zeit! — Zeit!«[3]

Im weiteren Verlauf des 19. Jahrhunderts zeigte sich, daß sogar die Wahrheit selbst nicht länger als ewig und unveränderlich, sondern als abhängig von der Zeit betrachtet werden mußte. Die Aufmerksamkeit richtete sich immer mehr auf den historischen Prozeß und nicht auf eine ewig geltende, unveränderliche Weltordnung. Anders ausgedrückt, das Interesse verlagerte sich vom »Abgeschlossenen« zum Entstehungsprozeß, das heißt vom »Sein« zum »Werden«. Dieser radikal neue Standpunkt wurde am schärfsten von Henri Bergson (1859-1941) formuliert, dem »modernen Heraklit«. Für ihn war die höchste Wirklichkeit weder das »Seiende« noch das »Sich Verändernde«, sondern vielmehr der kontinuierliche Prozeß der »Veränderung« selbst, den er mit dem Begriff *la durée* bezeichnete. Eine kompetente, kritische Darstellung der von Bergson eloquent beschriebenen Philosophie der *durée* und ihrer Bedeutung in den ersten Jahrzehnten unseres Jahrhunderts stammt von Leszek Kolakowski, ehemals Professor der Geschichte der Philosophie an der Universität Warschau und heute am All Souls' College in Oxford, dessen Buch *Bergson* 1985 erschien. Bergson zog sich nicht nur die beißende Kritik Bertrand Russells zu, sondern auch den Unmut der Kirche, die seine Werke 1914 auf den *Index Prohibitorum* setzte; eine wohl einzigartige Kombination, zumal Bergson 1914 in die Académie Française aufgenommen wurde!

Eine eher wissenschaftlich orientierte Philosophie des Wandels, die aber durchaus von Bergsons Beispiel profitierte, entwickelte zwischen den Weltkriegen der britische Mathematiker und Philosoph A. N. Whitehead (1861-1947). Hier ist besonders sein Buch *Prozeß und Realität* (1929) zu nennen, das aus seinen Gifford Lectures im Jahre 1928 hervorgegangen ist.

Relativistische und kosmische Zeit

Angesichts der Bedeutung, die die Zeit im modernen Leben wie auch in der wissenschaftlichen Weltanschauung erlangt hatte, löste es allgemeine Überraschung aus, als Albert Einstein 1905 in einem wissenschaftlichen Artikel, der heute zu den wichtigsten dieses Jahrhunderts zählt, eine unvermutete Beschränkung der damals verbreiteten Theorie der Zeit aufzeigte. Jener Theorie zufolge konnte man mit einer gegebenen Methode der Zeitmessung jedem Ereignis nur genau eine Zeit zuordnen. Ereignisse, denen die gleiche Zeit zugeordnet wurde, galten als »gleichzeitig«. Einstein bemerkte jedoch, daß die Vorstellung von Gleichzeitigkeit nur dann vollkommen klar ist, wenn es um zwei Ereignisse geht, die am gleichen Ort und zur gleichen Zeit geschehen. Finden die Ereignisse an verschiedenen Orten statt, dann ist diese Vorstellung keineswegs mehr so klar. Vielmehr hängt die Gleichzeitigkeit zweier Ereignisse, von denen eines sehr weit entfernt und das andere im unmittelbaren Erfahrungsbereich des Beobachters stattfindet, von der Position des weit entfernten Ereignisses relativ zum Beobachter ab sowie von der Art der Verbindung, die zwischen dem Ereignis und der Wahrnehmung durch den Beobachter besteht. Kennt man sowohl die Entfernung, in der das Ereignis stattfindet, als auch die Geschwindigkeit des Signals, welches das Ereignis und dessen Wahrnehmung durch den Beobachter verbindet (z. B. Licht), dann kann der Beobachter das Ereignis zu einem früheren Zeitpunkt seiner Erfahrung in Beziehung setzen und diese als zwei gleichzeitige Ereignisse betrachten. Diese Rechnung würde natürlich für jeden Beobachter anders aussehen, doch hatte man bis dahin stillschweigend angenommen, daß der Zeitpunkt jedes beliebigen Ereignisses bei korrekter Ausführung der Rechnungen von allen Beobachtern übereinstimmend festgestellt würde. Einstein entwickelte jedoch eine erfolgreiche Theorie, bei der dies nicht der Fall ist.

Einsteins Spezielle Relativitätstheorie, wie sie später genannt wurde, beruht auf dem Prinzip, daß die Naturgesetze für alle Beobachter, die sich in gleichförmiger Bewegung (oder in Ruhe) relativ zueinander befinden, in derselben mathematischen Form ausgedrückt werden können. Dieses Relativitätsprinzip gilt in der klassischen Dynamik, die auf den Newtonschen Bewegungsgesetzen beruht, doch glaubte Einstein, daß es auch auf andere Bereiche der Physik übertragen werden könne, insbesondere auf den Elektromagnetismus und die Theorie des Lichts. In der klassischen Dynamik gibt es keine Geschwindigkeit, die sich durch irgendwelche Eigenschaften auszeichnet. In der Theorie des Elektromagnetismus dagegen kommt der Lichtgeschwindigkeit, die (im Vakuum) etwa 300 000

Kilometer pro Sekunde beträgt, eine besondere Bedeutung zu. Einstein stellte nun folgende Überlegung an: Wenn die Eigenschaften von Licht für alle Beobachter, die sich in gleichförmiger Bewegung relativ zueinander befinden, dieselben sein sollen, dann müssen alle Beobachter dem Licht die gleiche Geschwindigkeit zuordnen. Er stellte jedoch fest, daß diese zusätzliche Bedingung unvereinbar war mit der geltenden Theorie der Zeit. Seiner Theorie zufolge ordnen zwar zwei beliebige Beobachter, die sich in Ruhe relativ zueinander befinden, einem beliebig gegebenen Ereignis die gleiche Zeit zu, gleichgültig, wo dieses auch stattfinden mag, doch gilt dies nicht für zwei beliebige Beobachter, die sich in gleichförmiger Bewegung relativ zueinander befinden. Folglich ist die Bedingung, daß jedem Ereignis nur genau eine Zeit zugeordnet werden kann, nicht länger gültig. Statt dessen hängt die Zeit des Ereignisses vom Beobachter ab.

Einsteins Theorie schließt die Annahme mit ein, daß kein physikalischer Effekt schneller als mit Lichtgeschwindigkeit (im Vakuum) übermittelt werden kann. Obwohl weder Newton noch Leibniz eine derartige Beschränkung formulierten, steht Einsteins Theorie dem Leibnizschen Zeitverständnis näher als dem Newtonschen. Die von Leibniz vertretene Auffassung, daß die Zeit sich aus Ereignissen ableitet, ist mit Einsteins Theorie verträglich, nicht jedoch Newtons Vorstellung einer absoluten Zeit. Während die Zeit für Newton also unabhängig vom Universum war, stellte sie für Leibniz einen Aspekt des Universums dar. Seitdem sich die Relativitätstheorie als ein wesentlicher Bestandteil der Physik etabliert hat, herrscht dagegen die Ansicht vor, daß Zeit ein Aspekt des Universums ist, der vom Beobachter abhängt.

Eine wichtige Folge der Speziellen Relativitätstheorie ist, daß eine relativ zum Beobachter in Bewegung befindliche Uhr verglichen mit einer relativ zum Beobachter in Ruhe befindlichen Uhr langsamer zu gehen scheint. Je näher die Geschwindigkeit der sich bewegenden Uhr an die Lichtgeschwindigkeit heranreicht, desto langsamer scheint sie zu laufen. Diese scheinbare Verlangsamung einer in Bewegung befindlichen Uhr heißt »Zeitdilatation« (Zeitdehnung). Von allen Folgen der Einsteinschen Theorie haben sich viele Menschen mit dieser am schwierigsten abfinden können, da sie unserem auf dem gesunden Menschenverstand beruhenden Zeitverständnis widerspricht. Gleichwohl wird diese Schlußfolgerung heute von einer Fülle experimenteller Beweise belegt, die sich insbesondere auf die Untersuchung sehr schneller Elementarteilchen stützen.

In seinem 1905 erschienenen Artikel beschränkte Einstein das Relativitätsprinzip auf Beobachter, die sich in gleichförmiger Bewegung relativ zueinander befinden, und ließ die Effekte der Gravitation außer acht. In seiner Allgemeinen Relativitätstheorie, die er etwa zehn Jahre später entwickelte, um die Gravitation zu berücksichtigen, erweiterte er sein Relativitätsprinzip auf Beobachter, die sich in irgendeiner Form der beschleunigten Bewegung befinden. Die Spezielle Relativitätstheorie ist dabei als ein wichtiger Spezialfall der allgemeineren Theorie anzusehen. Auch in dieser umfassenderen Theorie hat die klassische Annahme, derzufolge jedes Ereignis zu einer genau bestimmten Zeit geschieht, die für alle Beobachter die gleiche ist, keine Gültigkeit. Es mag daher der Gedanke naheliegen, daß die Vorstellung eines einheitlichen kosmischen Zeitmaßstabs für das physikalische Universum als Ganzes keine objektive Bedeutung besitzt. Eine solche Schlußfolgerung wäre jedoch falsch, wie die Entwicklungen zeigen, die in diesem Jahrhundert in der Kosmologie stattgefunden haben.

1924 bewies der Astronom E. P. Hubble mit Hilfe des damals gerade in Betrieb genommenen 2,5 m-Teleskops auf dem Mt. Wilson in Kalifornien, daß nicht die Sterne, sondern die Galaxien den allgemeinen Hintergrund des Universums bilden. Eine dieser Galaxien ist das Sternsystem der Milchstraße mit unserer Sonne. Fünf Jahre später entdeckte Hubble, daß sich die Galaxien systematisch voneinander entfernen. Die Fluchtbewegung einer Galaxie wird durch ihre »Rotverschiebung« gemessen; darunter versteht man das Phänomen, daß identifizierbare Spektrallinien von ihrer normalen Position im Spektrum abweichen und zum roten Bereich hin verschoben erscheinen. Auf die Vorstellung des Menschen vom Universum wirkte sich diese Entdeckung fast ebenso tiefgreifend aus wie die kopernikanische Revolution vier Jahrhunderte zuvor. Hatte man bisher ein statisches

Modell des Universums vertreten, so stellte man nun fest, daß das Weltall sich ausdehnt. Die Fluchtgeschwindigkeit, mit der die Galaxien auseinanderstreben, ist dabei proportional ihrer Entfernung, ein Phänomen, das als das Hubblesche Gesetz bekannt ist.

Hubbles Entdeckung regte eine Vielzahl von Arbeiten in der theoretischen Kosmologie an, die sich zum größten Teil auf Einsteins Allgemeine Relativitätstheorie stützten. Die Vorstellung von aufeinanderfolgenden Zuständen des Universums verbunden mit einem universalen Zeitmaßstab lebte wieder auf. Der Grund dafür lag darin, daß es in jedem der betrachteten Weltmodelle eine bestimmte Menge besonders signifikanter hypothetischer Beobachter gab, jene nämlich, die man in den einzelnen Galaxien annahm und die sich mit diesen bewegten. Die mit diesen Beobachtern verknüpften Ortszeiten fügten sich zu einer Weltzeit zusammen, der sogenannten »kosmischen Zeit«.

Nach der Hubbleschen Entdeckung der galaktischen Fluchtbewegung begann man, verschiedene gedankliche Modelle einer expandierenden Welt zu konstruieren. Alle diese Modelle beruhen auf einer wichtigen Annahme: daß nämlich die hypothetischen Beobachter in jeder Galaxie sich selbst als Mittelpunkt des Universums betrachten, so daß dieses in allen Richtungen gleich aussieht — eine Eigenschaft, die mit dem Begriff Isotropie (d. h. sphärische Symmetrie) bezeichnet wird. Beobachtungen, die diese Annahme stützen, können daher als Beweis für die Vorstellung einer kosmischen Zeit angesehen werden. Eine beeindruckende Bestätigung der Annahme kosmischer Isotropie läßt sich aus der Entdeckung des sogenannten »Urknalls« ableiten. 1965 stellten A. A. Penzias und R. W. Wilson vom Bell Telephone Laboratory in New Jersey fest, daß sie mit der Antenne ihres Radioteleskops eine unerwartete Strahlung empfingen, die, wie sie bald erkannten, praktisch isotrop war. Die Strahlungsintensität entsprach bei ihrem Wellenlängenbereich einer Temperatur von ungefähr drei Grad Kelvin. Man hat diese Strahlung als ein Überbleibsel jener hohen Temperaturen interpretiert, die bei der explosionsartigen Entstehung des Universums geherrscht haben müssen, eine Schlußfolgerung, die heute von den meisten Astronomen anerkannt wird. Die

Tatsache, daß die Strahlung in hohem Maße isotrop ist, schließt die Möglichkeit aus, daß es eine lokale Ursache für sie gibt. Eine auf das Sonnensystem, unsere Galaxie oder sogar auf lokale Galaxienhaufen beschränkte Ursache könnte keine Strahlung hervorrufen, die uns isotrop erschiene. Großräumige Abweichungen von der Isotropie im Universum würden außerdem die Strahlung so beeinflussen, daß sie uns anisotrop vorkäme. Folglich stellt die Isotropie der kosmischen Hintergrundstrahlung einen überzeugenden Beweis dafür dar, daß das Universum von jeder Galaxie aus gesehen im wesentlichen isotrop ist. Dies gilt als ein stichhaltiges Argument für die Existenz einer kosmischen Zeit.

Die Entdeckung, daß das Universum sich ausdehnt, und die Anhaltspunkte, die für die Existenz einer kosmischen Zeit sprechen, haben jene Tendenz der letzten Jahrhunderte verstärkt, welche die Zeit zu einem Hauptmerkmal der wissenschaftlichen Weltanschauung werden ließ. Sie haben aber auch das alte Problem der Ausdehnung des Zeithorizonts in die Vergangenheit neu beleuchtet. Zwar erkannten die Wissenschaftler, die sich im 18. und 19. Jahrhundert von der veralteten biblischen Chronologie lossagten, daß das Universum in Hunderten, wenn nicht gar Tausenden von Jahrmillionen gerechnet werden muß, doch gelangte man erst in diesem Jahrhundert zu genaueren Schätzungen. Wie bereits erwähnt (S. 240), veranschlagt man das Alter der Erde und der Sonne dank der Entdeckung der Radioaktivität und der Entwicklung der Kernphysik auf etwa fünf Milliarden Jahre. Astrophysiker haben außerdem Grund zu der Annahme, daß die ältesten Sternhaufen und unsere Galaxie zwischen zehn und sechzehn Milliarden Jahren alt sind. Was das Universum als Ganzes betrifft, so hat man mit Hilfe des Hubbleschen Gesetzes versucht, sein Alter zurückzurechnen. Wendet man die Schätzung der gegenwärtigen Fluchtgeschwindigkeit der Galaxien auf die einfachsten Modelle eines expandierenden Weltalls an, liegt die Vermutung nahe, daß das Universum vor etwa zehn bis zwanzig Milliarden Jahren in einer Explosion entstand, wobei die letztere Zahl wohl die bessere Schätzung ist. Trotz der Unsicherheiten, die dieses Ergebnis enthält, befindet es sich in erstaunlicher Übereinstimmung mit anderen

Schätzungen des Alters der ältesten Sternhaufen und unserer Galaxie. Nach heutigem Wissen scheint dies die längste Zeitspanne zu sein, über die wir die Existenz des Universums, wie wir es kennen, in die Vergangenheit zurückverfolgen können.

12

Zeit, Geschichte und Fortschritt

Die Zeit und der Fortschrittsglaube

Obwohl die Zeit eine immer wichtigere Rolle im modernen Denken spielt, gehen die Ansichten über den »Fortschritt« vielfach auseinander. Seinen Höhepunkt erlebte der Fortschrittsglaube in der Periode zwischen 1750 und 1900, als sich die Menschen überdies immer stärker der Bedeutung der Zeit bewußt wurden. In den zwanziger Jahren des vergangenen Jahrhunderts begeisterte der Historiker Guizot in Paris ein großes Publikum mit seinen meisterhaften Vorträgen über die Geschichte Europas. In ihnen vertrat er die Auffassung, daß die dem Begriff der »Zivilisation« innewohnende fundamentale Vorstellung der Fortschritt sei. Diese Überzeugung wurde durch die Verbreitung der Demokratie beträchtlich gefördert. Wie Alexis de Tocqueville in seinem 1835 veröffentlichten klassischen Werk *Über die Demokratie in Amerika* herausstrich, neigen die aristokratischen Nationen von Natur aus dazu, der menschlichen Vervollkommnungsfähigkeit zu enge Grenzen zu ziehen, während die demokratischen sie zuweilen maßlos ausdehnen.

»Man möchte kaum glauben, was alles auf diese philosophische Theorie zurückgeht, nach der der Mensch unbegrenzter Vervollkommnung fähig ist, kaum den erstaunlichen Einfluß glauben, den sie selbst auf die ausübt, die, obwohl sie die Theorie nicht kennen und mehr aufs Tun als aufs Denken sehen, ihr Handeln nach ihr zu richten scheinen. Ich fragte einen amerikanischen Matrosen, warum die Schiffe seines Landes so gebaut sind, daß sie nicht lange halten; ohne Zögern antwortete er, daß die Schiffahrt täglich so große Fortschritte mache, daß das schönste Schiff bald unbrauchbar wäre, wenn es länger als einige Jahre gebrauchsfähig sein würde. In diesen zufällig durch einen ungebildeten Menschen über einen Einzelfall ausgesprochenen Worten erkenne ich die allgemeine und systematische Idee, nach der ein großes Volk alle seine Angelegenheiten behandelt.«[1]

Der Fortschrittsglaube wurde durch die Theorie der biologischen Evolution, die Darwin in seinem Werk *Die Entstehung der Arten durch natürliche Zuchtwahl* (1859) entwickelte, nachhaltig unterstützt. Auch für Alfred Russell Wallace, der unabhängig von Darwin das Selektionsprinzip entdeckte, spielte dieser Glaube eine große Rolle. Der Ingenieur, Philosoph und Soziologe Herbert Spencer versuchte sogar, das Fortschrittsprinzip zum höchsten Gesetz des Universums zu erklären. Die Unvermeidlichkeit des Fortschritts gehörte auch zum Glaubensbekenntnis von Comte, Marx und anderen Geschichtsphilosophen des 19. Jahrhunderts. In jeweils unterschiedlicher Art glaubten sowohl Comte als auch Marx an die Existenz dreier Stadien in der gesellschaftlichen Entwicklung. Im Falle Comtes waren dies das theologische, das metaphysische und das »positivistische« (wissenschaftliche) Stadium, während Marx von der Hegelschen Folge von These, Antithese und Synthese sprach. Mehr als ein Jahrhundert vor Comte und Marx hatte auch Vico die Vorstellung dreier historischer Stadien vertreten, die entsprechend von Göttern, Helden und Menschen (in dieser Reihenfolge) bestimmt wurden. Ruskin teilte sogar die geologische Geschichte in drei Perioden ein. In der ersten Phase habe sich die Erde herauskristallisiert, in der zweiten sei sie »geformt« worden, in der dritten und gegenwärtigen werde sie schließlich »deformiert«, das heißt verformt. Als Beispiele nennt Ruskin die Erosion von Bergen, die Aufhäufung von Geröllbergen durch Gletscher etc. Diese historische Ausprägung der triadischen Zahlensymbolik, die sich auch in anderer Weise bemerkbar machte, etwa in der Bezeichnung »Drittes Rom« für Moskau und »Drittes Reich« für Hitlers Deutschland, läßt sich auf Joachim von Fiore im 13. Jahrhundert zurückverfolgen.

Der Glaube an die Realität des Fortschritts im 19. Jahrhundert ging einher mit einem zunehmenden Bewußtsein von der Bedeutung der Geschichte für das Verständnis gesellschaftlicher Phänomene, zum Beispiel der Gesetze. Das historische Rechtsverständnis geht auf Gustav von Hugo (1764-1844) und Friedrich von Savigny (1779-1861) in Deutschland zurück. Savigny sprach sich in überzeugender Weise gegen die bis dahin besonders in Frankreich verbreitete Ansicht aus, daß die Gesetze eines Landes unabhängig von seiner gegenwärtigen Situation und seiner Geschichte entstehen können.

In England beeinflußte der Standpunkt Savignys vor allem Sir Henry Maine (1828-1888), der ab 1847 als Professor für Zivilrecht an der Universität von Cambridge wirkte. Sein bekanntes Buch *Ancient Law*, das in erster Auflage 1861 erschien, führte die historische Perspektive nicht nur in das Studium der Rechtswissenschaft, sondern in das Studium der Gesellschaft im allgemeinen ein. Den wichtigsten Beitrag zur Entwicklung des historischen Forschungsansatzes in den Gesellschaftswissenschaften leistete jedoch der hervorragende Oxforder Anthropologe E.B. Tylor (1832-1917), dessen berühmtes Buch *Primitive Culture* 1871 erschien. Obwohl er ausdrücklich darauf hinwies, daß auch in zivilisierten Gesellschaften vorwissenschaftliche Denkweisen weiterbestehen, vertrat er die Ansicht, daß die Geschichte des Menschen, wie sie sich in der Untersuchung der von ihm verwendeten Werkzeuge offenbare, unzweifelhaft »die Geschichte einer aufwärtsstrebenden Entwicklung« sei. Er behauptete, daß das Wesen des Fortschritts mit der *geistigen* Entwicklung des Menschen verbunden sei, da sie die Vorbedingung für jeglichen anderen Fortschritt darstelle. Zwar waren sich viele berühmte viktorianische Denker der Schwierigkeiten und Rückschläge in der Menschheitsgeschichte bewußt, doch überwog ihr Glaube an die Realität des Fortschritts und folglich an die wohlwollende Natur der Zeit. So schrieb der Dichter Alfred Tennyson in »Locksley Hall« (1842):

Nicht vergebens winkt die Ferne. Vorwärts, vorwärts
laßt uns schreiten!
Laßt die Menschheit muthig greifen in das Wechselrad der Zeiten!
Durch des Erdballs Schatten stürmet in des jüngern Tages Zonen:
Besser fünfzig Jahr' Europa's, als chinesische Aeonen!

Es gab jedoch durchaus auch Dichter, die neben der Verheißung die
Drohung der Zeit empfanden, oder andere, wie Blake, Shelley und
Yeats, die an dem Glauben festhielten, daß die Zivilisation in Zyklen
verlaufe. Auch Nietzsche, der im Jahre 1900 starb, glaubte an den
zyklischen Charakter von Geschichte, ebenso die Historiker und So-
ziologen Spengler, Pareto und Toynbee, die in diesem Jahrhundert
lebten. Unterdessen wurde an dem oberflächlichen Optimismus, der
durch die Popularisierung des Darwinismus gefördert wurde, auch
Kritik laut, zum Beispiel von seiten des philosophisch beeinflußten
Staatsmannes A. J. Balfour. In einer Ansprache vor der Universität
Glasgow wies er 1891 darauf hin, daß die Evolutionstheorie eine optimistische Haltung in bezug auf die Zukunft der Menschheit durch
nichts rechtfertige. Eine ähnliche Meinung vertrat auch T. H. Huxley,
Darwins Assistent. Eine Generation später machte W. R. Inge in einer
1920 in Oxford gehaltenen Vorlesung über den Fortschrittsgedanken
die bissige Bemerkung: »Der Europäer spricht von Fortschritt, weil
er mit Hilfe einiger wissenschaftlicher Entdeckungen eine Gesellschaft schuf, die Bequemlichkeit mit Zivilisation verwechselt.« Das
Schwinden der Fortschrittsgläubigkeit war bereits von dem französischen Schriftsteller Georges Sorel in seinem Buch *Les illusions du
progrès* einer scharfen historischen Analyse unterzogen worden.
Nach dem Ersten Weltkrieg führte das allgemeine geistige Klima,
besonders in Deutschland, dazu, daß das pessimistische Weltbild Oswald Spenglers beträchtliche Aufmerksamkeit auf sich zog. Auch vielen britischen Lesern schien sein vielgelesenes Werk *Der Untergang
des Abendlandes* zwingender zu sein als der von J. B. Bury in seinem
Werk *The Idea of Progress* (1920) vertretene altmodische Optimismus. Spenglers Geschichtsphilosophie beruhte auf einer Ausweitung
des von Goethe geprägten morphologischen Konzepts der organi-

schen Natur auf den Begriff der Kultur. Für Spengler waren die Kulturen »Organismen«, die einem Kreislauf von Blüte, Reife und Verfall unterworfen und an bestimmte Orte im Raum gebunden waren. Anders als sein britischer Kollege Arnold Toynbee widmete Spengler dem Einfluß von Wissenschaft und Technik auf die Geschichte besondere Aufmerksamkeit, obwohl er diesen Einfluß, wie es bezeichnend für ihn war, zyklisch interpretierte.

In einer 1978 erschienenen wichtigen Aufsatzsammlung über die gesellschaftlichen und philosophischen Auswirkungen der modernen Wissenschaft (*Paradoxes of Progress*) untersuchte der Molekular- und Neurobiologe Gunther Stent von der University of California (Berkeley) eingehend die Bedeutung des Begriffs »Fortschritt«. Er distanzierte sich von den traditionellen Interpretationen, die sich auf Begriffe wie »größeres Glück« und »Vervollkommnungsfähigkeit des Menschen« stützen, da ihnen keine präzise Bedeutung zugeordnet werden könne. Statt dessen vertrat er die Ansicht, daß »Fortschritt« nur über den »Willen zur Macht« sinnvoll zu analysieren sei. Anders ausgedrückt, eine »bessere« Welt bedeute »eine Welt, in der der Mensch größere Macht über äußere Ereignisse besitzt, in der er, wirtschaftlich gesehen, größere Sicherheit genießt«.[2] Nur so sei Fortschritt »als eine unbestreitbare historische Tatsache« zu definieren. Wie Spengler glaubt Stent jedoch, daß der wissenschaftliche Fortschritt möglicherweise an ein Ende gelangt sei.

Eine genauere Kenntnis der Wissenschaftsgeschichte hätte ihn vielleicht vor dieser pessimistischen Schlußfolgerung bewahrt, denn schon gegen Ende des 18. Jahrhunderts hatte der große Mathematiker Lagrange einmal geäußert, daß seine Wissenschaft keine wichtigen Entdeckungen mehr bereithalte, obwohl sie seitdem ganz im Gegenteil eine beispiellose Blüte erlebt hat und mehr Ergebnisse zeitigte als in allen Jahrhunderten zuvor. Ebenso glaubten gegen Ende des 19. Jahrhunderts viele Physiker, daß es in ihrer Wissenschaft neben der Klärung einiger kleinerer Anomalien und der genaueren Bestimmung der wichtigsten physikalischen Konstanten wenig Neues zu entdecken gebe. In einem im Jahr 1900 gehaltenen Vortrag mit dem Titel »Wolken über der mechanischen Theorie der Wärme und des Lichts im 19. Jahrhundert«[3] vertrat Kelvin jedoch die Ansicht, daß zwei dieser Probleme bedeutsam seien. Sein Gespür erwies sich als durchaus richtig, denn die Auflösung einer der genannten »Wolken« hing, wie sich herausstellte, von der fünf Jahre später entwickelten Einsteinschen Relativitätstheorie ab. Noch im Jahre 1900 stellte Planck außerdem seine Quantentheorie vor. Zusammen mit Rutherfords experimentellen Untersuchungen zur Radioaktivität leiteten diese grundlegenden Fortschritte ein goldenes Zeitalter moderner Wissenschaft ein; ein Zeitalter, das bis heute gekennzeichnet ist durch eine beispiellose Zunahme des menschlichen Wissens und ein nie gekanntes Maß der Beherrschung der Natur durch den Menschen.

Vor diesem Hintergrund scheint es gerechtfertigt, Stents Schlußfolgerung, der wissenschaftliche Fortschritt gehe möglicherweise seinem Ende entgegen, in Frage zu stellen. Unabhängig davon, ob wissenschaftliche und technische Entdeckungen zum Wohle oder zum Verderben der Menschheit eingesetzt werden, ist das Wissen, das aus ihnen resultiert, kumulativ — und dies wird so bleiben, sofern nicht alle Zivilisationen auf diesem Planeten durch eine Katastrophe unwiderruflich ausgelöscht werden. Auch wenn wir heute nicht länger das einfache Vertrauen teilen können, das Joseph Priestley, der Entdecker des Sauerstoffs, in die Zukunft setzte, indem er die Geschichte der Wissenschaft als eine Exemplifizierung dessen betrachtete, was er im Vorwort seines Buches *The History of Electricity with Original Experiments* (1767) den »ewigen Fortschritt und Aufstieg zu grenzenloser Höhe« nannte, so gibt es doch keinen Zweifel daran, daß unsere Zivilisation aufgrund der anhaltenden Dynamik wissenschaftlicher, medizinischer und technischer Weiterentwicklung weder als statisch noch als zyklisch betrachtet werden kann.

Zeit, Geschichte und die Computer-Gesellschaft

Es gibt gute Gründe anzunehmen, daß wir uns heute mit dem Eintritt in das Computer-Zeitalter in einem frühen Stadium bedeutsamer, irreversibler Veränderungen in der Geschichte der Menschheit befinden. Die Uhr kann nicht länger als die einzige maßgebliche Maschine des modernen Industriezeitalters angesehen werden. Im Vorwort seines aufschlußreichen Buches *Turing's man: Western Culture in the Computer Age* (1984) schreibt David Bolter: »Es macht Sinn, Plato *und* die Töpferei zu betrachten, um die griechische Welt zu verstehen, Descartes *und* die mechanische Uhr, um das Europa des 17. und 18. Jahrhunderts zu verstehen. Ebenso macht es Sinn, den Computer als das technische Paradigma für die Wissenschaft, die Philosophie, ja sogar die Kunst der kommenden Generation zu betrachten.«[4] Der Computer ist somit neben der Uhr eine der *zwei* maßgeblichen Maschinen des neuen technologischen Zeitalters. So wie der Begriff »Computer« heute verwendet wird, bezeichnet er keineswegs mehr nur eine Maschine zur Durchführung numerischer Rechnungen; sein Anwendungsbereich ist viel umfassender. Der Computer ist, kurz gesagt, eine Maschine, die alle Arten von Informationen verarbeitet. Wie Bolter feststellt (S. 109): »Der Programmierer macht sich Gedanken über die Zeit, weil er eine Arbeit erledigt haben möchte. [...] Die ganze ausgeklügelte Mathematisierung der Zeit entspringt letztendlich dem Wunsch, die Zeit für sich arbeiten zu lassen.« Hat man eine neue Technologie erst erfunden, entwickelt sie sich gewöhnlich nach ihrer eigenen unerbittlichen Logik fort. Es kann sogar sein, daß sie einer ganzen Zivilisation ihren Stempel aufdrückt. Wir haben gesehen, daß dies nach der Erfindung der mechanischen Uhr geschah, und auch heute, nach der Erfindung des modernen Digitalcomputers durch Alan Turing und J. von Neumann, der vielleicht größten technischen Errungenschaft des 20. Jahrhunderts, befinden wir uns wieder inmitten dieses Prozesses.

Die dem modernen Computer zugrundeliegende allgemeine Idee geht ursprünglich auf Charles Babbage (1792-1871) und Lady Lovelace, die Tochter Byrons, zurück. Ein Jahrhundert später erkannten jedoch Turing und von Neumann, daß es mit Hilfe elektronischer Bausteine, einschließlich des 1949 erfundenen Transistors, möglich sein müßte, dort Erfolg zu haben, wo Babbage mit seinem mechanischen Getriebe gescheitert war. Einer der größten Vorteile ist die unvorstellbare Geschwindigkeit, mit der moderne Computer arbeiten. Die Zeiten, die benötigt werden, um elektrische Ladungen in regelmäßigen Abständen freizusetzen, werden heute in Nanosekunden gemessen. (Eine Nanosekunde ist der milliardste Teil einer Sekunde.) Wie Bolter bemerkt (S. 101): »Seitdem die Uhr im Mittelalter erfunden wurde, spielt sie eine zentrale Rolle für die Technik des Abendlandes. Auch für die Computertechnologie ist sie unentbehrlich, obwohl sie hier von einem mechanischen Instrument in ein vollkommen elektronisches verwandelt wurde.«

Bei allen Versuchen, die Zukunft vorherzusagen, sind wir darauf angewiesen, unsere Prognosen auf der Grundlage dessen zu machen, was wir für die relevanten Aspekte des gegenwärtigen Wissens halten, auch wenn dies bedeutet, daß wir uns weitgehend an dem orientieren, was bereits vergangen ist. Folglich fällt es bei der Planung der Welt von morgen äußerst schwer, die Fesseln der Vergangenheit abzuschütteln. Man hat gesagt, die Revolution sei eine übereilte Evolution. Die »Evolution« von Wissenschaft und Technik schreitet jedoch heute so schnell voran, daß sie selbst geradezu als »revolutionär« bezeichnet werden muß! Der Entscheidungsprozeß muß ständig beschleunigt werden, wenn wir Neuerungen effizient einführen und gleichzeitig die Folgen der Neuerungen in zufriedenstellender Weise beherrschen wollen.

Bereits im Jahre 1774 behauptete Edmund Burke in einer berühmten Rede vor Wählern in Bristol, daß ihre Aufgabe nicht darin bestehe, einen Sprecher zu wählen, der nur ihre Meinungen vertrete, sondern einen Abgeordneten, der bevollmächtigt sei, selbst Entscheidungen zu den verschiedenen, im Parlament diskutierten Fragen zu treffen. Auch unsere Regierungen werden künftig Voraussicht und ein gewisses Maß an Fachwissen beweisen müssen, wenn es darum geht, kompetente Systemanalytiker einzustellen und ihre Aufgabenbereiche festzulegen. Denn wenn sie gewährleisten will, daß unsere Wirtschaft erfolgreich funktioniert und auf den Weltmärkten wettbewerbsfähig bleibt, hängt unsere Regierung in zunehmendem Maße von der Mithilfe dieser Experten ab. Im Gegensatz zu den reinen Wissenschaftlern, die, um ihre Untersuchungen erfolgreich durchführen zu können, notwendigerweise ein Gespür dafür besitzen müssen, welche Details zu vernachlässigen und welche zu beachten sind, müssen die Systemanalytiker darauf geschult sein, *alle* Aspekte eines bestimmten Problems zu untersuchen, darunter auch die möglichen Auswirkungen auf den Menschen. Sie dürfen niemals vergessen, daß »Systeme« für den Menschen gemacht sind und nicht umgekehrt. In der modernen Computer-Fachsprache bezeichnet der Begriff »System« das kooperative Zusammenwirken der »Hardware« (das heißt, der Elektronik und der anderen physischen Bestandteile des Computers), der »Software« (das heißt, der Programme) und der Personen, die im Hinblick auf die gewünschten Ergebnisse bestimmte Aufgaben durchführen müssen.

Heutzutage beinhaltet der Einsatz hochentwickelter Computer häufig auch den »Verkauf von Rechenzeit«. Im Mittelalter wäre diese Praktik von der Kirche wohl streng mißbilligt worden, denn einer ihrer Haupteinwände gegen den Wucher bestand darin, daß es dem Naturrecht zuwiderlaufe, »Zeit zu verkaufen«, da Zeit ein Gut sei, das notwendigerweise allen Geschöpfen gehöre. Wie der Verfasser der gegen Ende des 13. Jahrhunderts entstandenen *Tabula exemplorum* schrieb (und wie auch Duns Scotus, ca. 1260-1307, in seinem Kommentar zu den *Sentenzen* des Petrus Lombardus bemerkte), verkaufen die Wucherer nichts anderes als die Hoffnung auf Geld bzw. Zeit. Das heißt, sie verkaufen den Tag und die Nacht. Da der Tag die Zeit des Lichts und die Nacht die Zeit der Ruhe sei, verkauften sie ewiges Licht und ewige Ruhe.[5]

Die moderne Industriegesellschaft hängt in einem Maße von der Zeit ab, wie dies in keiner anderen früheren Zivilisation mit Ausnahme vielleicht der Maya der Fall war. Diese Abhängigkeit ist jedoch durch eine ganz besondere Ambivalenz gekennzeichnet. Während wir über die Vergangenheit des Menschen und auch des Universums weitaus besser Bescheid wissen als unsere Vorfahren, nimmt aufgrund der schnellen und stetigen Veränderungen, die unser Leben beeinflussen, das Gefühl der zeitlichen Kontinuität ab. Vielen Menschen erscheint die Zeit heute so fragmentarisch, daß sie nur die Gegenwart für bedeutsam halten, während die Vergangenheit als

»überholt« und somit als nutzlos gilt. Weil sich die Gegenwart darüber hinaus so stark von der Vergangenheit unterscheidet, wird es zunehmend schwieriger, zu erkennen, wie die Vergangenheit eigentlich war. Wie Hans Meyerhoff bemerkte: »Die Vergangenheit wird in der Mühle unerbittlichen, unverständlichen Wandels zerrieben.«[6]
Trotz dieser drastischen Verkürzung der zeitlichen Perspektive in unserem täglichen Leben und der daraus resultierenden Überbetonung der Gegenwart, ist unser Bemühen, das Wesen der Gesellschaft und der physikalischen Welt zu verstehen, durch die entgegengesetzte Haltung charakterisiert. Wir glauben, daß ein Verständnis der Gegenwart nur über das Studium der Vergangenheit möglich ist. Die Vergangenheit erlebt also heute zugleich eine Abwertung wie eine Aufwertung ihrer Bedeutung.

Diese paradoxe Situation ist eine Folge der Dynamik der modernen Zivilisation. Im Mittelalter war die Gesellschaft eher statisch und im wesentlichen hierarchisch strukturiert. Die kausale, entwicklungsgeschichtliche Betrachtungsweise spielte folglich im mittelalterlichen Denken eine viel kleinere Rolle als bei uns. Der Evolutionsgedanke übte im Vergleich zum Symbolismus, der das allgemeine Weltbild jener Zeit beherrschte, praktisch keinen Einfluß aus. Sogar der Zeitbegriff selbst war für die Historiker jener Epoche nicht so bedeutsam wie für ihre modernen Nachfolger. Wir betrachten es als eine der vorrangigsten Aufgaben des Historikers, Ereignisse genau zu datieren, denn das Datum ist in unseren Augen nicht eine zufällige Eigenschaft des Ereignisses, sondern ein wesentliches Merkmal. Diese Haltung ist jedoch vergleichsweise modern. Für Augustinus war das Datum eines Ereignisses viel weniger wichtig als seine theologische Bedeutung. Seine Neigung, alles unter theologischem und nicht historischem Blickwinkel zu betrachten, übte im Mittelalter großen Einfluß aus. Erst während der Reformation, als die päpstliche Tradition angegriffen wurde, erlangte die Geschichtsschreibung eine bis dahin unbekannte und strategische Bedeutung. Doch obschon die Streitigkeiten zwischen Protestanten und Katholiken dazu führten, daß die Vergangenheit verstärkt zu einem Gegenstand wissenschaftlicher Untersuchung wurde, hielten Historiker wie etwa Bossuet noch immer den

Einfluß der göttlichen Vorsehung für den maßgeblichen Faktor. Die Geschichte wurde im wesentlichen als ein religiöses Epos betrachtet, das sich von der Schöpfung bis zum Jüngsten Gericht erstreckte.

Zwar hatten Machiavelli und Guicciardini schon im 16. Jahrhundert eine rein säkulare Geschichtsauffassung vertreten, doch erkannte man die grundlegende Bedeutung der historischen Perspektive erst im 19. Jahrhundert allgemein an. Bereits etliche Jahrhunderte zuvor hatte man in der Kunst und in der Mathematik die Theorie und Praxis der räumlichen Perspektive entwickelt. In beiden Fällen entsprang daraus eine neue Sichtweise der Welt. Es ist nicht verwunderlich, daß die Geschichte im 19. Jahrhundert zu einem eigenen Forschungsgebiet von beträchtlicher Bedeutung aufstieg, denn durch die Französische Revolution und die industrielle Revolution waren sich die Menschen stärker als je zuvor der Realität und Unvermeidbarkeit von Veränderung bewußt geworden. Sie empfanden deshalb das Bedürfnis, der Geschichte dieses Wandels nachzuspüren.

Das Studium der Geschichte wurde infolgedessen stark gefördert. Als Guizot in den dreißiger Jahren des 19. Jahrhunderts Bildungsminister der französischen Regierung war, ließ er eine große Zahl mittelalterlicher Chroniken auf Staatskosten herausgeben. Gleichzeitig wuchs auch im viktorianischen England das Interesse an der Vergangenheit, insbesondere am Mittelalter, das bis dahin in der Forschung keine große Rolle gespielt hatte, da sich die wissenschaftliche Aufmerksamkeit weitgehend auf die klassische Antike beschränkt hatte. 1838 wurde die Camden Society zur Wiederentdeckung und Untersuchung alter Handschriften gegründet. Den größten Fortschritt machte die Geschichtswissenschaft im 19. Jahrhundert jedoch in Deutschland. Britische Historiker wie Lord Acton (1834-1902) und F. W. Maitland (1850-1906) wiesen häufig auf den Einfluß der von Leopold von Ranke und Theodor Mommsen beherrschten deutschen Geschichtsforschung hin, zu deren besonderen Schwerpunkten die klassische Antike und die Bibelstudien gehörten. Im 20. Jahrhundert erstreckte sich die Geschichtsforschung auf immer mehr Gebiete; es entstand unter anderem die Wissenschaftsgeschichte, ein Bereich, in dem die Vereinigten Staaten führend sind.

Ein deutliches Zeichen für die zunehmende Wertschätzung der Vergangenheit in unserem Jahrhundert und für unser Bedürfnis, sie so weit wie möglich aus ihren Relikten zu rekonstruieren, ist das breite Interesse an der Archäologie. Der Gedanke, daß Ausgrabungen ein nicht auf schriftlicher Überlieferung beruhendes, nützliches Mittel darstellen, um unser Wissen über die Vergangenheit zu erweitern, kam erst gegen Ende des 19. Jahrhunderts auf und wurde von General Pitt-Rivers in England eingeführt. Die Erfindung der Kohlenstoff-14-Methode und anderer hochentwickelter Datierungsverfahren in diesem Jahrhundert hat wesentlich dazu beigetragen, die Bedeutung der Archäologie in diesem Zusammenhang zu erhöhen.

In vielen Zivilisationen läßt sich zwischen dem Selbstverständnis einer Gesellschaft und ihrem Weltbild eine Entsprechung feststellen. Häufig ist diese Analogie auch mit einer bestimmten Auffassung vom Wesen und der Bedeutung der Zeit verknüpft. So betrachteten zum Beispiel die Athener im 6. Jahrhundert v. Chr. die Zeit als einen Richter. Dies geschah in einer Epoche, als der Staat auf den Begriff der Gerechtigkeit gegründet und diese Vorstellung auf das gesamte Universum übertragen wurde. Ein anderes Beispiel sind die im Mittelalter und in der Renaissance mit der Erfindung der mechanischen Uhr einsetzenden Entwicklungen in Europa. So legte die Idee, das Uhrwerk zur Herstellung mechanischer Modelle des Universums zu verwenden, den umgekehrten Gedanken nahe, daß das Universum eine uhrenähnliche Maschine sei. Neben dieser besonders im 17. Jahrhundert verbreiteten Auffassung entwickelte sich auch eine quasi-mechanistische Vorstellung der menschlichen Gesellschaft, die am deutlichsten in der Einleitung Hobbes' zu seinem Werk *Leviathan* zum Ausdruck kommt: Der Staat wird als ein künstlicher Mensch betrachtet, und der Mensch selbst wird mechanistisch beschrieben. Gegenwärtig dominiert die im 18. Jahrhundert entstandene historische Analogie, wonach das Universum und die Gesellschaft als Produkte einer Entwicklung in der Zeit angesehen werden.

Die Vorstellung des Wandels bestimmt mittlerweile nicht nur unsere Interpretation der menschlichen Geschichte; auch unser Glaube an das unveränderliche Wesen des physikalischen Universums wurde in den vergangenen zwei Jahrhunderten ernsthaft ins Wanken gebracht. Bis ins 19. Jahrhundert übte der Evolutionsgedanke keinen nennenswerten Einfluß auf unsere Betrachtung der Welt aus. Die Astronomie, die älteste und fortgeschrittenste Wissenschaft, gab nicht den geringsten Hinweis auf eine Entwicklung des Universums. Obwohl bereits seit langem bekannt war, daß die Zeit durch die Bewegungen der Himmelskörper gemessen und die Genauigkeit künstlicher Uhren anhand astronomischer Beobachtungen überprüft werden konnte, schien das Bewegungsmuster der Himmelskörper wie das eines Räderwerks unveränderlich zu sein, gleichgültig, ob man es vorwärts oder rückwärts laufen ließ. Die Zukunft wurde im wesentlichen als eine Wiederholung der Vergangenheit angesehen. Folglich war es für die Menschen nur natürlich, die zyklischen Aspekte der Zeit und des Universums in den Vordergrund zu stellen. Als man schließlich begann, den jahrhundertealten Glauben an die Unveränderlichkeit der Welt in Frage zu stellen, übertrug man den Evolutionsgedanken von den lebenden Organismen auf die physikalische Welt im allgemeinen. Dies hat dazu geführt, daß die zyklischen Aspekte der Phänomene heute dem Gedanken der langfristigen Irreversibilität untergeordnet werden.

Heutzutage glauben wir, daß alles eine Geschichte hat; dies trifft auch auf unsere Vorstellung der Zeit zu. Immanuel Kant nahm an, daß der Zeitbegriff eine *a priori* gegebene Bedingung unseres Geistes sei, die unsere Erfahrung der Welt beeinflusse. Dies erklärt jedoch nicht, warum verschiedene menschliche Gesellschaften verschiedene Vorstellungen von Zeit besessen und warum sie den temporalen Aspekten der Erscheinungen verschiedene Bedeutung beigemessen haben. Man erkennt heute in zunehmendem Maße, daß unsere Vorstellung von Zeit nicht als eine *a priori* gegebene Bedingung, sondern als eine Folge unserer Erfahrung der Welt betrachtet werden sollte, das heißt als das Ergebnis einer langen Entwicklung. Im Gegensatz zu den Tieren, die diese Fähigkeit anscheinend nicht besitzen, ist der menschliche Geist in der Lage, eine Vorstellung von Zeit auszubilden, indem er sich bestimmter Merkmale bewußt wird, die unsere Erfahrungsdaten kennzeichnen. Obwohl Kant den Ursprung dieser

Fähigkeit nicht erklären konnte, erkannte er, daß sie eine Besonderheit des menschlichen Geistes darstellt. In den vergangenen Jahren ist deutlich geworden, daß alle unsere geistigen Fähigkeiten potentielle Anlagen sind, die wir erst verwirklichen können, wenn wir gelernt haben, sie zu benutzen. Denn während die Tiere bestimmte sinnliche Bewußtseinsmuster erben, die sogenannten »Auslöser« — so benannt, weil sie automatisch bestimmte Verhaltensweisen hervorrufen —, müssen die Menschen lernen, sämtliche Bewußtseinsmuster aus ihrer Erfahrung herzuleiten. Folglich sind unsere Vorstellungen von Raum und Zeit als geistige Konstrukte anzusehen, die erlernt werden müssen, und nicht, wie Kant glaubte, als *a priori* gegebene Grundbedingungen, die wie Auslöser wirken.

Die kontinuierliche Weiterentwicklung unserer Zeitvorstellung zeigt sich in der wachsenden Bedeutung der Tempora in der Sprachentwicklung. Je mehr wir über das Universum wissen, desto ausgeprägter ist unsere Wahrnehmung der Unterschiede zwischen Vergangenheit, Gegenwart und Zukunft, da wir gelernt haben, die Beschränkungen der »ewigen Gegenwart« zu transzendieren. Obwohl unsere Zeitwahrnehmung von psychologischen Faktoren und von unterhalb der Bewußtseinsebene ablaufenden physiologischen Prozessen abhängt, haben wir gesehen, daß sie auch von gesellschaftlichen und kulturellen Faktoren beeinflußt wird. Auf diesen basiert die Wechselbeziehung zwischen Zeit und Geschichte. Denn ebenso wie unser Geschichtsverständnis auf unserem Zeitverständnis beruht, ist die Zeit, so wie wir sie wahrnehmen, eine Folge unserer Geschichte.

Anhang

Anhang 1

Schaltjahre

Simon Newcomb zufolge entsprach die Länge des tropischen Jahres um 1900 n. Chr. ungefähr 365,24219879 mittleren Sonnentagen.* Folglich ist das tropische Jahr um rund 0,24220 Tage länger als das Kalenderjahr. Diese Differenz läßt sich durch einen einfachen Kettenbruch ausdrücken.**

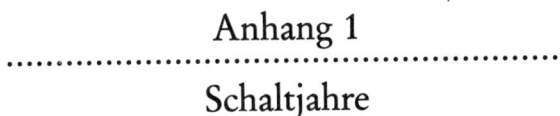

$$0.24220 = \cfrac{1}{4+} \cfrac{1}{7+} \cfrac{1}{1+} \cfrac{1}{3+} \dots\dots ,$$

Die ersten vier Näherungswerte sind mit zunehmender Genauigkeit:

$$\frac{1}{4}, \ \frac{7}{29}, \ \frac{8}{33}, \ \frac{31}{128},$$

Der erste Näherungswert ergibt die Julianische Schaltregel, nach der in jedem vierten Jahr ein Schalttag einzufügen ist. Dem vierten Wert entspricht eine Zahl von 31 Schaltjahren in 128 Jahren, gegenüber 32 Schaltjahren nach der Julianischen Regel. Dadurch erhalten wir einen überaus genauen Wert für die durchschnittliche Länge des Kalenderjahres, nämlich 365,2421875 Tage, ein Wert, der nur um etwa eine

Sekunde zu niedrig liegt. Es erweist sich jedoch als zweckmäßiger, den Gregorianischen Kalender zu verwenden, der 97 Schaltjahre in vierhundert Jahren besitzt, obwohl dieser ungenauer ist und alle 3 200 Jahre einen Schalttag zuviel einfügt (776 Schaltjahre anstatt 775). Nach der Gregorianischen Schaltregel ist die durchschnittliche Zahl von Tagen pro Jahr 365,2425 statt 365,2422.

Eine etwas genauere Annäherung liefert der dritte Wert, 8/33. Er entspricht dem Omar-e Chajjam*** zugeschriebenen Vorschlag, in einem Zeitraum von 33 Jahren acht Schaltjahre einzufügen. Nach dieser Regel ergeben sich durchschnittlich 365,24242 Tage pro Jahr. Allerdings wäre dies keine sehr praktische Schaltregel, da manche Schaltjahre auf gerade und andere auf ungerade Jahreszahlen fallen würden.

Wenn der Gregorianische Kalender dahingehend modifiziert würde, daß zusätzlich zu den geltenden Regeln jedes durch die Zahl 4 000 teilbare Jahr ein Gemeinjahr und kein Schaltjahr wäre, dann gäbe es in einem Zeitraum von 4 000 Jahren nur 969 statt 970 Schaltjahre, wodurch das Kalenderjahr durchschnittlich 365,24225 Tage besitzen würde. Damit wäre es nur noch um etwa vier Sekunden zu lang, was in 20 000 Jahren einem Tag entspräche.

---

* Das tropische Jahr verkürzt sich um ungefähr 0,00006 Tage in 1000 Jahren. Als der Julianische Kalender im Jahre 45 v. Chr. eingeführt wurde, besaß es also ungefähr 365,24232 Tage.

** Einfache Kettenbrüche ergeben oft eine viel genauere Näherung als die Dezimaldarstellung. Die hier verwendete Schreibweise ist eine bequemere Version der eigentlichen Schreibweise:

$$\cfrac{1}{4 + \cfrac{1}{7 + \ldots}}$$

*** Der persische Dichter und Mathematiker Omar-e Chajjam gehörte zu den acht Astronomen, die 1079 n. Chr. vom Sultan von Khorasan damit beauftragt wurden, den Kalender zu reformieren.

Anhang 2

....

Der Metonische Kalenderzyklus

Der Metonische Zyklus hing von der Entdeckung ab, daß 235 synodische Monate oder Lunationen (von Neumond zu Neumond) ungefähr 19 tropischen Jahren (von Frühlingspunkt zu Frühlingspunkt) entsprechen. Dies kann leicht überprüft werden, da der mittlere synodische Monat etwa 29,5306 Tage und das tropische Jahr, wie in Anhang 1 erläutert, etwa 365,2422 Tage lang ist. Das Metonische Verhältnis erhält man nun, indem man den fünften Näherungswert des folgenden Kettenbruches ausrechnet. (Dieser approximiert den gebrochenzahligen Teil der Anzahl der Monate im Jahr.) Es ergibt sich demnach folgendes Verhältnis:

$$12 + \cfrac{1}{2 + } \cfrac{1}{1 + } \cfrac{1}{2 + } \cfrac{1}{1 + } \cfrac{1}{1} = \frac{235}{19}$$

Nach 19 Jahren beginnen die mittleren Mondphasen also wieder an den gleichen Monatstagen, wobei die zeitliche Übereinstimmung auf etwa zwei Stunden genau ist. (Es kommt höchstens zu einer Abweichung von einem Tag, je nach der Anzahl von Schaltjahren in einem Zyklus.) Ursprünglich gab es 110 Monate à 29 Tage und 125 Monate à

30 Tage. Der Zyklus zählte also insgesamt 6 940 Tage, was eine durchschnittliche Zahl von 365,26 Tagen pro Jahr ergibt. Der von Meton eingeführte Zyklus begann am dreizehnten Tag des zwölften Monats des damals in Athen verwendeten Kalenders, was dem 27. Juni 432 v. Chr. unserer Zeitrechnung entspricht. Es scheint, daß dieser Tag gewählt wurde, weil Meton aufgrund astronomischer Beobachtungen festgestellt hatte, daß dies der Tag der Sommersonnenwende war.

Eine genauere Form des Metonischen Zyklus wurde 330 v. Chr. von dem Astronomen Kallipos eingeführt. Sie beruhte auf der Annahme, daß das Jahr 365,25 Tage besitzt, denn Kallipos hatte bemerkt, daß Metons Zyklus von 19 Jahren etwas zu lang war. Er schloß deshalb vier Perioden à 19 Jahre zu einem Zyklus von 76 Jahren zusammen und ließ dabei einen Tag ausfallen. Sein Zyklus enthielt also nur 27 759 Tage. Obwohl er niemals allgemeine Verwendung fand, stellte er den Zeitmaßstab für spätere Astronomen und Chronologen wie zum Beispiel Ptolemäus dar. So entwickelte sich die von Kallipos angenommene Anzahl von Tagen pro Jahr zur Grundlage des Julianischen Kalenders.

Anhang 3

Die Berechnung des Ostertermins

Im Gegensatz zu unserem bürgerlichen Kalender, der sich ausschließlich an der Sonne orientiert, und zum islamischen Kalender, der ein reiner Mondkalender ist, hängt der christliche Kirchenkalender sowohl von der Sonne als auch vom Mond ab. Zu Anfang wurde das Problem dadurch kompliziert, daß sich die verschiedenen christlichen Kirchen nicht einig waren, inwieweit jüdische Gebräuche befolgt werden sollten. Das jüdische Gesetz bestimmte, daß das Passah-Lamm am vierzehnten Tag des Monats Nisan bei Einbruch der Dunkelheit zu schlachten sei. (Nisan war der erste Monat des Kirchenjahres, das im Frühling begann). Da nach den Evangelien von Matthäus, Markus und Lukas Christus das wahre Passah-Lamm war, fand das Letzte Abendmahl am Tag des jüdischen Passahfestes statt. Nach dem Johannes-Evangelium war dies jedoch der Tag der Kreuzigung. Eine weitere Komplikation ergab sich daraus, daß das jüdische Fest an jedem Tag der Woche stattfinden konnte, während es die meisten Christen lieber sahen, wenn der Tag der Auferstehung (zwei Tage nach der Kreuzigung) an einem Sonntag gefeiert wurde. Nur die Christen in Kleinasien hielten an dem festen Datum des jüdischen

Kalenders fest und wurden folglich die Quartodecimanen genannt. Die Osterkontroverse entwickelte sich erstmals im 2. Jahrhundert zu einer Angelegenheit von allgemeinem Interesse und führte schließlich dazu, daß Polykarp, der Bischof von Smyrna, im Jahre 158 zu einer Unterredung mit Papst Anicetus nach Rom reiste. Sie einigten sich darauf, beide Bräuche zuzulassen. Vierzig Jahre später kam es zu einer weitaus heftigeren Auseinandersetzung zwischen Papst Victor und Polykrates, dem Bischof von Ephesus, doch gelang es schließlich dem Bischof von Lyon, Irenäus, den Frieden wiederherzustellen.

Abgesehen von den Meinungsverschiedenheiten in der Doktrin wurde die Bestimmung des Ostertermins durch die Verwendung verschiedener Rechenmethoden erschwert, so daß zu Beginn des 4. Jahrhunderts wichtige Zentren des Christentums wie Rom und Alexandria das Osterfest zu völlig verschiedenen Terminen feierten. Auf die Bitte des Kaisers Konstantin wurde die Frage im Konzil von Nikäa im Jahre 325 behandelt. Leider schweigen sich die uns bekannten Berichte über das Konzil zu diesem wichtigen Thema aus, doch ist uns ein Brief erhalten, den Erzbischof Ambrosius von Mailand später in jenem Jahrhundert schrieb und demzufolge das Konzil bestimmt hatte, daß der westliche Brauch allgemein gelten solle. Das bedeutete nun also, daß Ostern am Sonntag nach dem ersten Vollmond nach der Frühlings-Tagundnachtgleiche gefeiert wurde. Man hatte diesen Sonntag gewählt, um sicherzustellen, daß Ostern niemals auf das jüdische Passahfest fiel. Die Quartodecimanen weigerten sich jedoch, diese Entscheidung anzuerkennen und hielten in Kleinasien bis ins 6. Jahrhundert an ihrem Brauch fest. Der Ausdruck »Vollmond« im Zusammenhang mit dem Ostertermin bezieht sich auf den kirchlichen Vollmond, das heißt auf den vierzehnten Tag des Mondes gerechnet vom Tag seines ersten Erscheinens nach Konjunktion. Die genaue Bestimmung dieses Zeitpunkts oblag den Astronomen in Alexandria, die als einzige technisch dazu in der Lage waren.

Eusebios zufolge (*Kirchengeschichte*, VII. 32) hatte Anatolius, der Bischof von Laodizea, bereits um 277 begonnen, den Metonischen Zyklus zur Berechnung des Ostertermins zu verwenden. Diese Methode wurde von Alexandria übernommen, wobei jedoch für die

Tagundnachtgleiche der 21. März und nicht, wie von Anatolius angenommen, der 19. März angesetzt wurde. Eusebios erwähnt außerdem (*Kirchengeschichte*, VII. 20), daß zuvor der Bischof von Alexandria, Dionysius, eine auf einem achtjährigen Zyklus beruhende
Regel für Ostern vorgeschlagen hatte. Diese entspricht dem dritten
Näherungswert des in Anhang 2 gegebenen Kettenbruchs für die
Anzahl von Monaten im Jahr, nämlich:

$$12 + \cfrac{1}{2+} \cfrac{1}{1+} \cfrac{1}{2}$$

Dieser Wert, der gleich 99/8 ist, bedeutet, daß es in 8 Jahren unge-
fähr 99 Lunationen gibt. Dabei handelt es sich um den Oktaeteris-
Zyklus, auf den sich Geminos bezog (siehe S. 78 f.). Später, ungefähr
um 457, führte Victor, der Bischof von Aquitanien, einen neuen
Zyklus ein, der den Metonischen Zyklus von 19 Jahren mit einem
Sonnenzyklus von 28 Jahren verband. (28 ist das Produkt von 7, der
Anzahl der Wochentage, und 4, der Anzahl der Jahre im Schaltjahr-
zyklus). Das Ergebnis war ein neuer Zyklus von 532 Jahren für
Ostern. Dieser Zyklus wurde die »Dionysische Periode« genannt,
weil der römische Abt Dionysius Exiguus sie im 6. Jahrhundert zur
Berechnung der von Kaiser Justinian in Auftrag gegebenen Ostertaa-
bellen verwendete. Dionysius selbst erstellte diese Ostertabellen nur
für den Zeitraum von 532 bis 627, doch wurden sie später von Isidor
von Sevilla (ca. 560-636) bis 721 fortgeführt. Im 8. Jahrhundert ver-
vollständigte Beda diesen 532jährigen Zyklus, indem er die Tabellen
bis zum Jahr 1063 fortsetzte. Die Berechnung des Ostertermins
wurde *computus ecclesiasticus* genannt.

Im Abendland hatte man die regionalen Unterschiede bei der Bestimmung des Ostertermins bis gegen Ende des 8. Jahrhunderts bei-
gelegt. Im 13. Jahrhundert bildete jedoch das Datum der Frühjahrs-
Tagundnachtgleiche allmählich ein Problem, da es vom 21. März
mittlerweile um sieben oder acht Tage abwich. Auf diese Abweichung machte u. a. im 13. Jahrhundert der englische Mathematiker
Johannes de Sacro Bosco (John Holywood) in seinem Werk *De anni
ratione* aufmerksam; auch Roger Bacon (ca. 1219-1292) wies den

Papst in *De reformatione calendaris* darauf hin. Trotzdem vergingen noch mehr als zwei Jahrhunderte, bevor Papst Sixtus IV. 1474 den führenden Astronomen jener Zeit, Regiomontanus, einlud, nach Rom zu kommen, um den Kalender zu reformieren. Papst Sixtus starb jedoch kurz darauf und so kamen alle diesbezüglichen Aktivitäten zu einem vorzeitigen Ende. Der Julianische Kalender wurde infolgedessen erst 1582 durch den genaueren Gregorianischen ersetzt.

Der Julianische Kalender beruhte auf der falschen Annahme, daß das tropische Jahr genau 365,25 Tage besitze. Die andere, ebenfalls nicht ganz zutreffende Annahme, die die Bestimmung des Ostertermins und des Kirchenkalenders beeinflußte, betraf den Metonischen Zyklus, demzufolge 235 Lunationen genau 19 Julianischen Jahren entsprachen. Bis 1582 hatte sich der darauf zurückzuführende Fehler im Mondzyklus auf ungefähr vier Tage summiert, so daß der vierzehnte Mondtag des Kirchenkalenders in Wirklichkeit der achtzehnte Tag des mittleren Mondes war. Aloisius Lilius schlug eine Berechnungsmethode vor, bei der der Metonische Zyklus keine Rolle mehr spielen und die »Goldene Zahl« durch die Epakte ersetzt werden sollte. Die »Goldene Zahl« gab den Platz eines Jahres im Metonischen Zyklus an, d.h. das Mondalter zu einem gegebenen Zeitpunkt. Die Zahlen hießen deshalb »goldene« Zahlen, weil man glaubte, daß die Griechen sie in Goldlettern an öffentlichen Säulen anbringen ließen. Um die »Goldene Zahl« eines Jahres der nachchristlichen Zeitrechnung zu finden, addierte man zur Jahreszahl 1 hinzu und teilte sie dann durch 19. Der Rest gab dann die Goldene Zahl an. Ging die Division genau auf, so war die Goldene Zahl 19. Da die Goldenen Zahlen auf den Julianischen Kalender abgestimmt waren, schlug Lilius die Verwendung von Epakten vor. Die »Epakte«, die stets eine ganze Zahl ist, gibt die Mondphase bzw. das Alter des Kalendermonds an einem bestimmten Tag an, zum Beispiel am 1. Januar. Nach dieser Methode berechnete der päpstliche Astronom Christoph Clavius die neuen Tabellen zur Bestimmung des Ostertermins für den Gregorianischen Kalender.

Heutzutage ist es zur Bestimmung des Ostertermins nicht länger erforderlich, auf die Tabellen des Clavius zurückzugreifen, denn zu diesem Zweck erfand im Jahre 1800 der große deutsche Mathematiker Carl Friedrich Gauß (1777-1855) eine elegante mathematische Formel. Bereits vorher hatte Thomas Harriot (1560-1621) ähnlich allgemeine mathematische Regeln aufgestellt, die er jedoch niemals veröffentlichte. (Wie viele wissenschaftliche Arbeiten Harriots wurden sie erst vor kurzem entdeckt.) Wendet man die Gaußsche Regel auf ein beliebiges Jahr in unserem Jahrhundert (geschrieben als 1900 + N) an, so ergeben sich die folgenden Schritte:

1) man berechne die Reste a, b und c, wenn N durch jeweils 19, 4 und 7 geteilt wird;
2) man berechne den Rest d, wenn 19a + 24 durch 30 geteilt wird;
3) man berechne den Rest e, wenn 2b + 4(c − 1) + 6d durch 7 geteilt wird;
4) wenn die Summe d + e nicht größer als 9 ist, dann fällt Ostern auf den Tag im März, der sich aus der Addition von d + e + 22 ergibt; wenn d + e jedoch größer ist als 9, dann fällt Ostern auf den Tag im April, der durch d + e − 9 gegeben ist.

Für das Jahr 1988 erhalten wir beispielsweise N = 88, a = 12, b = 0, c = 4, d = 12, e = 0. Ostern fiel folglich auf den 3. April.

Leider versagt die Gaußsche Lösung für einige Jahreszahlen nach 4200. Schon 1817 widmete sich der französische Astronom Jean-Baptiste Delambre (1749-1822) der Untersuchung dieses Problems. Sechzig Jahre später unterzog Samuel Butcher, Bischof von Meath, das Problem und die bisherigen Lösungsversuche einer gründlichen Prüfung.[1] 1876 hatte ein Korrespondent aus New York dem wöchentlich erscheinenden Wissenschaftsjournal *Nature* ohne Beweis eine Formel zur Berechnung des Ostertermins geschickt, die im Gegensatz zur Gaußschen Formel allgemeingültig war.[2] Butcher zeigte, daß diese Regel aus Delambres analytischer Lösung folgte. Für eine gegebene Jahreszahl *n* lautet diese Formel:

Teile	durch	Quotient	Rest
n	19		a
n	100	b	c
b	4	d	e
b + 8	25	f	
b − f + 1	3	g	
19a + b − d − g + 15	30		h
c	4	i	k
32 + 2e + 2i − h − k	7		l
a + 11h + 22l	451	m	
h + l − 7m + 114	31	p	q

p ergibt den Monat, in dem Ostern stattfindet, und q + 1 das Datum des Tages. Für das Jahr 1988 ergibt diese Rechnung p = 4, q = 2. Daraus folgt, daß Ostern am 3. April stattfand. Der früheste Tag, auf den Ostern fallen kann, ist der 22. März; der späteste ist der 25. April. Eine elementare mathematische Diskussion kalendarischer Probleme, darunter der Berechnung des Ostertermins, findet der interessierte Leser bei Uspensky und Heaslet. [3]

Anhang 4

Geschichtliche Entwicklung der Genauigkeit in der Zeitmessung

Seit der Erfindung der ersten mechanischen Uhr gegen Ende des 13. Jahrhunderts hat sich die Genauigkeit der Zeitmessung ständig erhöht. Wollte man die von Su Sung um 1100 n. Chr. erbaute chinesische Wasseruhr (siehe S. 145) als Punkt in das umseitige Schema einzeichnen, so läge die Ordinate (der Wert auf der vertikalen Achse) einer Schätzung von Joseph Needham zufolge zwischen 10 und 100. In dem umseitigen Diagramm werden zwei Uhrmacher erwähnt, die in diesem Buch nicht näher behandelt werden. Dies sind Robinson und Riefler. Thomas Robinson (1792-1882), ein irischer Astronom, war Direktor des Armagh Observatoriums. Im Jahre 1831 befestigte er ein kleines Quecksilber-Barometer an einem Uhrenpendel, um einen recht komplizierten Effekt des barometrischen Drucks auf die Schwingungsrate des Pendels zu kompensieren. Sigmund Riefler aus München ließ sich 1889 eine Hemmung patentieren, die ein Anfachen der Pendelschwingung nur durch die Biegung der Aufhängung bewirkte. Das Pendel schwang also ansonsten völlig frei. Seine Uhren waren so erfolgreich, daß sie bis zur Erfindung der freien Hemmung von Shortt in vielen Observatorien als Standarduhren dienten.

295

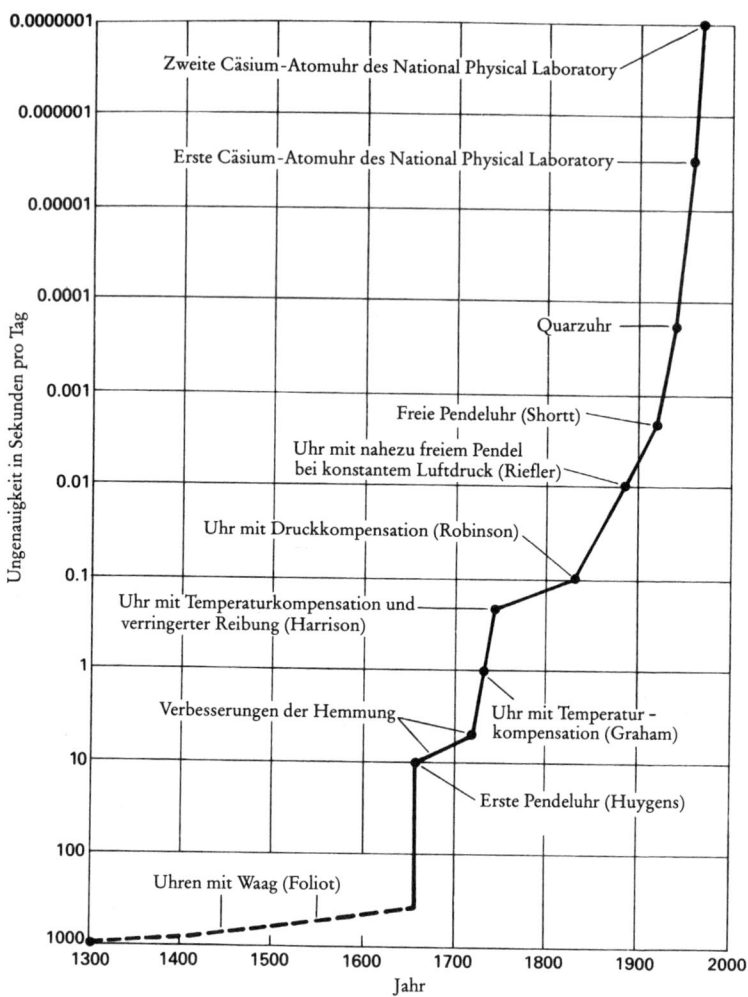

Die Graphik basiert auf einer Zeichnung von F. A B. Ward, Science Museum, London.

Anmerkungen

Vorwort

1 G. J. Whitrow, *The Natural Philosophy of Time*, London und Edinburgh: Nelson, 1961; Oxford: Clarendon Press, 1980 (2. Aufl.).
2 S. Toulmin/J. Goodfield, *Entdeckung der Zeit*, Frankfurt/Main: Fischer Verlag, 1985.
3 R. Wendorff, *Zeit und Kultur. Geschichte des Zeitbewußtseins in Europa*, Wiesbaden: Westdeutscher Verlag, 1985.
4 H. Trivers, *The Rhythm of Being: A Study of Temporality*, New York: Philosophical Library, 1985, Teil III: »Time and History«.

Kapitel 1

1 R. Wallis, *Le Temps: quatrième dimension de l'esprit*, Paris: Flammarion, 1966, S. 51 ff.
2 J. Piaget, *Die Bildung des Zeitbegriffs beim Kinde*, Zürich: Rascher Verlag, 1955.
3 A. E. Wessmann und B. S. Gorman, *The Personal Experience of Time*, New York: Plenum Press, 1977, S. 8.
4 E. Michaud, *Essai sur l'organisation de la connaissance entre 10 et 14 ans*, Paris: Vrin, 1949.

297

5 P.M. Bell, »Sense of Time«, *New Scientist*, 15. Mai 1975, S. 406.

6 C. Ralling, »A vanishing race«, *Listener*, 16. Juli 1959, S. 87.

7 W. Köhler, *Intelligenzprüfungen am Menschenaffen*, Berlin: Springer Verlag, 1973, S. 195 ff.

8 S. Walker, *Animal Thought*, London: Routledge & Kegan Paul, 1983, S. 190.

9 B. L. Whorf, *Sprache, Denken, Wirklichkeit*, Hamburg: Rowohlt, 1984, S. 102-109.

10 Ebenda.

11 S. C. McCluskey, »The astronomy of the Hopi Indians«, *Journal for the History of Astronomy*, 8 (1977), S. 174-195.

12 E. E. Evans-Pritchard, *Hexerei, Orakel und Magie bei den Zande*, Frankfurt/Main: Suhrkamp, 1978.

13 E. E. Evans-Pritchard, *The Nuer: A Description of the Modes of Livelihood and Political Institutions of a Nilotic People*, Oxford: Clarendon Press, 1940, S. 103.

14 Ebenda, S. 105.

15 Ebenda, S. 108.

Kapitel 2

1 E. H. Lenneberg, *Biologische Grundlagen der Sprache*, Frankfurt/Main: Suhrkamp, 1972, S. 136 ff.

2 C. M. Bowra, »Some aspects of speech«, *In General and Particular*, London: Weidenfeld & Nicolson, 1966, S. 14.

3 R. E. Passingham, »Broca's area and the origin of human vocal skill«, *Phil. Trans. Roy. Soc.* (London), B292 (1981), S. 167-175.

4 G. Steiner, *Nach Babel: Aspekte der Sprache und der Übersetzung*, Frankfurt/Main: Suhrkamp, 1981, S. 159.

5 S. Fleischman, *The Future in Thought and Language*, Cambridge University Press, 1982, S. 50.

6 Steiner, *Nach Babel*, S. 159.

7 Whitrow, *The Natural Philosophy of Time*, 2. Aufl., Oxford 1980, S. 174 ff.

8 M. P. Nilsson, *Primitive Time-reckoning*, Lund: C. W. K. Gleerup, 1920, S. 9-10.

Kapitel 3

1 P. Radin, *Primitive Man as Philosopher*, 2. Aufl., New York: Dover, 1957.

2 Ebenda, S. 244.

3 A. Marshack, »Some implications of the Palaeolithic symbolic evidence for the origins of language«, *Current Anthropology*, 17 (1976), S. 274.

4 R. S. Solecki, »Shanidar IV, a Neanderthal flower burial in northern Iraq«, *Science*, 190 (1975), S. 880.

5 D. C. Heggie, *Megalithic Science: Ancient Mathematics and Astronomy in North-west Europe*, London: Thames & Hudson, 1981.

6 S. G. F. Brandon, *Time and Mankind*, London: Hutchinson, 1951, S. 33.

7 H. Frankfort u. a., *Before Philosophy*, Harmondsworth: Penguin Books, 1949, S. 35.

8 O. Neugebauer, *The Exact Sciences in Antiquity*, Providence, R. I.: Brown University Press, 1957, S. 81.

9 H. E. Winlock, »The origin of the ancient Egyptian calendar«, *Proc. Amer. Phil. Soc.*, 83 (1940), S. 447.

10 J. H. Breasted, »The beginnings of time-measurement and the origins of our calendar«, *Time and its Mysteries*, Series I, New York University Press, 1936, S. 80.

11 T. G. H. James, *An Introduction to Ancient Egypt*, London: British Museum Publications, 1979, S. 125.

12 Neugebauer, *The Exact Sciences in Antiquity*, a. a. O., S. 81.

13 S. N. Kramer, *The Sumerians*, Chicago and London: University of Chicago Press, 1963, S. 328.

14 J. G. Gunnell, *Political Philosophy and Time*, Middleton, Conn.: Wesleyan University Press, 1968, S. 40.

15 E. Voegelin, *The Ecumenic Age* (= Bd. 4 von *Order and History*), Baton Rouge: Louisiana State University Press, 1980, S. 84.

16 G. Contenau, *So lebten die Babylonier und Assyrer*, Stuttgart: Deutsche Verlags-Anstalt, 1959, S. 219.

17 G. E. Burckhardt, *Gilgamesch. Eine Erzählung aus dem alten Orient*, Leipzig: Insel Verlag, 1916, S. 50.

18 D. Pingree, »Astrology«, in: P. P. Wiener (Hg.), *Dictionary of the History of Ideas*, New York: Scribner, 1973, Bd. I, S. 118.

19 A. Sachs, »Babylonian horoscopes«, *Journal of Cuneiform Studies*, 6 (1952), S. 49.

20 Seneca, *Nat. Quaest. III*.

21 O. Neugebauer, »The history of ancient astronomy: problems and methods«, *Publications of the Astronomical Society of the Pacific*, 58 (1946), Nr. 340, S. 33.

22 O. Neugebauer, *A History of Ancient Mathematical Astronomy*, Berlin: Springer Verlag, 1975, Bd. I, S. 4.

23 Ebenda, Bd. II, S. 593.

24 R. C. Zaehner, *Dawn and Twilight of Zoroastrianism*, London: Weidenfeld & Nicolson, 1961, S. 55.

25 R. C. Zaehner, *Zurvan: A Zoroastrian Dilemma*, Oxford: Clarendon Press, 1955, S. 410.

26 S. G. F. Brandon, *Creation Legends of the Ancient Near East*, London: Hodder & Stoughton, 1963, S. 206.

27 W. Hartner, »The Young-Avestan and Babylonian calendars and the antecedents of precession«, *Journal for the History of Astronomy*, 10 (1979), S. 1-22.

28 S. H. Taqizadah, *Old Iranian Calendars*, London: Royal Asiatic Society, 1938.

29 E. Yarshater, »Time-reckoning«, *Cambridge History of Iran*, Cambridge University Press, 1982, Bd. II, S. 790.

Kapitel 4

1 J. G. Gunnell, *Political Philosophy and Time*, Middleton: Wesleyan University Press, 1968, S. 15.

2 F. M. Cornford, *From Religion to Philosophy*, London: Edward Arnold, 1912, S. 181.

3 W. K. C. Guthrie, »The religion and mythology of the Greeks«, *The Cambridge Ancient History*, überarb. Aufl., Cambridge University Press, 1961, Bd. II, Kap. 40, S. 39-40.

4 H. Lloyd Jones, *The Justice of Zeus*, Berkeley: University of California Press, 1971, S. 5-6 und S. 166-167, Anm. 23.

5 W. Jaeger, *Die Theologie der frühen griechischen Denker*, Stuttgart: Kohlhammer Verlag, 1953, S. 47-48.

6 Whitrow, *Natural Philosophy of Time*, 2. Aufl., Oxford 1980, S. 190-200.

7 Nemesius, Bishop of Emesa, in: E. Bevan, *Later Greek Religion*, London: Dent, 1927, S. 30-31.

8 L. Edelstein, *The Idea of Progress in Classical Antiquity*, Baltimore: Johns Hopkins University Press, 1967 S. XXI.

9 R. Drews, *The Greek Accounts of Eastern History*, Cambridge, Mass.: Harvard University Press, 1973, S. 35-36.

10 M. I. Finley, »Thucydides the moralist«, *Aspects of Antiquity*, Harmondsworth: Penguin Books, 1977, S. 53.

11 A. Momigliano, »The place of Herodotus in the history of historiogra-

phy«, *Studies in Historiography*, London: Weidenfeld & Nicolson, 1966, S.130.

12 J.de Romilly, *Time in Greek Tragedy*, Ithaca: Cornell University Press, 1968, S.5-6.

13 E.R.Dodds, »Progress in classical antiquity«, in: P.P.Wiener (Hg.) *Dictionary of the History of Ideas*, New York: Scribner, 1973, Bd. III, S.633.

14 A.Momigliano, »Time in ancient historiography«, *History and Theory*, 1966, Suppl. 6 (»History and the concept of time«), S.10.

15 W.K.C.Guthrie, *In the Beginning: Some Greek Views on the Origin of Life and the Early State of Man*, London: Methuen, 1957, S.65.

16 Momigliano, »Time in ancient historiography«, a.a.O., S.13.

17 P.Duhem, *Le Système du monde*, Paris: Hermann, 1954 (Neuausgabe), Bd. II, S.299.

18 Alexander von Aphrodisias, *Abhandlung von dem Schicksal und von der Freyheit des Willens*, Zürich: Gessner, 1782.

19 S.N.Kramer, *The Sumerians*, University of Chicago Press, 1963, S.262.

20 W.K.C.Guthrie, *A History of Greek Philosophy*, Cambridge University Press, 1969, Bd. III, S.82.

21 Guthrie, *In the Beginning*, a.a.O., S.79.

22 Guthrie, *A History of Greek Philosophy*, a.a.O., Bd. III, S.292.

23 J.V.Noble/D.J.de Solla Price, »The water-clock in the Tower of Winds«, *Amer. J. Archaeol.*, 72 (1968), S.345-355.

24 T.C.Vriezen, *The Religion of Ancient Israel*, London: Lutterworth Press, 1969, S.243.

25 O.Cullmann, *Christus und die Zeit*, Zürich: Evangelischer Verlag AG Zollikon, 1948, S.44.

26 Gunnell, *Political Philosophy and Time*, a.a.O., S.75.

27 G.W.Trompf, *The Idea of Historical Recurrence in Western Thought*, Berkeley: University of California Press, 1979, S.134.

28 W.O.E.Oesterley, *The Evolution of the Messianic Idea*, London: Isaac Pitman & Sons, 1908, S.206.

29 Gunnell, *Political Philosophy and Time*, a.a.O., S.63-64.

30 H.Frankfort, *Kingship and the Gods: A Study of Near Eastern Religion and the Integration of Society and Nature*, Chicago: University of Chicago Press, 1978, Phoenix edition, S.343-344.

31 E.Voegelin, *Israel and Revelation* (= Bd. I von *Order and History*), Baton Rouge: Lousiana State University Press, 1956.

32 G.Van Seters, *In Search of History: Historiography in the Ancient World and the Origins of Biblical History*, New Haven and London: Yale University Press, 1983, S.241.

33 H.Webster, *Rest Days: A Study in Early Law and Morality*, New York: Macmillan, 1916, S.252.

34 Ebenda S. 254.
35 Vriezen, *The religion of Ancient Israel*, a a. O., S. 234.
36 M. Testuz, *Les Idées religieuses du Livre des Jubilées*, Genf: Droz; Paris: Minard, 1960, S. 136.
37 L. Casson, *Reisen in der Alten Welt*, München: Prestel Verlag, 1976.
38 R. Syme, *Die römische Revolution*, Stuttgart: Klett Verlag, 1957.
39 J. T. Shotwell, *The History of History*, New York: Columbia University Press, 1939, S. 301.
40 E. R. Curtius, *Europäische Literatur und lateinisches Mittelalter*, Bern und München: Francke Verlag, 1967.
41 Lukrez, *Von der Natur*, Berlin: Weidmannsche Buchhandlung, 1924, S. 18.
42 P. Brown, *Welten im Aufbruch: die Zeit der Spätantike. Von Mark Aurel bis Mohammed*, Bergisch Gladbach: Lübbe, 1980.
43 Ebenda.
44 H.-C. Puech, »La Gnose et le Temps«, in: *Mensch und Zeit: Eranos-Jahrbuch 1951*, Band XX, Zürich: Rhein-Verlag, 1952, S. 57-113.
45 F. Cumont, *Die Mysterien des Mithra*, Leipzig: Teubner, 1911, S. 1.
46 Ebenda, S. 122.
47 M. J. Vermaseren, »A magical time god«, in: J. R. Hinnells (Hg.), *Mithraic Studies: Proceedings of the First International Congress of Mithraic Studies, 1971*, Manchester University Press 1975, S. 451.
48 E. A. Wallis Budge, *Osiris and the Egyptian Resurrection*, London: Philip Lee Warner, 1911, Bd. I, S. 60.
49 Vermaseren, »A magical time god«, a. a. O., S. 456.
50 S. Sambursky/S. Pines, *The Concept of Time in Late Neoplatonism*, Jerusalem: Israel Academy of Sciences and Humanities, 1971, S. 11.
51 J. F. Callahan, *Four Views of Time in Ancient Philosophy*, Cambridge, Mass.: Harvard University Press, 1948, S. 124.
52 C. N. Cochrane, *Christianity and Classical Culture: A Study of Thought and Action from Augustus to Augustine*, London: Oxford University Press, 1974, S. 186.
53 E. Frank, *Philosophische Erkenntnis und religiöse Wahrheit*, Stuttgart: Klett Verlag, 1949, S. 57.
54 J. Baillie, *The Belief in Progress*, Cambridge University Press, 1951, S. 76.
55 O. Pedersen, »The ecclesiastical calendar and the life of the Church«, in: G. V. Coyne/M. A. Hoskins/O. Pedersen (Hg.), *Gregorian Reform of the Calendar*, Vatican City: Pontifica Academica Scientiarum, 1983, S. 22.
56 Frank, *Philosophische Erkenntnis*, a a. O., S. 59.
57 R. L. Poole, »The beginning of the year in the middle ages«, *Studies in Chronology and History*, Oxford: Clarendon Press, 1934, S. 1-27.
58 E. J. Bickerman, *Chronology of the Ancient World*, London: Thames & Hudson, 1968, S. 77.

59 F. K. Ginzel, *Handbuch der Chronologie*, Bd. III, Leipzig: Hinrichs 1914, S. 115.

60 F. H. Colson, *The Week: An Essay on the Origin and Development of the Seven-day Cycle*, Cambridge University Press, 1926.

61 Bickerman, *Chronology*, a. a. O., S. 61.

62 H. I. Marrou, *Geschichte der Erziehung im klassischen Altertum*, Freiburg und München: Karl Alber, 1957, S. 218.

63 Cochrane, *Christianity and Classical Culture*, a. a. O., S. 330-331.

64 G. Teres, »Time computations and Dionysius Exiguus«, *Journal for the History of Astronomy*, 15 (1984), S. 177-188.

Kapitel 5

1 R. W. Southern, *Medieval Humanism and Other Studies*, Oxford: Blackwell, 1970, S. 3.

2 M. L. W. Laistner, »The library of the Venerable Bede«, in: A. Hamilton Thompson (Hg.), *Bede, His Life, Times, and Writings: Essays in Commemoration of the Twelfth Centenary of his Death*, Oxford: Clarendon Press, 1935, S. 238.

3 A. Bryant, *A History of Britain and the British People*, Vol. 1: Set in a Silver Sea, London: Collins, 1984, S. 29.

4 Beda des Ehrwürdigen *Kirchengeschichte der Angelsachsen*, Schaffhausen: Hurter, 1866.

5 R. L. Poole, »Imperial influences on the forms of Papal documents«, in: *Studies in Chronology and History*, Oxford: Clarendon Press, 1934, S. 178 .

6 J. A. Burrow, *The Ages of Man: A Study in Medieval Writing and Thought*, Oxford: Clarendon Press, 1986, S. 29-30.

7 Southern, *Medieval Humanism*, a. a. O., S. 158.

8 Ebenda, S. 162.

9 C. H. Haskins, *Studies in the History of Medieval Science*, 2. Aufl., Cambridge, Mass.: Harvard University Press, 1927, S. 117; siehe auch Southern, *Medieval Humanism*, a. a. O., S. 166-167; und Bodleian MS. Auct. F.1.9, fo. 90.

10 W. Hartner, »The principle and use of the astrolabe«, in: *Oriens-Occidens*, Hildesheim: Georg Olms, 1968, S. 287-318; J. D. North, »The astrolabe«, *Scientific American*, 230 (Jan. 1974), S. 96-106.

11 D. J. de Solla Price, »Mechanical water clocks of the 14th century in Fez, Morocco«, in: *Proceedings of the Tenth International Congress of the History of Science (Ithaca, 1962)*, Paris: Hermann, 1964, Bd. 1, S. 599-602.

12 D.R.Hill (Hg.), *On the Construction of Water-clocks*, London: Turner & Devereux, 1976, S.9.
13 D.R.Hill (Hg.), *The Book of Ingenious Devices*, Dordrecht: Reidel, 1974, S.271 ff.
14 D.B.MacDonald, »Continuous re-creation and atomic time in Muslim scholastic theology«, *Isis*, 9 (1927), S.326-327.
15 M.Maimonides, *Führer der Unschlüssigen*, Buch 1-3, 2 Bde., Hamburg: Felix Meiner, 1972.
16 D.B.MacDonald, »Continuous re-creation«, a.a.O., S.341.
17 al-Biruni, *The Chronology of Ancient Nations*, London: W.H. Allen, 1879, S.34-36.
18 L.Massignon, »Le Temps dans la Pensée Islamique«, in: *Mensch und Zeit: Eranos-Jahrbuch 1951*, Band XX, Zürich: Rhein-Verlag, 1952, S.141-148.
19 B.Smalley, *Historians of the Middle Ages*, London: Thames & Hudson, 1974, S.30.
20 A.J.Gurjewitsch, *Das Weltbild des mittelalterlichen Menschen*, München: C.H.Beck, (Sonderausgabe), 1986.
21 N.Cohn, *Das Ringen um das Tausendjährige Reich*, Bern und München: Francke, 1961, S.96.
22 M.Reeves, *Joachim of Fiore and the Prophetic Future*, London: SPCK, 1976, S.3.
23 M.Reeves, *The Influence of Prophecy in the Later Middle Ages*, Oxford: Clarendon Press, 1969, S.296.
24 R.Garaudy, »Faith and revolution«, *Ecumenical Review*, 25 (1973), S.66-67.
25 R.S.Westfall, *Never at Rest: A Biography of Isaac Newton*, Cambridge University Press, 1980, S.319 ff.
26 M.Bloch, *Die Feudalgesellschaft*, Frankfurt/Main: Ullstein, 1982, S.99.
27 Ebenda, S.100.
28 J.U.Nef, *Cultural Foundations of Industrial Civilizations*, Cambridge University Press, 1958, S.17.
29 R.Glasser, *Studien zur Geschichte des französischen Zeitbegriffs*, München: Max Hueber Verlag, 1936.
30 Ebenda.
31 R.Pernoud, *Joan of Arc*, Harmondsworth: Penguin Books, 1969, S.31.
32 A.Murray, *Reason and Society in the Middle Ages*, Oxford: Clarendon Press, 1985, S.107.
33 R.L.Poole, *Medieval Reckonings of Time*, London: SPCK, 1918, S.46-47.
34 J.Gairdner, *The Paston Letters 1422-1509 AD. Introduction and Supplement*, Westminster: Archibald Constable, 1901, S.CCCLXVI.
35 R.J.Quinones, *The Renaissance Discovery of Time*, Cambridge, Mass.: Harvard University Press, 1973, S.110.

36 Ebenda, S.113.
37 L.White, *Die mittelalterliche Technik und der Wandel in der Gesellschaft,*
München: Moos 1968.

Kapitel 6

1 H.Jacobi, »Atomic Theory (Indian)«, in: *Dictionary of Religion and
Ethics,* Edinburgh: Clark, 1909, Bd. II, S.202.
2 A.N.Balslev, *A Study of Time in Indian Philosophy,* Wiesbaden: Otto
Harrassowitz, 1983, S. 39 ff.
3 M.Eliade, *Ewige Bilder und Sinnbilder. Vom unvergänglichen menschlichen Seelenraum,* Olten und Freiburg: Walter-Verlag, 1958, S.75.
4 J.Needham/Wang Ling, *Science and Civilisation in China,* Cambridge
University Press, 1959, Bd. III, S.315; *Wissenschaft und Zivilisation in
China,* Bd. 1, Frankfurt: Suhrkamp, 1984.
5 J.Needham/Wang Ling/D.J.de Solla Price, *Heavenly Clockwork: The
Great Astronomical Clocks of Medieval China,* Cambridge University
Press, 1960.
6 F.A.B.Ward, »How timekeeping became accurate«, *Chartered Mechanical Engineer,* 8 (1961), S.604.
7 S.A.Bedini, »The scent of time: a study of the use of fire and incense for
time measurement in oriental countries«, *Trans. Amer. Phil. Soc.,* 53
(1963), Part 5, 6.
8 J.H.Plumb, *Die Zukunft der Geschichte. Vergangenheit ohne Mythos,*
München: List Verlag, 1971, S.81.
9 J.Needham, »Time and knowledge in China and the West«, in: J.T.Fra-
ser (Hg.), *The Voices of Time,* New York: Braziller, 1966, S.96.
10 J.Needham, *Time and Eastern Man* (Henry Myers Lecture), London:
Royal Anthropological Institute, 1965, Occasional Paper no. 21, S.8-9.
11 V.H.Malmstrom, »Origin of the Mesoamerican 260-day calendar«,
Science, 181 (1973), S.939-941.
12 R.J.Wenke, *Patterns in Prehistory,* New York: Oxford University Press,
1984, S.383.
13 N.Hammond, *Ancient Maya Civilization,* Cambridge University Press,
1982, S.199 ff.
14 J.E.S.Thompson, *A Commentary on the Dresden Codex: A Maya Hiero-
glyphic Book,* Philadelphia: American Philosophical Society, 1972, S.62-
70.
15 M.Leon-Portilla, *Time and Reality in the Thought of the Maya,* Boston:
Beacon Press, 1973, S.91-92.

16 J.E.S.Thompson, *Die Maya. Aufstieg und Niedergang einer Indianer-kultur*, Essen: Magnus Verlag, 1975, S.260 ff.

17 S.G.Morley, *The Ancient Maya*, Stanford, Calif.: Stanford University Press, 1947, S.449.

18 D.S.Landes, *Revolution in Time*, Cambridge, Mass.: Harvard University Press, 1983, S.24.

Kapitel 7

1 D.J. de Solla Price, »Gears from the Greeks: the Antikythera mechanism — a calendar computer from ca. 80 BC«, *Trans. Amer. Phil. Soc.*, 64 (1974), Part 7, S.1-70.

2 J.V.Field und M.T.Wright, »Gears from the Byzantines: a portable sundial with calendrical gearing«, *Annals of Science*, 42 (1985), S.87.

3 L.White, *Die mittelalterliche Technik und der Wandel in der Gesellschaft*, München: Moos 1968, S.97.

4 E.Panofsky, *Studies in Iconology*, Oxford: Clarendon Press, 1939, S.80.

5 L.Thorndike, »Invention of the mechanical clock about 1271 AD«, *Speculum*, 16 (1941), S.242-243.

6 C.F.C.Beeson, *English Church Clocks 1280-1850*, London and Chichester: Phillimore (Antiquarian Horological Society) 1971, S.13.

7 J.D.North, »Monasticism and the first mechanical clocks«, in: J.T.Fraser/N.Lawrence (Hg.): *The Study of Time*, Berlin: Springer Verlag, 1975, Bd. II, S.385.

8 J.D.North, *Richard of Wallingford*, Oxford: Clarendon Press, 1976, S.441-526.

9 A.J.Dudeley, *The Mechanical Clock of Salisbury Cathedral*, Salisbury: Friends of Salisbury Cathedral Publishing, 1973.

10 White, *Die mittelalterliche Technik*, a.a.O., S.100.

11 S.A.Bedini/F.R.Maddison, »Mechanical universe: the Astrarium of Giovanni de' Dondi«, *Trans. Amer. Phil. Soc.*, 56 (1966), Part 5, S.60.

12 J.Le Goff, *Für ein anderes Mittelalter. Zeit, Arbeit und Kultur im Europa des 5.-15. Jahrhunderts*, Weingarten: Drumlin Verlag, 1987, S.32.

13 J.Harthan, *Stundenbücher und ihre Eigentümer*, Freiburg, Basel und Wien: Herder 1977.

14 F.Hattinger, *Das Stundenbuch des Herzogs von Berry*, Bern: Hallwag, 1960.

15 J.Huizinga, *Herbst des Mittelalters*, Stuttgart: Kröner Verlag, 1961, S.213.

16 K.Thomas, *Religion and the Decline of Magic*, London: Weidenfeld & Nicolson, 1971, S.621.

17 L.Mumford, *Technics and Civilization*, London: Routledge & Kegan Paul, 1934, S.14.

18 I.Origo, *The Merchant of Prato*, London: Jonathan Cape, 1957, S.177.

19 H.Tait, *Clocks and Watches*, London: British Museum Publications, 1983, S.43.

20 D.S.Landes, *Revolution in Time*, Harvard University Press 1983, S.89.

21 J.Aubrey, *Brief Lives and Other Selected Writings*, hrsg. von A.Powell, London: Cresset Press, 1949, S.133.

22 F.M.Powicke/A.B.Emden, *The Universities of Europe in the Middle Ages*, Oxford University Press, 1936, Bd. III, S.401.

23 A.Palmer, *Movable Feasts: Changes in English Eating-habits*, Oxford University Press, 1984.

24 F.Rabelais, *Gargantua und Pantagruel*, München: Biederstein Verlag, 1951, S.122.

Kapitel 8

1 L.Pastor, *Geschichte der Päpste seit dem Ausgang des Mittelalters*, Freiburg i.Br. und Rom: Herder, 1955, Bd. 9, S.213.

2 H.M.Nobis, »The reaction of astronomers to the Gregorian calendar«, in: G.V.Coyne/M.A.Hoskin/O.Pederson (Hg.), *Gregorian Reform of the Calendar*, Vatican City: Pontifica Academia Scientiarum, 1983, S.250.

3 R.M.Dawkins, *The Monks of Athos*, London: Allen & Unwin, 1936, S.198.

4 J.M.Thompson, *Leaders of the French Revolution*, Oxford: Blackwell, 1948, S.159.

5 H.Webster, *Rest Days*, New York: Macmillan, 1916, S.283.

6 C.Cipolla, *Clocks and Culture: 1300-1700*, London: Collins, 1967, S.42.

7 J.Drummond Robertson, *The Evolution of Clockwork*, London: Cassell, 1931, S.54-61.

8 E.Grant, *Nicole Oresme and the Kinematics of Circular Motion*, Madison; University of Wisconsin Press, 1971, S.295.

9 R.Boyle, *The Works of the Honourable Robert Boyle*, hrsg. von T.Birch, London: 1772, Bd. V, S.163.

10 A.R.Hall, »Horology and criticism: Robert Hooke«, *Studia Copernicana*, XVI, Ossolineum, 1978, S.261-281.

11 L.Mumford, *Technics and Civilization*, London: Routledge & Kegan Paul, 1934, S.15.

12 I.Barrow, *Lectiones Geometricae*, London, 1735, Lecture 1, S.35.

13 G.W.Leibniz, *Die philosophischen Schriften*, hrsg. von C.J.Gerhardt, 1875ff., Bd. VII.

14 R.Boyle, *The Excellence of Theology Compared with Natural Philosophy*, 1665 (London: 1772), S.11.

15 E.Breisach, *Historiography: Ancient, Medieval and Modern*, Chicago: University of Chicago Press, 1983, S.177.

16 F.Manuel, *Isaac Newton Historian*, Cambridge University Press, 1963, S.274.

17 C.Morris, *The Tudors*, Glasgow: Fontana-Collins, 1966, S.12.

18 G.J.Whitrow, *Von nun an bis in Ewigkeit. Das Phänomen Zeit*, Düsseldorf: Econ Verlag, 1973, S.24.

19 A.Kent Hieatt, *Short Time's Endless Monument: The Symbolism of the Numbers in Edmund Spenser's »Epithalamion«*, Port Washington, NY, and London: Kennikat Press, 1972, S.81.

20 R.W.Hepburn, »Cosmic fall«, in P.P.Wiener (Hg.), *Dictionary of the History of Ideas*, New York: Scribner, 1968, Bd. I, S.505-506.

21 D.W.Seward, *The first Bourbon: Henry IV of France and Navarre*, London: Constable, 1971, S.133.

22 M.Tiles, »Mathesis and the masculine birth of time«, *International Studies in the Philosophy of Science*, 1 (1986), S.16-35.

23 F.Saxl, »Veritas filia temporis«, in: R.Klibansky/H.J.Paton (Hg.), *Philosophy and History: The Ernst Cassirer Festschrift*, Oxford: Clarendon Press, 1936. Reprint als Harper Torchbook: Harper & Row, 1963, S.197-222.

24 R.V.Sampson, *Progress in the Age of Reason: The Seventeenth Century to the Present Day*, London: Heinemann, 1956, S.99.

25 C.L.Becker, *Der Gottesstaat der Philosophen des 18. Jahrhunderts*, Würzburg: Verlag Ferdinand Schöningh, 1946, S.87.

26 F.Smith Fussner, *The Historical Revolution: English Historical Writing and Thought 1580-1640*, London: Routledge & Kegan Paul, 1962, S.166.

27 E.L.Eisenstein, »Clio and Chronos«, in: *History and Theory, 1966, Suppl. 6 (»History and the concept of time«)*, S. 47.

Kapitel 9

1 R.W.Symonds, *Thomas Tompion: His Life and Work*, London: Batsford, 1951, S.10.

2 *Journals of the House of Commons*, 11. Juni 1714, S.677.

3 J.Swift, *Gullivers Reisen*, Stuttgart: Reclam, 1987 S.270.

4 H. Quill, *John Harrison: The Man Who Found Longitude*, London: John Baker, 1966, S. 59.

5 R. T. Gould, *The Marine Chronometer: Its History and Development*, London: Potter, 1923, S. 50 ff.

6 Quill, *John Harrison*, a. a. O., S. 317.

7 R. T. Gould, *John Harrison and his Timekeepers*, London: National Maritime Museum, 1958, S. 12.

8 Gould, *The Marine Chronometer*, a. a. O., S. 86.

9 G. W. Leibniz, *Kleinere philosophische Schriften*, Leipzig: Reclam, 1926, S. 225-226.

10 A. O. Lovejoy, *The Great Chain of Being*, Cambridge, Mass.: Harvard University Press, 1948, S. 246.

11 R. Nisbet, *History of the Idea of Progress*, London: Heinemann, 1980, S. 180.

12 R. V. Sampson, *Progress in the Age of Reason*, London: Heinemann, 1956, S. 240.

13 E. Cassirer, *Rousseau, Kant, Goethe*, Princeton University Press, 1945, S. 56; siehe auch E. Cassirer, *Das Problem Jean Jacques Rousseau* (Repr.), Darmstadt: Wissenschaftliche Buchgesellschaft, 1975.

14 M. J. Temmer, *Time in Rousseau and Kant*, Genf: Droz; Paris: Minard, 1958, S. 31.

15 R. Haynes, *Philosopher King: The Humanist Pope Benedict XIV*, London: Weidenfeld & Nicolson, 1970, S. 178.

16 I. Berlin, *Vico and Herder*, London: Hogarth Press, 1976, S. 142, Anmerkung.

17 Ebenda, S. 38.

18 R. G. Collingwood, *Philosophie der Geschichte*, Stuttgart: W. Kohlhammer, 1955, S. 75-76.

19 Berlin, *Vico and Herder*, a. a. O., S. 143 ff.

20 G. J. Whitrow, *Kant's Cosmogony*, New York and London: Johnson Reprint Corp., 1970, S. XI-XL.

21 S. Toulmin/J. Goodfield, *Entdeckung der Zeit*, Frankfurt/Main: Fischer Verlag, 1985.

22 Berlin, *Vico and Herder*, a. a. O., S. 150-151.

Kapitel 10

1 W. Herschel, *Phil. Trans. Roy. Soc.* (1814), S. 284.

2 A. O. Lovejoy, *The Great Chain of Being*, Cambridge, Mass.: Harvard University Press 1948, S. 243.

3 N. Hampson, *The Enlightenment*, Harmondsworth: Penguin Books, 1968, S. 220.

4 R. Taton (Hg.), *The Beginning of Modern Science*, London: Thames & Hudson, 1964, S. 572-573.

5 A. Geikie, *The Founders of Geology*, London: Macmillan, 1897, S. 283.

6 J. D. Burchfield, *Lord Kelvin and the Age of the Earth*, London: Macmillan, 1975, S. 136-140.

7 J. Perry, »On the age of the earth«, *Nature*, 51 (3. Jan. 1895), S. 224- 227. Siehe auch seinen Brief zum gleichen Thema (18. April, im gleichen Band), S. 582-585.

8 G. H. Darwin, *Ebbe und Flut sowie verwandte Erscheinungen im Sonnensystem*, Leipzig und Berlin: Teubner, 1911, S. 278.

9 P. Burke, *The Renaissance Sense of the Past*, London: Edward Arnold, 1969, S. 141.

10 L. Wright, *Clockwork Man*, London: Elek, 1968, S. 128.

11 F. Klemm, *Technik. Eine Geschichte ihrer Probleme*, Freiburg und München: Verlag Karl Alber, 1954, S. 193.

12 Wright, *Clockwork Man*, a. a. O., S. 128.

13 J. Simmons, *The Railway in England and Wales 1830-1914*, Vol. 1, Leicester University Press, 1978, S. 23.

14 Wright, *Clockwork Man*, a. a. O., S. 143.

15 J. A. Bennett, »George Biddell Airy and horology«, *Annals of Science*, 37 (1980), S. 268-285.

16 Wright, *Clockwork Man*, a. a. O., S. 147.

17 L. Mumford, *Technics and Civilization*, London: Routledge & Kegan Paul, 1934, S. 14.

18 Ebenda, S. 17.

19 E. Gellner, *Times Literary Supplement*, 23 Dec. 1983, S. 1, 438.

20 D. Howse, *Greenwich Time and the Discovery of Longitude*, Oxford University Press, 1980, S. 113-114.

21 S. Kern, *The Culture of Time and Space: 1880-1918*, London: Weidenfeld & Nicolson, 1983, S. 12.

22 L. Essen, *The Measurement of Frequency and Time Interval*, London: HMSO, 1973.

Kapitel 11

1 G. Poulet, *Studies in Human Time*, New York: Harper, 1959, S. 200.

2 Whitrow, *Natural Philosophy of Time*, 2. Aufl., Oxford: Clarendon Press, 1980, S. 103 ff.

3 G.J.P.Scrope, *The Geology and Extinct Volcanoes of Central France*,
   London: John Murray, 1858, S.208.

Kapitel 12

1 A.de Toqueville, *Über die Demokratie in Amerika*, Frankfurt a.M. und
   Hamburg: Fischer Bücherei, 1956, S.135.
2 G.Stent, *Paradoxes of Progress*, San Francisco: Freeman, 1978, S.27.
3 W.Thomson, Lord Kelvin, »Wolken über der mechanischen Theorie der
   Wärme und des Lichts im neunzehnten Jahrhundert«, in: *Vorlesungen
   über Molekulardynamik und die Theorie des Lichts*, Leipzig und Berlin:
   Teubner, 1909.
4 J.David Bolter, *Turing's Man: Western Culture in the Computer Age*,
   London: Duckworth, 1984.
5 J.Le Goff, *Für ein anderes Mittelalter. Zeit, Arbeit und Kultur im Europa
   des 5.-15. Jahrhunderts*, Weingarten: Drumlin Verlag, 1987.
6 H.Meyerhoff, *Time in Literature*, Berkeley and Los Angeles: University
   of California Press, 1955, S.109.

Anhänge

1 S.Butcher, *The Ecclesiastical Calendar: Its Theory and Construction*,
   Dublin: Hodges, Foster & Figgis; London: Macmillan, 1877.
2 Anon., *Nature*, 13 (1876), S.487.
3 J.V.Uspensky/M.A.Heaslet, *Elementary Number Theory*, New York
   and London: McGraw-Hill, 1939, S.206-221.

Register